风景园林新青年
Youth Landscape Architecture

如何成为风景园林师

[美] 凯琳·福斯特　　　　　著

赵智聪　南　楠　董荔冰　译

中国建筑工业出版社

著作权合同登记图字：01-2010-0525号

图书在版编目（CIP）数据

如何成为风景园林师／（美）福斯特（Foster，K.）著；赵智聪，南楠，董荔冰译. —北京：中国建筑工业出版社，2013.7
ISBN 978-7-112-15176-9

I.①如… II.①福…②赵…③南…④董… III.①园林设计 IV.①TU986.2

中国版本图书馆CIP数据核字（2013）第039322号

Becoming A Landscape Architect : A Guide to Careers in Design / Kelleann Foster, RLA，ASLA，ISBN-13 978-0470338452

责任编辑：董苏华 责任设计：赵明霞 责任校对：陈晶晶 赵 颖

如何成为风景园林师
[美] 凯琳·福斯特　　　著
赵智聪　南　楠　董荔冰　译
＊
中国建筑工业出版社出版、发行（北京西郊百万庄）
各地新华书店、建筑书店经销
北京嘉泰利德公司制版
北京中科印刷有限公司
＊
开本：889×1194毫米 1/20 印张：18⅛ 字数：460千字
2014年1月第一版 2014年1月第一次印刷
定价：59.00元
ISBN 978-7-112-15176-9
　　　　（23270）

献给我的家人，
他们给了我坚定的鼓励和支持；
尤其是我的父母，他们养育了我们这些孩子，
在北美的各个城市，在州立公园和国家公园，在森林里，
在这些地方，播撒了我对土地和它们的多样性的热爱的种子

目　录

序　言

Perry Howard，FASLA，RLA，ASLA 2008年度主席

多数从事风景园林这个行业的设计师们，都是意外地接触到这个行业，很少有媒体来宣传。"风景园林师"最早是在 19 世纪中叶，由纽约中央公园的设计者 Fredrick Law Olmsted 所提出的。美国风景园林师协会（ASLA）成立于 1899 年；第一个风景园林专业是 1900 年在哈佛大学成立的。风景园林师从来没有像医生、律师、工程师、消防员、教师、神职人员甚至是建筑师一样受人瞩目。所以我们寄

希望于通过这本书或者其他的有效途径，来阐明风景园林专业，因为今天的我们是如此需要风景园林师。形势为何如此严峻呢？

简单来说，我们需要更多的风景园林师以帮助恢复人类过去对地球环境的破坏，尤其是近 50 年内的破坏。举一个数据为例，人口数量仅在过去的 50 年内就翻了一倍还多，给已经超负荷的生态系统强加了无形的压力，进一步削弱了地球生态系统。如果我们不先修复受损的生态系统，我们甚至都解决不了贫困的问题。

风景园林师具有的专业技术可以帮助恢复我们共同的家园。通过调研、规划、设计和管理，无论是从推广环保意识的角度，还是从鼓励严谨的设计实践的角度考察，我们都已经设计了很多优秀的前沿作品。随着科学和相关学科的发展，我们在解决空气污染、水体处理和土壤等问题上有了进展，并将研究付诸实践。在新老城市中，我们不惜一切代价，工作在增加绿色和蓝色基础设施的最前沿。想尽办法为星球上的每个人提供食物和住房，欣赏环

境的多样性，从而使人类成为生态系统恢复的一部分。设计师们为世界各地的人们和物种提高保护和恢复的呼声，通过这些方法成了土地的管家，保护人类与文化。设计师们致力于设计和创造宜人的居住环境，说明了人类的所有需求都可以"就近满足"，以节约能源。当然设计师们也致力于保护隐私方面，即使是面临着如此大密度人口的城市中心环境。

通过这些作品，设计师们恢复了地球环境并治愈着人们的精神家园。通过对家门口小问题的处理来解决全球性的问题。我们"言出必行"，"放眼全球并立足本土"；我们的作品倡导独立场所精神，以一个巧妙的、艺术的方式来增加景观，以形成连续的景观。表达形式从使用者和生态系统需要的方面来考虑并生成。在各级别的设计环节中都渗透着越来越多的互动性和创造性。自然与人工材料的对比与融合形成了丰富的景观。

所有这些问题的答案都在本书中。书中包括了较为广泛的人群，他们都是行业中的佼佼者。通过他们的声音和经验，读者将获得全面的实践。

我生长在新奥尔良，却在出生地附近路易斯安那州的 Morganza —— 一个有防洪堤、湖泊、湿地、丰收的海产品和农田的神奇的地方——度过了我大部分的夏天时光。而恰恰相反的是，奥尔良可能是第一个所谓的"新世界城市社区"。我成长的这个地方，所有的社区都有便利店、理发店、面包房和近在咫尺的五金商店。当然也有开放的空间，街道和停车场的空间足够玩一场街头的足球比赛。

正是童年生活在这两种迥异环境的经历，使我在路易斯安那州立大学学习建筑时，引发了内心想研究风景园林设计的火苗。在查阅课表时，刚好建筑课表的背面就是风景园林，我毅然决定改变我的专业。这是我做过的最好的决定。

前 言

我教授风景园林设计课程近 20 年，乐于帮助学生们在这个令人激动和博大的专业中去挖掘多种从业途径。我写这本书大部分用以反映我对这个专业的热情，同时满足想学习风景园林的学生数量日益增多的需求。我在宾夕法尼亚州立大学做院长助理时的一项职责就是毕业生就业方面的工作，并在如何提高对风景园林专业的公众认知方面思考颇多，这个职业对那些具有创造力又关心人类和地球的学生来说是一个不错的选择。

写这本书的另一个原因是，我和其他从业者一样，意识到了专业所带来的更广泛多样的需求。因此，这本书是要呈现这个职业更广泛的机会。为达到这个目的，我采访了 50 多位著名的风景园林师，他们的背景和种族代表了行业的方方面面；同时，我还收录了一些来自风景园林专业学生的"声音"，他们是来自美国本土的本科生和研究生。受访者都分享了他们的想法：为什么要加入风景园林行业，这个职业的未来前景如何，以及这份工作的意义。同时，他们还以亲身经历提供了一些找工作方面的建议。

第 2 章和第 3 章是本书的核心内容，强调了职业生涯的多种可能性。第 2 章主要介绍了专业实践中的大量设计类型（广义的定义）；第 3 章描述了风景园林师专业实践的各个领域——公共项目、私人项目、非营利项目、学院工作等。这两章的阅读可以让读者非常清楚地了解到，这个专业真的可以为任何一个对设计感兴趣的人提供可能性。

本书还提供了 15 个项目案例，包括具体项目的细节设计，多数案例已经建成。提供这些案例的目的之一是消除那些关于风景园林专业的太过于寻常的想法；因此，我选择了十分多样和广泛的案例，这些案例分布于世界各地。例如，您能看到动物园、城市滨水公园、中国某处土地规划等案例。他们多数是获奖案例，包括一些大学研究生奖项。

这本书中涉及的几个主题，来自我以往多年教授的课程，可称为"专业实践"。因此，本书不仅适用于那些好奇的想要知道风景园林能够提供哪些职业的人，比如初、高中学生以及任何想要寻找新职业的人，也将服务于正在大学学习风景园林专业的学生。这本书有三重责任：首先，它能够作为一年级学生入门课程的概述；其次，在一个职业化训练的课程里，提供有关市场营销、职业道德和许可证发放方面的重要信息；最后，作为即将结束学习的学生的宝贵资源，帮助他们寻求更多的职业选择，给出关于面试、投资组合以及求职过程中的建议，这些在第3章的"营销自己：寻找工作"中有所介绍。本书以相关的参考文献和资源作为结尾，以便进一步帮助您了解风景园林专业。

我真诚地希望本书能够在帮助澄清和阐明风景园林师独特而鼓舞人心的世界方面具有一定价值。现在正处于这个行业激动人心的时刻，我鼓励你倾其所有地为之探索，因为我相信在这个多学科的，创造性的行业里，你终究能使你的利益和未来目标得到最大的满足。

本书的部分收益将会捐赠给风景园林基金会，以帮助他们实现关于可持续景观方面的研究。

——凯琳·福斯特（Kelleann Forster），RLA，ASLA

致　谢

如果没有那些专业人士和受访学生的见解，这本书是不可能出版的。感谢大家对我的慷慨支持与鼓励。每一次采访都增加了我对这个行业的热情，是你们鼓舞了我，我相信读者们也一定感受得到。同时我也感谢宾夕法尼亚州立大学风景园林系同事们的支持。特别是：Tim Baird，对专业人士采访的意见帮助我开始筹划这本书；Brian Orland，您的鼓励、见解与支持是我成功必不可少的因素；我亲爱的朋友兼同事 Bonj Szczygiel，您对我写作的意见与关键时刻的批评是十分宝贵的。

我也非常幸运的有一位出色的学生助理 Mary Nunn。Mary 对项目详细的调研和文件初稿的写作后所得出的见解是非常出色的。她是这本书的一部分，我对她的参与表示感谢。

十分感谢 John Wiley & Sons 出版公司高级编辑助理 Lauren Poplawski 对我耐心、友好与及时的帮助。感谢编辑 Margaret Cummins 对本书的关注与信任，您的意见总是那么宝贵。

第1章 风景园林职业介绍

风景园林职业需要面对委托人、地球和它的生物。为了面对这些挑战，必须用一种可持续的方式回答委托人，这个专业必须保证它与环境科学结成同盟，这样我们可以被他们和公众看作可实现的和生态的。

——Ian L. McHarg，《治疗地球》[1]

风景园林概览

那些不熟悉风景园林专业的人倾向于用相对基础的术语思考这个职业，比如沿着建筑或者在一个公园中进行规划。事实却是相当不同的：更加宽广、丰富和深远。比起公众可能的想象，风景园林职业是如此不同。范围是如此宽广，事实上，不同的人们有着不同的兴趣，从许多不同类型的背景中来，在"风景园林"这个头衔下能够感到舒适，并且为他们自己建立令人兴奋的职业生涯。风景园林就是这样。然而，无论他们的特别之处是什么，都有着一系列共同的重要的东西：对环境的深刻理解，对最高标准的设计和规划的承诺，以及认识到他们的工作会直接提高人们生活质量的自豪。

风景园林设计可以理解为一个360°全方位的专业，因为从字面上理解就有数百个可研究的方向。风景园林设计规模尺度也是多样化的，从小到屋顶楼台到数千英亩的林地；从办公室私人领域的庭院到公共领域

明尼苏达州，明尼阿波利斯市的金牌公园；Oslund. and. Assoc. 事务所设计，Michael Mingo 摄影

的社区公园和游乐场；从专门设立在医院的康复花园到专门的原生湿地的恢复。接下来的几章将重点深入研究实践类型的多样性，以及项目背景中可能获取的专业知识。

　　地球陆地 83% 的面积受到了人类活动的影响。[2] 现在人们认识到，无论人类或自然环境，大部分影响都是负面的。然而，无论是解决问题、迁移或者修建设施，每当人们与土地产生互动时，都有一个机会让风景园林师参与其中，协助并合理地解决问题。人们对风景园林师能力日益提高的认识，以及为项目带来的价值是该行业不断发展的因素。

风景园林的多种含义

大多数风景园林师都认为不能简单从字面意思来定义他们的职业。这个领域固有的多样性是优点与缺点并存的。缺点在于这个领域如此广泛而难以界定，因此很难为外界人士充分了解。其优点也在于它的多样性使很多人受益于风景园林师的工作，如上所述，它可以让有各种兴趣与实力的个体在该领域中找到一份满意的工作。

或许代表行业的国家机构——美国风景园林师协会（ASLA）给出了较好的定义。它对风景园林师是这样定义的：

> 风景园林通过科学的方法与设计手段对自然与人居环境进行分析、规划、设计、管理与指导。这是一个范围宽广的职业。风景园林师需要在场地设计、历史保护、规划以及地形处理、给水排水、园艺和环境科学等技术领域接受培训。只有如此多样化的背景，风景园林师才可能拥有一套独特的技能以帮助解决当地的、区域的甚至是国家的重大项目。[3]

如何定义风景园林或风景园林师？

风景园林师是做户外环境设计的。*当客户问起这个问题时，通常会被告知，我们的工作领域是你所能想象到建筑以外的任何内容。
Jeffrey K. Carbo，FASLA
Principal，Jeffrey Carbo 风景园林与场地规划公司负责人

风景园林是一门综合自然与建筑环境的艺术。它强调联系个体，把人们对空间的感受作为设计成功的关键。
Frederick R. Bonci，RLA，ASLA
LaQuatra Bonci 联合股份有限公司创始人

风景园林是一门设计与研究相交叉的学科。更具体地说，它是一门与艺术、科学、经济和政治相交织的学科。
Julia Czerniak
CLEAR 负责人；锡拉丘兹大学建筑系副教授

风景园林设法发掘人们生活中的美妙与独特的文化，并整合为一个体验丰富的场所。
Kofi Boone，ASLA
北卡罗来纳州立大学风景园林系副教授

---

* 作者着重补充强调

有益于人类、动物和地球的外部环境设计。

Ruben L. Valenzuela，RLA

Terrano 负责人

我经常讽刺风景园林是"修改地球表面的活动"，但我现在发现这个定义过于狭隘，因为它没有包括园林保护的问题。随着行业定义的扩大，任何创造性的工作都可以在行业内找到，如采矿荒地的恢复，土地用途的规划。

Kurt Culbertson，FASLA

Design Workshop 董事会主席

风景园林师起到衔接自然与文化的作用。这个独特的专业涵盖了不同规模与形式的环境空间，小到活动场地设施、椅凳的设计，大到城市发展、环境恢复的设计，都是风景园林师的工作内容。

Mikyoung Kim

mikyoung kim 设计事务所负责人

风景园林是规划和设计人造的或天然的土地结构的过程。天然形成的绿色基础设施是有生命的，包括植物群落以及地貌形式。而这些基础设施在不同的地方以不同的方式被我们重新使用。人造的构筑物是我们设计和放置的。它们形成了镶嵌式的流通廊道，包括动物和机械设施、居住聚集的建筑、公用场地设施等，服务于我们所居住的社区。

Edward L. Blake，Jr.

风景园林工作室创始人

我认为，最终，经济与文化环境因素是风景园林师在设计中所能取胜的关键点。风景园林师提供了融汇土地与情感从而创造出新场所的机会，这是保护生态与环境质量的最佳方式。

Roy Kraynyk

Allegheny 地产信托公司首席执行官

风景园林师更像是一个操控着土地、地形和眼界范围的雕塑家，比起服务功能则更重于艺术形式。在风景园林工作中我们更趋向于设计的雕塑化。

Thomas Oslund，FASLA，FAAR

oslund. and. assoc. 负责人

风景园林师更像是一个空间中可参与事物的整体的协调者，并最终创造一个和谐、可持续发展的整体。

Juanita D. Shearer-Swink，FASLA

三角运输管理局项目经理

风景园林有着非常广泛的议题，涉及基础设施建设、生态学、环境学、城市化与大都市化等问题。我们的处理方法是如何在一个地方制定框架，并随着时间的推移对可能发展的情况采取一定的行动。生态、社会甚至是政治进程，这些都不是封闭的系统，而是非常开放的。风景园林的目标是制定一定时间的发展战略，以回应一些特定条件；在之后的许多年里，无论我们怎样做，都能够让一个地区拥有活力和关联性。

Chris Reed

StoSS 创始人

风景园林深刻地认识了自然系统以及建筑内与外环境的功能。它是文化、社会与设计这一系统的融合与交织，从而实现不同规模的风景园林存在多种用途。

Gerdo Aquino，ASLA

SWA 集团执行董事

风景园林设计是社会或者人类恢复自然的过程。这是一个我们人类与那些普遍认为非人的事物重新联结的机会。我们拥有那种为人们使用的场地或空间以某种方式联结外部的特权，通常它们可能不按照我们现有的文化习俗去运行。

Jacob Blue，MS，RLA，ASLA
生态应用公司风景园林师／生态设计师

风景园林是创造场所并提高人们生活质量，享用土地的设计。

Kevin Campion，ASLA
Graham 风景园林事务所项目经理

风景园林是艺术、自然科学与文化的结合体，是在一个地方连接土地与文化的设计。其应用范围从小规模到大尺度的设计项目，甚至是更大规模的城市规划与区域设计。

Robin Lee Gyorgyfalvy，ASLA
美国农业部林务局：德舒特国家森林公园，Interpretive Services & Scenic Byway 公司董事

风景园林是对建筑以外的空间中任何元素进行设计，广场、街道，巷子等。大厦外的一切都可以进行设计，从一个后花园开始，逐渐发展为一个崭新的城市。

Todd Kohli，RLA，ASLA
EDAW 旧金山公司联合任事股东、资深总监

我们在办公室经常讲"天空属于我"。风景园林设计不再局限于污垢和灌木丛，而是天空下面所有的事物。只要有人的地方，无论是私人领域还是公共场所，都有风景园林。但风景园林往往是一个人在户外空间生活的一部分。

Jennifer Guthrie，RLA，ASLA
Gustafson Guthrie Nichol 有限公司经理

起初我是一名建筑师，在学校学习城市理论设计课时，我发现，比起建筑本身，我对建筑外的空间设计更感兴趣。所以我把风景园林定义为处理建筑外环境的设计。

James van Sweden，FASLA
Oehme，van Sweden 联合投资公司创始人

风景园林的涵盖面十分广泛，但我认为它的核心目的是修复土地。它以管理的方式和手法对待地球。因此，对我来讲，如同把土地带入人文的环境中来。这个职业是唯一的，它是唯一一个对土地进行管理的设计行业。工程师和建筑师对风景园林能做的事情我们都能做到，但他们并不会考虑到土地管理的价值。

Stephanie Landregan，ASLA
山区休闲和保护机构风景园林首席设计师

规划到平面设计，风景园林这把大伞下面有很多定义的帽子。风景园林师通过设计、解决问题来创造令人难忘的空间。

Eddie George，ASLA
The Edge 集团创始人

这是一个将科学应用于艺术的学科，它超越了解决问题的层面，而是创造新的机会和再创生物完整性的层面。

Nancy D. Rottle，RLA，ASLA
华盛顿大学风景园林系副教授

我把"风景园林"定义为外部景观的规划、设计与管理。作为一名风景园林师，我们要超越 Pater Walker 把风景园林看作地标的想法，因为地标设计只占到了环境设计的 2%。我们需要研究森林、农业和学到的关于风景园林所适用的原则，因为它是天然的，并且需要管理的。
Gary Scott，FASLA
西得梅因公园与娱乐管理局主任

我有一个简单的定义，即风景园林是以植物为材料对外部环境的设计。
Meredith Upchurch，ASLA
凯西树木捐赠基金会绿色基础设施设计师

风景园林师犹如开发土地的几个行业间的胶粘剂，在土地的岩石圈层作业。像文艺复兴时期的人一样，我们需要掌握很多的知识，而不是专于某一个特定的领域。这种工作令人十分兴奋，因为我们必须处理好与建筑师、工程师以及土地管理者的关系；我们需要了解自然科学家教授的知识，因为我们的专业涉及所有学科的应用。风景园林是一个完美综合多个学科的行业，它是管理土地资源的学科。
Jose Alminana，ASLA
Andropogon 联合有限公司负责人

风景园林连同城市规划和建筑设计一样都是设计学科之一。风景园林首要处理的是开放空间的设计：从住宅到社区公园的设计，城市形态的设计到土地利用的规划，甚至到区域环境规划。Luis Barragan（一个伟大的墨西哥建筑师和风景园林师）将风景园林定义为没有屋顶的空间设计。
Mario Schjetnan，FASLA
墨西哥城市与环境设计事务所创始人

我认为风景园林师有能力改造环境，通过美学设计、功能设计和场所精神的设计来创造与自然交流的空间。
Emmanuel Thingue，RLA
纽约市公园局资深风景园林师

是一个塑造空间的职业，以设计的手段来定义活动性质、城市和其他空间，包括对自然的崇拜、人造的设施等，把这些要素集中起来形成一个互相支撑的系统。风景园林师应推动公共政策的发展，以实现设计和活动空间的实施。
Tom Liptan，ASLA
波特兰环境服务局，可持续雨洪管理策划人

风景园林行业降低了伊恩·麦克哈格（Ian McHarg）的意图——把人们的影响轻轻地印在地球上。
Karen Coffman，RLA
马里兰州高速公路管理局高速公路水力研究所 NPDES 项目协调人

风景园林师应鼓励客户去思考他们想要的效果，我们要不断地启发他们。之后，在风景园林师的帮助下把这些想法付诸实施，不仅要符合客户的需求和土地的可改造程度，还要很好地解决客户与土地之间的问题，并以一种积极的方式来运作以对客户和土地都有利。
Douglas Hoerr，FASLA
Hoerr Schaudt 风景园林事务所合伙人

我们是艺术家与工程师的结合体——土木工程师与艺术的结合。为了赋予景观一个优秀的设计理念，让土木工程师与艺术家结合，结婚并生子，他们的孩子则是风景园林师的完美人选。
Scott S.Weinberg，FASLA
佐治亚大学环境设计学院副院长、教授

风景园林设计帮助人们拥有和建立与室外空间的联系。它发展为一个可持续发展、照顾地球的专业，至少在需要恢复土地的地区是非常重要的。

John Koepke

明尼苏达大学风景园林系副教授

风景园林是户外空间的规划与设计。事实上，风景园林范围的界定要比本身的定义更有难度。如果我们追根溯源到其源头荷兰，会发现它的字面意思为"创造土地"或"创造领域"。在德国和斯堪的纳维亚，理解为自然与文化发展的综合体。当然还有其他的定义，但基本上都是相同的观点，一目了然，并且随着英国风景园林的运动变得更主流。因此，风景园林的定义变得更加微妙，它不以风景园林师设计内容来定义，而是以风景园林的范围来确定。

Frederick R. Steiner，PhD，FASLA

得克萨斯大学建筑学院院长

风景园林是场所的设计，我把它理解为对人们有着重要意义的户外环境的设计，因为它涉及对社会、生态和／或人们精神的影响。

Nathan Scott

Mahan Rykiel 联合事务所风景园林师

如何区分风景园林与相关专业如建筑、规划或工程？

我曾经与不少建筑师和工程师进行团队合作。我们之间最大的不同点在于对自然环境的看法。自然环境和人造环境之间的衔接正是风景园林师所擅长的。虽然这三个职业的人士都关注更大的局面，但风景园林师在自然进程上更为突出，他们更加关注使用土地的人与社会元素。

Robin Lee Gyorgyfalvy，ASLA

美国农业部林务局：德舒特国家森林公园，Interpretive Services & Scenic Byways 公司董事

主要的不同点在于，风景园林注重的是一个过程，而建筑学并非如此。我们处理的是一个持续变化成长的系统，气候和地理构造等因素不断地影响着这个系统。建筑学则是更多地对更加严谨的、自相关的事物进行界定。

Mark Johnson，FASLA

Civitas 股份有限公司创始人及董事长

某种意义上讲，风景园林是人们设计并规划社区、公园的过程。很长时间以来，园林设计在某种程度上被规划边缘化了，直到最近这种现象才有所改观。规划教育强调社会科学和法律，而工程教育则是非常狭窄的。工程师做了许多并不需要有良好教育背景的工作，但他们却具有很好的分析传统。许多风景园林师都介入了现场设计和工程，更有许多则是进入了城市和区域规划之中。

Frederick R. Steiner，PhD，FASLA

得克萨斯大学建筑学院院长

我们的工作是没有止境的。这个工作是把工程设计和建筑设计紧密联系在一起的。此外，它还是一个有生命的系统。我们在土地上种植植物，并且要考虑到这些植物在未来 10 年甚至 100 年内的发展状况。它是不断成长的。我的一个导师曾说道："当一幢建筑建成时，

它已经处于最佳状态了；而当一个风景园林工程建成时，它则是在最差的状态——它会慢慢成长，并且越来越好。"我认为这正是建筑学、工程学与风景园林学最大的区别。此外，风景园林注重体验，人们可以触摸它，感知它；它能触动你的所有感官；它具有季节性；它是一个记忆制造者。

Jennifer Guthrie，RLA，ASLA

Gustafson Guthrie Nichol 有限公司经理

建筑师——并非所有，但是大部分——并不考虑环境因素。他们往往更倾向于"关注单个事物"，而不去考虑整体的环境。建筑师努力地工作，然而却只是在追着前者的脚步走。新城市运动是证明社区规划败给风景园林的一个很好例证。据我的经验，工程师并不乐于领导一个整体项目，而是更愿意去关注其个人领域的细节问题。在许多方面，风景园林师则是引领着城市设计向更加具有环境敏感性的领域发展——如雨水管理、道路设计等。

Kurt Culbertson，FASLA

Design Workshop 董事会主席

风景园林与建筑学、工程学一样都需要综合处理大量想法、遵循一定的程序以达成一个工程项目。不同之处在于，风景园林学主要是处理一个不断进化的自然产品。尽管在建筑进行建造的时候有一定的静态变化，但还算不上是"进化"。自然绝不是静态的。自然的进化会对工程项目以及人们创造的空间产生很大影响，而风景园林师就是要对这种影响进行预见性的设计。

Emmanuel Thingue，RLA

纽约市公园局资深风景园林师

我是学建筑学起家的，因此我对风景园林学有着像建筑学和工程学一样浓厚的兴趣。我认为我对它们的理解和受到的影响是相似的。一个很大的不同点在于，我们风景园林师主要进行横向控制，而建筑师则主要进行纵向控制。从哲学角度讲这是有很大区别的，然而就发挥想象力来解决设计问题的这一原则上我们是一致的。

Thomas Oslund，FASLA，FAAR

oslund. and. assoc. 负责人

在姊妹专业中，我们是最具有综合性的专业，高度的专业技术与基于建筑、自然、科技的基础知识综合且可持续地解决问题，成为姊妹专业协作的理想桥梁。设计行业已经只专注于解决自身问题。这点对于设计一个大的领域来说是极其不好的事情。我们都需要更多的协作和参与。我们专业丰富的历史——从风景园林保护和城市设计到公园和公共空间的设计——使我们平等合法地参与到这其中来。我们的专业是一个处理室外空间的质量、创造有意义的空间、提升生活质量的行业。没有任何其他的专业可以做到这一点。

Frederick R. Bonci，RLA，ASLA

La Quatra Bonci 联合股份有限公司创始人

建筑学相对于结构工程学，如同风景园林学相对于土木工程学。

Karen Coffman，RLA

马里兰州高速公路管理局高速公路水力研究所 NPDES 项目协调人

很多其他专业没有涉及的一个问题就是时间——成长、成熟与老化。室外空间中有许多不同大小和规模的空间组成是由园林要素来划分的，比如树木、绿篱等。而这些空间组成部分是要通过时间来创造的，因为它们在不断成长和演变。这是最可喜之处，但也很可能是最沮丧的。

Jeffrey K. Carbo，FASLA
Jeffrey Carbo 风景园林与场地规划公司负责人

相似之处是我们都在试图解决问题，不同之处在于不同的专业对于解决建筑行业问题的方式是不一样的。建筑学与工程学的区别在于功能与形式。我敢大胆地说：工程学更注重事物功能的强大，而建筑师和风景园林师则是不断尝试同时解决空间的功能性以及使之成为我们所设想的形式。

Kevin Campion，ASLA
Graham 风景园林事务所项目经理

建筑师们关注于建筑的形式，结构工程师们则是为建筑的功能性作出贡献，而我们的职责则是要把功能与形式结合在一起。基于风景园林学的综合处理方法，我们研究如何处理问题的方法，比如说雨水和径流，而不是像工程师那样仅仅考虑解决水的问题。我们着眼于如何使用终端产品。我们有责任确保一个自然系统的运转，而并非只关注一个建成系统。这就是工程师和风景园林师的区别。

Juanita D. Shearer-Swink，FASLA
三角运输管理局项目经理

简单说来，建筑学处理居住构造物的问题。结构工程设计的构造物不一定是用来居住，而是涵盖了环境、结构与信息的多种问题的系统。风景园林学则是着手处理土地的管理和居住。

Elizabeth Kennedy，RLA
EKLA 工作室负责人

风景园林师对整体局面有着更强的敏感性。风景园林师可以很容易地进入规划专业，并在大局和细节问题之间穿梭，这一点是工程师或建筑师很难做到的。结构工程师经常会过分专注于细节问题而忽略了对大局的整体把握。我知道的很多建筑师太注重于满足客户对于单个建筑形式的需求，而忽略了单个建筑对于整体环境的影响。所以，我认为风景园林师具备对大局和整体局面的把握能力。

Jacob Blue，MS，RLA，ASLA
生态应用公司风景园林师 / 生态设计师

行业背景

约 1550 年，意大利，蒂沃利镇，埃斯特庄园，百泉大道

人类在地球上生活了多久，其周围的环境就被改变了多久。"风景园林"一词首次出现于 19 世纪中叶；也有很多人认为在此之前，风景园林设计——或者说对土地有目的、有意义的操作——已经存在很久了。举例来说，在古埃及和中美洲，就有在专门安排和设计的土地上进行的特殊仪式、游行等，也有着例如圣墓这种专门用来吸引特定人群的特定地点。此外，几个世纪以来，世界各地不断涌现各种围墙式或冥想式的花园、仪仗院、别墅、猎场等等，这些无不说明着人类为满足自己的需求和愿望而对环境进行创造性改变的决心。

19 世纪初，在英国和欧洲，风景园林设计行业发生了显著的转变。其所服务的对象从富裕的人群扩展到公共公园等领域。这要归功于人们对越发恶化的公众生活和工作环境的关注——这种恶化主要来自工业革命的快速发展。[4] 这些公园按照"英式园林"的田园风格所设计，设计师旨在为人们创造一个在日益拥挤和污染的城市环境中获得休养的场所。年轻的 Frederick Law Olmsted 出外旅行见到这些公共环境时，受到了非常大的影响。正是这个年轻人，在他和另一个设计师 Calvert Vaux 共同赢得了全球著名的纽约中央公园的竞争后，首次使用了"风景园林师"这一称谓。时至今日，许多人都不认为中央公园是由人工建造的，而事实上是一个每英亩土地都是经过严谨设计的整体。人工种植大量的植物，在低洼地区建造湖泊，对地貌进行总体改造。这一切的目的就是为了创造一个适用于大型集会和亲密聚会的户外公共场所，与拥挤的城市街道形成对比，营造一种"更大的自由"的感觉。[5] 风景园林专业建立在这样一个观点之上：自然应是指导人们进行服务公众设计的"改良力量"。[6]

　　1899 年美国风景园林师协会（ASLA）成立，由于这个组织的极力主张，风景园林正式成了官方的专业。不久之后，在 1900 年，哈佛大学将风景园林正式定为可授予学位的专业。

　　在雏形诞生的前几十年，人们对这个专业的研究沿着两个主要方向前进：一是对国家城市发展所带来的各种问题的关注；二是对于人造环境能够改善人们生活的坚定信念。

　　在 1893 年的芝加哥世界博览会，尤其是其间的哥伦比亚博览会之后，上述第一个研究方向在行业内逐渐发展起来。博览会期间，参观者可以领略到一个良好的设计范例，这与当时美国的许多城市的样貌形成鲜

1938 年中央公园鸟瞰图　出自纽约中央公园照片档案

明对比。风景园林师以改善城市的居住条件为目的所做的努力，被称为"城市美化运动"。风景园林师们也参与了城市的规划和社区的设计。城市美化运动通常被称为"田园时代"的分支，主要进行大型公园、大学校园以及富人住宅区的设计。由于人们越来越关注对农村土地的开发，这个拥有更正式资格的分支承担了土地管理的工作。[7]

随着风景园林学的诞生，第二个研究领域发展于1872年黄石国家公园的建成——世界上第一个国家公园。风景园林师在公园早期的建设中发挥了重要的作用。此后，随着国家公园数量的增长，美国联邦政府成立了国家公园管理局，并最终纳入自己的风景园林部。国家公园管理局的风景园林师的众多职责之一，就是对每个公园的总体规划进行设计和维护。[8]

北卡罗来纳州蓝岭公园大道　Timothy P. Johnson 摄影

大萧条给风景园林行业带来了很大影响。罗斯福新政及其国家恢复计划中一个很重要的方面就是建立民间资源保护队。保护队雇用了很多年轻人从事资源保护的工作，如造林区域的保护等。这一项目也同样致力于公园设施建设，如风景道、旅馆、道路、步道、小道、野餐亭等。民间资源保护队建立了很多州立公园和国家公园。也为社会提供了大量的工作机会，其中就包括了作为设计者和监管者的风景园林师。风景园林师的进入使这个项目提高到了一个新的工艺水平上，并且能够达到与大自然的和谐共荣。

在20世纪后半叶，伴随着第二次世界大战，风景园林学仍持续发展并逐渐多样化。例如，随着进入大学的人越来越多，对大学校园环境进行设计的需求也就越来越高。另外，由于汽车的普及所带来的社会流动性的改变，对于郊区社区设计的需求日益增长，这其中就产生了"新城镇"运动。同样，许多企业也迁居到郊外，这给了风景园林师很多设计企业分部园区的机会。购物中心的设计也成为快速成长的专业实践领域之一，这一实践最具创造性的革新是实践中针对行人的休憩环境而进行设计。为顾客提供独特的购物环境，成了许多城市的振兴活动之一。例如，"节日市场"就是为振兴海边地区以及让旧工业区发挥新用途而开发的。

伴随着 Ian McHarg 的重要著作《设计结合自然》（田园城市，纽约：自然历史出版社，1969 年）的出版，以及紧随其后的 1970 年第一个世界地球日的诞生，风景园林专业的研究重点转为设计中的生态重要性上。随后，在 20 世纪的最后十年，受欧洲创新成果的影响，城市风景园林再次深入到了这一点。风景园林专业在这一领域的飞速发展贯穿了整个 20 世纪的后十年，其中包括了对景观的关注、保护和恢复，以及对"棕地"的复垦。

时代发展到今天，在新世纪的首个 10 年，风景园林师已经进入到了全球越来越多的工程项目中。社会对于风景园林在人类的健康和幸福中所扮演的角色也给予了越来越多的承认，这让我们不禁回想起这个专业的源头，F.L.Olmsted 关于早期公园设计的伟大思想。时至今日，可持续发展的原则已经深入人心，而我们发现风景园林的发展似乎从未偏离其最根本的初衷。"自然危机"这一概念，这个从旧时代就被一再提起的永恒主题，再次鼓舞着风景园林不断发展、前进。[9]

_____

注：要进一步了解风景园林史，请参阅附录 B 中所列的参考资料

如何成为一名成功的风景园林师？

已经解决了这个问题的风景园林师们列举了一些他们认为要达成这个目的所必需的素质和能力。具体包括：

- 商业意识
- 好奇心与终身学习
- 设计能力与审美意识
- 团队合作精神与谈判能力
- 环境管理能力与对自然资源的深刻认识
- 与人沟通和沟通技巧
- 执着，坚持与耐心
- 诚信
- 激情，奉献精神，坚定不移的信念
- 平衡能力
- 综合能力与大局观

商业意识

具备对商业和时事政治的了解。你要知道人们对商业和政治都在关注些什么。

Roy Kraynyk

Allegheny 地产信托公司首席执行官

商业意识是必需的，尤其是作为个体进行工作的时候，因为行业中任何的个人行为最终都会变成商业行为。

Nancy D. Rottle，RLA，ASLA
华盛顿大学风景园林系副教授

在我和一个同事最近一次有关她的工作的谈话中，她表现出对商业运作十分吝啬的想法。我告诉她，要么别干了，要么就得接受它。若要运作一个私人企业，你要么拥有过人的商业技巧，要么找到拥有这种技巧的人并合理安排他们的岗位，这样才能取得成功。

Patricia O'Donnell，FASLA，AICP
传统景观、风景园林和规划保护组织负责人

你必须是一个优秀的销售人员。很多时候我们都是在销售我们的想法——而这往往是很难的。我发现人们对纸面上的东西不甚了解，因此本质上你就是在销售你自己。你在销售"我有能力"的信仰。

Scott S. Weinberg，FASLA
佐治亚大学环境设计学院副院长、教授

你必须了解怎样在商场中获得成功——这点十分重要。一个既有优秀设计水平又懂商业运作的设计师是十分抢手的。

James van Sweden，FASLA
Oehme，van Sweden 联合投资公司创始人

你必须拥有良好的商业意识。无论是在公共还是个人部门中，都要学会资金运作——不是你去花钱，而是钱为你服务。所以，要有一个理智的商业运作认识。

Juanita D. Shearer-Swink，FASLA
三角运输管理局项目经理

我承认，我首先是一个风景园林师，其次才是一个商人。然而，没有商业技巧的话我是不可能在 9 年的时间里支撑下去的。

Ruben L. Valenzuela，RLA
Terrano 负责人

好奇心和终身学习

风景园林是一种永无休止的创造性工作，是需要终身学习和发展的。每一个新的项目都需要我们为客户和他们所带来的各种需求去聆听、创新和学习。

Mikyoung Kim
mikyoung kim 设计事务所负责人

对知识永不停歇地追求。

Mike Faha，ASLA，LEED AP
GreenWorks. PC. 负责人

永不满足的好奇心是非常重要的，因为作为一名优秀的风景园林师，你要对许多事物进行深入了解。与其他很多职业不同的是，风景园林处于多行业之中，需要了解各行各业的人都在做什么，并把这些内容融汇到一起。

Jim Sipes，ASLA
亚特兰大 EDAW 高级合伙人

永远把目前的设计项目作为迈向下一个设计项目的阶梯，并永远为把下一个项目做得更好而努力。在每一个项目中学习提高，永远不要认为你已经站在巅峰——因为那是不可能的。

Frederick R. Bonci，RLA，ASLA
LaQuatra Bonci 联合股份有限公司创始人

坚持不懈地做一名观察者，谦逊地学习事情是如何以互惠的方式结合在一起的。我认为你周围的世界真的是非常需要仔细观察的。

Kofi Boone，ASLA
北卡罗来纳州立大学风景园林系副教授

你需要持续强化技能，保持对社会上最新发生事情的敏感度，并坚持学习环境及科技方面的新知识。

Nancy D. Rottle，RLA，ASLA
华盛顿大学风景园林系副教授

风景园林师需要从每一个项目的"盒子"里跳出来，然后决定是否回到这个"盒子"中。许多行业依靠的都是曾经发生的事情。我认为如果你是一名真正负责的风景园林师，你需要站出来说"好，Liptan 是这样做的，但这是最好的方案么？"或是"我得到的命令是这样做，但这样做是否是最好的？"你需要提出这样的问题。

Tom Liptan，ASLA
波特兰环境服务局，可持续雨洪管理策划人

持续的学习能力是很重要的——这项能力使你能够在实践中反思，使你在每一个项目、每一次成功和每一次失败中得到成长。

Frederick R. Steiner，PhD，FASLA
得克萨斯大学建筑学院院长

设计能力与审美意识

一个能够成功衡量你作为风景园林师所做工作是否出众的标志就是：人们会在你的设计中得到享受么？环境是否比以前更加美好、更加健康？

Kofi Boone，ASLA
北卡罗来纳州立大学风景园林系副教授

这个专业很重要的一个方面，就是我们人类怎样与不断变化的自然环境和谐相处。

Mikyoung Kim
mikyoung kim 设计事务所负责人

显然，我认为风景园林师需要更好的设计能力，并且要知道这能力究竟是什么。

Gary Scott，FASLA
西得梅因市公园与娱乐管理局主任

作为一名好的风景园林师，需要具备良好的设计能力，优秀的才干以及突出的审美意识。

James van Sweden，FASLA
Oehme，van Sweden 联合投资公司创始人

作为一名风景园林师，对环境的多方面感官性质都要有深入了解，这一点很重要。同样重要的是对三维空间的感知能力以及对运动的感知意识——我们时常谈论事物之间的关联、序列以及预期效果。

Patricia O'Donnell，FASLA，AICP
传统景观、风景园林和规划保护组织负责人

团队工作、合作与谈判能力

成功的风景园林师是一个团队领导，能够与项目中的其他专业设计师进行合作。

Joanne Cody，ASLA
美国国家公园管理局风景园林技术专家

为了成功，我们需要专注于对各专业的深入了解，包括视觉艺术，表现艺术，尤其是建筑学。另外，我们也非常需要学习如何与他人合作。

Frederick R. Bonci，RLA，ASLA
LaQuatra Bonci 联合股份有限公司创始人

一个具有突出团队协作能力的风景园林师有更多机会去创造相关的成功案例。

Cindy Tyler

Terra 设计工作室负责人

处理人际关系的能力是很重要的。你需要具备求和的谈判能力，而又不失去自己的价值观和完整性。你同样需要具备适当妥协而不冒犯他人的能力，为你认为正确的事情挺身而出——无论是从个人角度还是专业设计角度。

Roy Kraynyk

Allegheny 地产信托公司首席执行官

我认为风景园林师需要具备简化事情的能力，因为他们时常需要将多种学科的人们聚集在一起。他们需要管理这些人才，并把他们的才能整合成为问题的解决方案。

Gary Scott，FASLA

西得梅因市公园与娱乐管理局主任

一名成功的风景园林师必须是一个好的合作者。这一点十分重要——无论是在艺术意识、科学、技术、生态还是自然方面。

Tom Liptan，ASLA

波特兰环境服务局，可持续雨洪管理策划人

环境管理能力与对自然资源的深刻认识

认识土地的关联和复杂性：要成为一名成功的风景园林师，你需要认识到其中的关联性。

Stephanie Landregan，ASLA

山区休闲和保护机构风景园林首席设计师

必须具备对自然系统的深刻认识。我们需要认识到所发现的土地状态是多年发展的结果；这并不是说我们要成为一名地理专家或者土地学者，但是我们必须知道如何发问，如何获得想要的答案。

Jose Alminana，ASLA

Andropogon 联合有限公司负责人

风景园林师需要像一名管家，以一种应变新环境的能力操作并改变我们的星球。

Mikyoung Kim

mikyoung kim 设计事务所负责人

对大自然始终抱有激情。

Mike Faha，ASLA，LEED AP

GreenWorks，PC 负责人

与人沟通和沟通技巧

成为一个好的聆听者很重要，因为人们所说与所想往往并不一致。我们不应只听表面的话，而是要听出他们真正关心的事、目的及所受的限制。如果可以做到这一点，我们就能前进一大步——因为我们能够对表面问题背后的真正问题作出判断。

Jacob Blue，MS，RLA，ASLA

生态应用公司风景园林师 / 生态设计师

对人要有爱心，因为我们所做的很重要的一件事，就是帮助人们认识到他们希望看到的某个地方的样子。而做到这一点的唯一办法就是了解他们，融入他们，就像做朋友一样。

Edward L. Blake，Jr.

风景园林工作室创始人

对人们满怀热情。
Mike Faha，ASLA，LEED AP
GreenWorks，PC 负责人

我们需要具备清晰的思维能力和表达能力。我们要能够看透一件事情背后的意义所在，并将它详细地解释给他人——无论他是我们当下的队友，还是来自其他学科与你共同研究的人，当然，还有你的客户。
Jennifer Guthrie，RLA，ASLA
Gustafson Guthrie Nichol 有限公司经理

要想在团队中创造最妙的点子，我们需要向他人阐述观点，并聆听他人的意见。
Cindy Tyler
Terra 设计工作室负责人

要具备推进我们的观点和工作的能力。
Frederick R. Steiner，PhD，FASLA
得克萨斯大学建筑学院院长

我认为具备良好的口头交流和写作交流能力，以及掌握多种语言技巧，是许多风景园林师成功的必备条件。
John Koepke
明尼苏达大学风景园林系副教授

要具备对客户良好的聆听和交流技巧，快速手绘能力以及浅显易懂的对话能力。
Joanne Cody，ASLA
美国国家公园管理局风景园林技术专家

在与客户和其他专业人士的交流中，做一个好的聆听者和传递者（无论是图形、语言还是文字方面）是很重要的能力。
Douglas C. Smith，ASLA
EDSA 运营总监

执着，坚持与耐心

需要耐心、洞察力与直觉力。
Kofi Boone，ASLA
北卡罗来纳大学风景园林系副教授

需要毅力。
Gerdo Aquino，ASLA
SWA 集团执行董事

需要具备跨越障碍的能力。我时常把它比喻为面前的一条河，我们可以跨越它，绕过它或者穿过它。我们需要像计算机一样时常备份现在的进度，明确下面的目标，以此来定位问题的症结所在，并成功解决它。
John Koepke
明尼苏达大学风景园林系副教授

要想在风景园林专业有所建树，耐心必不可少。
Dawn Kroh，RLA
Green 3 有限公司负责人

风景园林师需要很大的耐心。
Gary Scott，FASLA
西得梅因公园与娱乐管理局主任

坚持，坚持，还是坚持。在工作中我们往往需要很长时间才能认识这一点。
Edward L. Blake，Jr.
风景园林工作室创始人

作为一名风景园林师，我们需要极大的耐心，尤其是在学习阶段。我们一直在学习成为风景园林师的各种技巧，直到开始实习，我们的设计作品成为现实，或看到我们的第一个工程项目开始施工。

Scott S.Weinberg，FASLA

佐治亚大学环境设计学院副院长、教授

诚信

我们需要建立并维护自己的声誉，做到以诚相待，值得信赖，一诺千金。

Roy Kraynyk

Allegheny 地产信托公司首席执行官

在适应不断变化的世界的过程中，我们需要坚持自己的核心价值观。

Juanita D.Shearer-Swink，FASLA

三角运输管理局项目经理

我提出了勤奋，因为我相信，我们对所从事的事业怀有基本原则。

Jeffrey K.Carbo，FASLA

Jeffrey Carbo 风景园林与场地规划公司负责人

对待风景园林事业充满激情又不失平衡，做到这一点我们自然会成功。所谓平衡，我指的是能够使大局更加美好，而优先考虑某些人的价值观。如果面对的是整个社会对美的需求，妥协其实并不是坏事。话虽如此，有时我们也需坚定自己的立场。用我们的判断力，因为只有我们才能评价自己是否成功，而不是别人。

Emmanuel Thingue，RLA

纽约市公园局资深风景园林师

激情，奉献精神，坚定不移的信念

你要找到你的激情所在。我们有幸从事这个行业并以此为生。若我们自己都歧视自己的行业，我们将无法逆流而上说服那些对我们想要做的事并不感兴趣的人。最难的事情莫过于为我们自己和我们的事业做一个完整的定义。只要下定决心，认定并坚持这个事业，而不是知难而退，你必将成功。真诚地对待自己吧。

Thomas Oslund，FASLA，FAAR

Oslund. and. assoc. 负责人

能量，热情，主动性，这些都必不可少。

Chris Reed

StoSS 创始人

如果你的心灵与风景园林结为一体，如果你能够肩负起应该承担的责任，如果你积极推进你的事业，并愿意让它更长远地发展——如果你具备了这样的激情，成功必将来临。

Todd Kohli，RLA，ASLA

EDAW 旧金山公司联合任事股东、资深总监

任何一个职业，想要成功，都需要找到对所从事的事业的热情，并坚持不懈。

Cindy Tyler

Terra 设计工作室负责人

对你所专注的事情保持激情，我的意思是你将会面临非常多的挑战。我知道，风景园林师研究人们的花园，他们对园艺了解甚深，他们是植物的专家，但那不是我。我的激情是研究与设计，而我的行为也与之相称。所以，你必须深刻认识你的激情所在。

Julia Czerniak

CLEAR 负责人；锡拉丘兹大学建筑系副教授

想要成功，激情必不可少。把你的职业当成一种渴望。它需要大量繁重的工作，严明的纪律和庄严的承诺。除此之外的任何关于成功的假设都是一种误导。

Kurt Culbertson，FASLA

Design Workshop 董事会主席

你需要激情，激情比任何事情都要重要。这份事业需要韧性，需要竞争意识和求胜心。

Dawn Kroh，RLA

Green 3 有限公司负责人

对待你的事业，你需要一份激情。要拥有这份激情，你需要爱它，而不是仅仅把它当做谋生的职业。

Jeffrey K. Carbo，FASLA

Jeffrey Carbo 风景园林与场地规划公司负责人

平衡能力

也许通往成功的道路有两条。一是具备过人的才华，二是具备过人的动力。或许一些成功人士二者皆有。每一个这样的成功者都会寻找一种平衡他们的才华与动力的方法，来追求他们所擅长的领域。

Mark Johnson，FASLA

Civitas 股份有限公司创始人及董事长

有两个答案——两者都来自平衡之伞。第一个是平衡你的很多技巧、能力与知识以成为一名好的风景园林师——包括园艺、地理学、艺术、历史学等等。而后就是，要平衡实践与创造力。你必须同时具备。另一个答案就是，你的商业能力和创新能力，而且你还要知道什么时候该突出发挥哪一种能力，做到这一点是很难的。

Kevin Campion，ASLA

Graham 风景园林事务所项目经理

好的风景园林师能够同时发挥自己的左右半脑，他们很擅长在科学性和艺术性之间转化。能够做到这一点的人都是很成功的。

Nancy D. Rottle，RLA，ASLA

华盛顿大学风景园林系副教授

他们具备我所说的务实精神，具备认识到环境中的各个元素如何融汇到一起的意识。你不能只有一个设想——这个设想如何进入建造阶段？如何组合到一起？又如何成为现实？

Gary Scott，FASLA

西得梅因公园与娱乐管理局主任

综合能力与大局观

一个成功的风景园林师就好比一个连接各个活动部位的枢纽。成功的风景园林师能够做一个通才，获得许多不同的见解并把它们结合到更好的整体中——更好的设计，更好的地方，人与土地更好的关系。他们不仅能关注到细节与进程，还能纵观整个大局，并知道这个大局怎样紧密融合、持续发展。

Robin Lee Gyorgyfalvy，ASLA

美国农业部林务局：德舒特国家森林公园，Interpretive Services & Scenic Byway 公司董事

系统思维：去解读场地，去应用知识，去寻求问题的解决方案，去综合应用人与土地的信息来解决问题。

Barbara Deutsch，ASLA，ISA

北美生物保护区副主任

引导客户来认识你的设计——超越他们的视野、目标以及期望的设计。

Ignacio Bunster-Ossa，ASLA，LEED AP

Wallace Roberts & Todd 有限公司负责人

开阔的视野。
Gerdo Aquino，ASLA
SWA 集团执行董事

从某种意义上来说，未来的风景园林师的成功标准不是建造一些风景园林景观，而是一种见解和认识——世界是怎样运转的，怎样找到人们共享土地的最好方式。这将是衡量成功与否的标准。
Kofi Boone，ASLA
北卡罗来纳州立大学风景园林系副教授

引入所有相关信息，整理这些信息并综合起来，寻找解决之道——这是我们设计行业的关键所在。
Jim Sipes，ASLA
亚特兰大 EDAW 高级合伙人

第2章 风景园林设计

　　没有人会反对说地球是一个高度复杂的环境，所以如果你正在这个星球上进行设计，这正是风景园林所做的，你将不得不考虑大量因素。很显然，最开始，是土地的表面，接着产生了许多问题：

- 表面是平坦的还是起伏的？等高线是怎样的？
- 地表覆盖着什么——植物、铺装、水体、建筑，还是其他？

同样，地表以下也存在一些问题：

- 是什么导致表面的样子？是土壤、地质、地下公共服务基础设施？

当然，你也必须研究地表发生了什么：

- 人们是否使用它们？怎样使用？
- 野生动物怎么样？
- 这里有交通设施么？比如小汽车、火车，自行车等？
- 这里是一个静思冥想之地么？还是欢庆之地？

　　所有这些只是轻轻拂过表面（如果你不介意双关语）。地球表面的设计也必须思考气候，季节变化，安全性，美丽，历史，最重要的事实是地球上的所有都要考虑进去。当你真正地思考风景园林师这份工作以及大地设计，你开始有一些想法，认为它是那么的复杂，同时，你也会意识到它的潜力是多么令人兴奋。

屋顶上的藤架鸟瞰，伊利诺伊州，芝加哥市，北密歇根大街 900 号；Scott Shigley 摄影

风景园林通常被描述为既是艺术又是科学。它根基于解决困难和分解问题，但是最有创意的是，回答可能的解决方式。风景园林师创造具有想象力的室外环境，这个环境同时对美学和生态问题敏感，并且还与经济和社会机会相关。本章的目的是提供一个风景园林设计广度和深度上的概览。它由讨论那些在专业上的工作的不同兴趣开始，然后聚焦于风景园林师工作的不同领域。这引出了关于风景园林师可以设计的大量尺度的议题，着重于绿色设计的重要性，系统思考和公众参与。这章包括许多对于风景园林专业来说十分有价值的交流。

不同的兴趣：从创造性的表达方式到生态，直至建造技术

对我而言，教授风景园林是如此有趣的一个原因是，我发现帮助学生在这个专业中实现许多目标是非常愉悦的。我总是向他们指出，正如他们开始思考用什么来谋生，理解拥有一份职业和拥有一个工作之间的区别是非常重要的。一份职业通常被描述为一个毕生的事业，通过专门的培训而不断向前发展。选择一个职业，你想去找到一些你可以坚持和成长的东西；因此，寻找一份职业是非常重要的，它要根基于你所喜欢的活动、契合你的兴趣，保持你珍贵的信仰——概括而言，它应该与你产生共鸣。

展示给学生他们能够在风景园林这个职业中用多种方式实现他们的特殊兴趣是有趣的一件事。例如，如果你有艺术和创造才华，你可能想去探索风景园林中设计的一面。如果你左脑更加发达，属于独特的螺栓和螺母类型，你可能会被如何建成风景园林的细节激起兴趣。如果你的兴趣在植物、自然和生态方面，这个专业将为你的才智提供许多方向。如果你对人们的行为和交流感兴趣，或者为什么人们会用他们自己的方式使用空间，风景园林也为你提供了一个场地，因为风景园林设计也包含了人们的使用和缓和人们的影响等方面内容。

学生们从许多不同的方向进入到风景园林专业中——如农业科学，建筑学，工程学，平面设计，艺术史，计算机科学，以及环境研究，这里仅列举了一些。然而，所有人都可以在风景园林专业中找到一个家，作为一名风景园林师构建一个令人满意的职业。

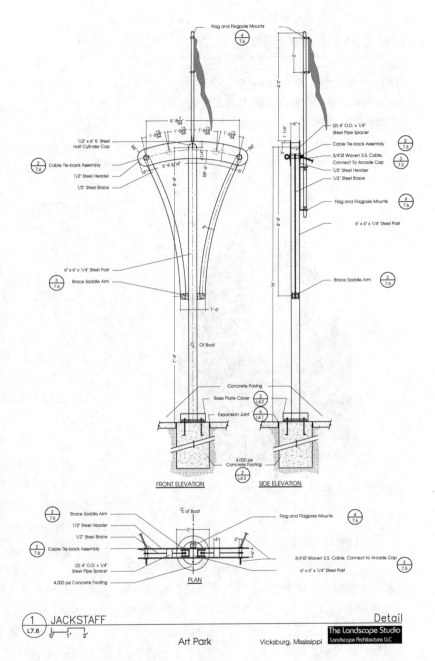

维克斯堡（Vicksburg）的艺术公园中钢屋（Wheelhouse Jackstaff）的构造细节，位于密西西比州 公园设计师：风景园林有限公司风景园林工作室

访谈：有目的地创造场地

Jennifer Guthrie，RLA，ASLA
Gustafson Guthrie Nichol 有限公司经理
华盛顿州西雅图

风景园林师 Jennifer Guthrie，Gustafson Guthrie Nichol 有限公司

您为什么决定以风景园林为职业？

和许多人一样，我迈入风景园林的路程，也并不是那么直接的。我原本想修数学专业。在去英国的一个海外学习项目中，我喜欢上了建筑。有意思的是，当我回头看看，在我决定从事建筑业的时候，正在一个城堡外的美丽的花园中坐着。当我从事了一些年之后，我意识到，我花费了更多时间在建筑外的环境中。

我在华盛顿大学风景园林工作室中找到了我的方向，并且拿到了风景园林和建筑学的学位，但是我从事了风景园林行业。我成长于南加利福尼亚的一个很有实力的造园家族，它已经成为我生命的一部分，但是在我进入学校前，并没有把所有这些放在一起。

您如何描述您工作室作品的特征？

我们的目标是创造符合目标的场所。这个工作室的设计中最令人激动的部分是把大量注意力放在最初的阶段中。我们在如何让我们的场地更加独特方面做了大量研究。我们不想在风景园林中创造符号或者是地标；我们想去提出能够对场地空间说些什么的景观设计——创造一个当代的设计，提取出场地空间所有的独特的品质，因为每一块场地都是独特的。

您的工作室规模有多大，您在其中扮演的角色是什么？

我们工作室现在有 28 个人。其中 8 位是注册风景园林师，1 位是注册建筑师，尽管这个工作室里许多人有着多重的职业。对于我们而言，所有这些背景都非常棒，大家这些不同的东西使我们采用不同的方式做设计或者是解决问题。

我们仍然有一个小办公室设在这里。我是主管和所有者，也是管理合伙人，在管理之下的合伙人——我负责所有这些。但是，我的工作，就像 Kathryn 和 Shannon 一样，是像项目管理那样监管着发展。无论是合同或者是财务上的管理，我要确保我们不仅仅获得一个项目的好的设计，同时一旦我们开始一个事情，就要确保实现我们设立的目标。

西雅图市政厅市民广场
华盛顿州西雅图
Gustafson Guthrie
Nichol 有限公司

到目前为止，您最有价值的项目是什么？

是在科斯塔梅萨市的一个购物中心的项目。这个项目叫做"桥园"（Bridge of Gardens），一个步行桥升起跨过停车场，一条伸向建筑的街道穿过道路。那时我年轻，也很自傲，承担了高于自己能力的工作。要对领导一个建筑师、工程师、风景园林师的团队负责任，这在以前是不曾有的。这个购物中心可能是世界上销售业绩最好的零售商场之一了。完成的水平、细节和桥体的材质也都是特别高的。

桥被种植的叶子花所包住，侧翼从桥的两边延伸出去，这里叶子花会生长，在空中创造出一个地毯。

它有着弯曲的墙面和非常复杂的细节。能够看到它在给我们的时间内、按照客户期望的设计水平完成，并建造起来，让我们自己也很自豪，并且这也说服了我自己，这就是我的职业。它也让我知道如何对待我的合伙人，Kathryn Gustafson 和 Shannon Nichol。做这个工程，我们知道了我们可以成为我们这个工作室最好的团队。

新技术在您的设计过程中起到了怎样的作用？

这可能是现在关于设计最令人兴奋的成分了。伴随着技术的前进，数字建模是回答许多我们遇到的设计空间中问题的捷径。我们也在使用三维输出，以帮

桥园下面的细节，加利福尼亚州科斯塔梅萨市；Gustafson Guthrie Nichol 有限公司

我们也正在尝试对于建设文档交流方面的新技术。有时，在二维的文档中描述你的目的是非常困难的。我们还没有完全用三维绘图文档来分享我们的成果，但我们已经朝这个方向前进了。许多承包人面对新事物很兴奋，很有兴趣。通过文档形式来解释新东西是什么，现在还是一个灰色领域。

您认为有着不同的兴趣和技巧的人们能够成为风景园林师么？请解释。

身处这个职业是令人兴奋的。这是一个进化的职业。真正对技术和风景园林科学感兴趣的、有着科学的头脑的人是很专业的。这个行业也对于设计头脑有吸引力，即那些对创造雕塑般空间感兴趣，擅长三维领域思考的人。它也同样支持那些实用主义的，有着对艺术的鉴赏力，以及能够思考两面的头脑。我感到这是一个很大的专业，可以适合许多不同的人。

助交流。地球获取阳光的形式和人类在这种微妙方式中的经验，很难用二维的图像或者在一块平的屏幕上展示。三维模型在交流方面是极其重要的，所以，我们用计算机或黏土做了很多模型。技术也使得交流更加容易理解，所以我们能够与全世界的其他人进行项目的交流反馈。现在你可以挖掘全球资源，促进更加复杂的科学发展。

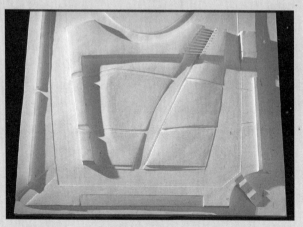

为 Lurie 花园设计的石膏研究模型；Gustafson Guthrie Nichol 有限公司

访谈：公共空间的自豪

Emmanuel Thingue, RLA
纽约市公园局资深风景园林师
纽约市可罗娜公园

风景园林师 Emmanuel Thingue 在做设计工作

您为什么决定以风景园林为职业？

我是一次偶然的机会成为一名风景园林师的。我起步是一名建筑师，作为一个职业，对风景园林专业不太熟悉。Paul Friedberg 在城市学院开始风景园林项目时招聘了我，并说服我修双学位对找工作更加具有优势。我有两个学位，然而我仅实践了风景园林，因为我喜欢它的灵活性远多于刚性。

您如何描述您工作室作品的特征？

我在纽约市公园局工作，我们做的这些必须是经过深思熟虑并对使用者友好的。所有项目的基本目标是对使用者是安全的，同时保证纽约公园系统的独特个性。我们不会设计一个公园仅仅是简单的看着好看，而是要舒适、功能性强，实用。这些是公共空间，我们对于平衡美学、功能和实用有着很高的要求。

您的工作室规模有多大，有多少位风景园林师和其他专业人员作为员工？

在核心部门大概有 330 个雇员。他们的工作是重建现有的公园和新建那些已经获得的项目。其中包括40—50 位风景园林师。他们中的大多数还掌管着他们自身的项目，从概念到建设；然而，一些人也管理着咨询项目。剩下的雇员也有着相关的任务，用一种或者其他的方式，帮助完成项目。他们包括了管理者，我们的专业部门，我们的法律团队，我们内部的工程人员，预算部门，建筑部门，以及结构部门等。

在办公室中您的角色是什么？

我是一名资深风景园林师。我管理着一个 4 个人的团队，指导一些刚进入公园部门的新人。我有一些工程方面的知识和建筑细节方面的丰富经验。这使得我可以帮助那些在我们部门中缺少某方面经验的人。这也让我能够从事一些更加复杂、大尺度的项目。

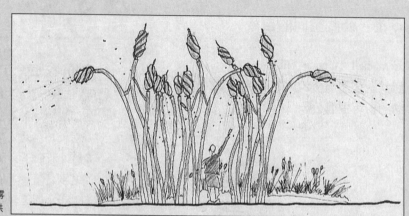

牛津南方公园最初的香蒲喷雾
雕塑的草图　纽约公园局提供

牛津南方公园的喷雾雕塑和场
地；纽约公园局提供

您工作中最令人兴奋的是什么？

　　我可能不得不说是设计。没有什么更令我兴奋的。
我有时会在家做设计，免费的，当做一种放松的方式。
这是非常令人着迷的。我不认为我是独特的，因为我
不认为设计师可以关闭设计的"阀门"。如果你需要
去解决一个设计问题，你将持续地思考它，直到你解
决为止。

到目前为止，您最有价值的项目是什么？

　　我最有价值的项目是一个叫做 Hamilton-Metz
的公园（在布鲁克林）。它既不是最漂亮的也不是我

最感兴趣的；然而，变化是最令人满意的，我感觉，它给公园带来了讨论中的问题。它开始只是要求涉及简单的两个篮球场的重建，我说服了甲方如果增加一个花园区域或者一个小型广场，效果会更好。比原本的期望提供的更多，让我很有满足感。尽管，在完成这个项目的时候，我意识到我能够在未来扩展更多的工作；然而，对我而言它仍然是一个特别的项目。

您认为多数风景园林师具有什么样的才能、天资和技巧？

一个风景园林师应该：

■ 有把自然和它微妙的美通过视觉化呈现出来的能力；

■ 有推销概念的能力。创造一个伟大的设计还不足够；还必须能够用他们伟大的设计说服其他人。有人可能会说伟大的设计会推销自身；其实并不总是这

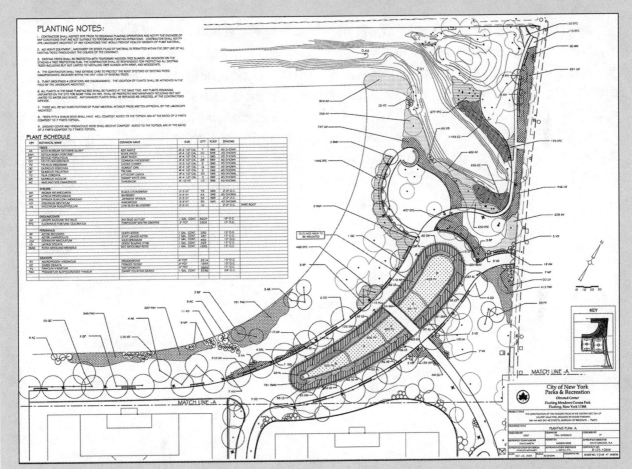

一块73英亩的滨水公园的主要部分的种植设计图；纽约市公园局提供

样。当一个人推出了它的概念，他或她必须有说服别人接受这个不寻常的东西的技能。

■ 多才多艺，在一些不同的领域都有技巧。这将有助于向其他人介绍你的想法，因为你将可以讨论不同的主题。这也可以使你有更广阔的资源去汲取设计思路。

■ 与人相处融洽。你项目的成功依赖说服他人你的设计是正确有效的；要想达到这点，一个人不得不与其他人相处好。

■ 能够整合众多想法。就设计而言，这是很关键的，因为有许多可能性和许多同时思考的方面。这就要求具有划分先后的能力和同时或分开思考所有方面的能力。这似乎是违反常理的，事实上这就是设计的本质。

■ 灵活性。当真心面对时，他/她必须能够看到其他人的观点。只有这样，我们创造的才是为公众使用的，因此我们应该在复核过程中灵活地结合他们的想法。我们不应该自以为是或假设只有设计师才能产生伟大的想法。

■ 有生长和变革的能力。设计应该分析文化变化并且作出回应。停滞是所有创造的杀手。

■ 观察敏锐。仅仅注意周围的事物就可以学习到很多东西。当一些东西吸引了你的注意力，你应该花些时间去理解为什么，以及你怎样去复制这个经验。

您能给求职者提供一些建议么?

我想说实习是非常重要的。它是通向这道门的一只脚。这就是我如何开始的，我已经看到许多学生通过这个途径在公园部门得到聘任。给你一个选择，人们将更加愿意与他们已经知道的人一起工作，提供给那些展示了一定完成任务水平的人以工作。

访谈：熟知植物的风景园林师

Douglas Hoerr，FASLA
Hoerr Schaudt 风景园林事务所合伙人
伊利诺伊州芝加哥市

风景园林师 Douglas Hoerr；Charlie Simokaitis/Charlie Simokaitis 摄影

您为什么决定以风景园林为职业？

我在家并不是一个读书很聪明的孩子，我讨厌学校。我不打算正规地上大学。我认为我应该在建筑行业里继续工作几年。我高中的最后一年，我的叔叔为我展示了他为自己拥有的砾石坑所做的设计。那是一个我早就知道的地方，我以前曾经在那里钓鱼和打猎。他说："你想看看一个风景设计么？"他已经从印第安纳州韦恩堡市聘请了一位风景园林师，来做一个可行性研究。我看到了可以滑雪的山，野营地，溜冰场，

以及钓鱼的码头。我想，哇，有人可以预见这块土地的使用。我认识到我应该喜欢做这个，因为我喜欢建造东西，喜欢户外。

您为什么又是如何决定选择一个学校获取学位的？

我选择了普渡大学，因为他们教我如何思考。每一个事都是非常有目的的。这并不像一些人们所想的那么激进，但是他们教你画草图，教你在工程和园艺方面有一个强有力的目标。

您所受的教育在哪方面对您的影响最大？

我的第一个植物识别课程使我产生了共鸣，并使我成为一名熟知植物的风景园林师。这并不总是必要的；其他人可以在其他事情中找到乐趣。但是它却贯彻我的职业生涯——渴望了解和使用植物材料。

您如何描述您工作室作品的特征？

我们的作品倾向于细致的草图。这是对场地非常敏感的表现，也是以客户为导向的。我们希望与欣赏它的人们一起进行设计过程。我们做了一些不同类型的项目，需要非常仔细的设计考虑。我们的作品覆盖乡村正在使用的公园、校园、街道景观和高端的居住区项目。

您的工作室规模有多大，您在其中扮演的角色是什么？

我们有 45 个人，其中 3/4 都是风景园林师。我的合伙人 Peter，是一名建筑师和风景园林师。我们有艺术和园艺学位的人，有林学家，以及在土地管理方面

Hoerr 在伊利诺伊州芝加哥市的北园大学校园设计中，用中西部植物来调和色彩，以形成统一效果；Scott Shigley 摄影。Hoerr Schaudt 风景园林事务所提供

有经验的人。我的角色已经变化了，我现在关注于给一些项目设立一个方向。我基本上是让船正确地开动起来，然后它就能在航线上很好地行驶，以作出对场地负责任的设计。我还做一些市场方面的工作，并且，我也参与项目本身。我喜欢在设计的关键时期亲身参与项目，这个时候要求一些主观性。

"屋顶上的草原"生长在芝加哥的壮丽大道 Magnificent Mile 的 10 层楼之上；Scott Shigley 摄影。Hoerr Schaudt 风景园林事务所提供

你早期在英格兰的实践和经历是独特的，请讲讲。

我开始从事设计／建造是在 18 岁。那时，我意识到我需要一个改变。我不喜欢学校，但是我想，有其他的路通向这个专业而不需要获取一个学位，所以我选择了一条工作的路线。我给我听说过的最著名的英国造园师写了封陌生人的来信。我说如果我可以学到关于植物方面的东西的话我想去免费工作。我辞去了工作，移居到了英格兰，然后为 Blooms of Bressingham 公司工作。我给这些英国园丁们当学徒。我把这段经历称为现实生活导师。我每天和这些人在一起工作，并试图弄清楚所做的事，终于在 8 年后，结果都一同呈现了出来，我终于理解了我正在做什么。

新技术在您的设计过程中起到了怎样的作用？

我们试图尽可能处于最前沿，特别是在可持续发展和屋顶花园设计上。我担任 Daley 市屋顶花园委员会主席。对于北密歇根大街 900 号屋顶花园的项目，我很自豪，因为那是芝加哥最大的屋顶花园。屋顶花园技术这些年的变化是步履蹒跚的。我们力图发展，而不是做些小把戏。但是，你必须在脑海中谨记，新技术可以是好的，但还没能得到足够的试验。

在让我们的世界变得更美好方面，风景园林师扮演了怎样的角色？

作为开始，如果我们像风景园林师一样思考而非像建筑师那样思考的话，我们将让未来变得更好。对于我们所做的，我们应该更加自豪。我们应该把我们的才华、智慧和努力都拿出来，确保风景是能够被"听到的"。如果我们坚持我们的武器，我们将创造出更加善良、更加美丽、场地更为感性的世界。

访谈：跨越项目类型和尺度

Edward L. Blake, Jr.
风景园林工作室创始人
密西西比州哈蒂斯堡市

风景园林师 Edward L. Blake, Jr. DC Young 摄影

您为什么决定以风景园林为职业？

我入学是在医科大学，但是我不喜欢。我和父亲谈了谈，他建议我进入风景园林行业。我跟着父亲在农村60英亩的土地上成长起来。那里已经被过度放牧，被一排排地修剪整齐。我们开始恢复它，让这里再次长出东西。当他提出建议，尽管我以前从未听说过风景园林师，我也立刻知道了他的意思，因为这正是我们正在一起做的事情。我用了我整个的年轻成长时代为它做准备。我只是不知道而已。

您如何描述您工作室作品的特征？

我们的办公室是一个小型的工作室。我称之为工作室实践，因为这里有强烈的设计导向，需要合作完成。风景园林工作室，我希望它能够成为一个保护伞，对那些喜欢思考、喜欢及时探索风景问题的人们而言，有一个地方去做这些。我们的工作覆盖所有的尺度，小到还不到1英亩的场地，大到超过5万英亩的土地规划。我们的工作也覆盖了很宽泛的项目类型，从一个精致的花园设计到一个机构的场地。我们也为许多博物馆工作——艺术博物馆以及植物博物馆。我们还设计过大学校园，有着纪念性的空间、公园和活动场地。

新技术在您的设计过程中起到了怎样的作用？

我们刚刚配备了手持GPS仪，这样我们可以走出去，在马路或是场地的道路上进行标注。我们在所要设计的平面上行走，挑选合适的点，然后围绕这些进行设计。我们也喜欢将这些信息和从空中拍摄获取的谷歌地图联系起来。但是我们也要说：有着所有这些，我仍然考虑用钢笔、彩色铅笔及水彩等作为技术手段。我们会花一些时间去学习如何用电脑技术工作，它给予我们通过电脑技术完成工作的方法，但是我们最好的工作仍是所有的概念、纲要和设计发展过程通过手绘草图来完成。它非常简单，一旦我们有了想法，我们就把它们快速画出来，然后把这些粗略的图纸覆盖在地形图上固定。我们找到了结合使用较古老和较新技术的工作方法，综合的方法对于我们而言很有好处。

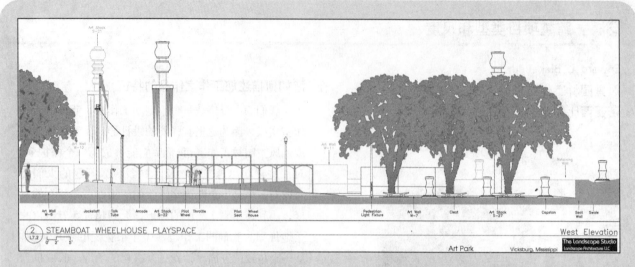

密西西比州维克斯堡市的艺术公园，斯普拉格驾驶室游憩空间
（Sprague Wheelhouse Playspace）的立面图；风景园林工作室设计

位于密西西比州维克斯堡市艺术公园的鲶鱼喷泉；Ed Blake 摄影，
风景园林工作室

您咨询哪些其他专业人士？他们在设计过程中起到了怎样的作用？

我与建筑师、结构工程师和电气、灯光工程师一起工作，并向喷泉设计师等做一些特殊的咨询。我也与生态学者、园艺师、树木栽培家和室内设计师一同工作。对于一些我们已经是主要咨询专家的项目而言，我还会聘请一些人与我们一同工作。在工作初期，我们很努力地去发展基于场地的设计框架——文化框架和生物框架。我要求所有与我们一同工作的咨询专家都要在他们的工作中做这些相同的事情。

您认为多数风景园林师具有什么样的才能、天资和技巧？

最重要的是对自然的感情，也就是知道你将塑造人类、植物、动物的家园的感觉。你用一种同情的方式做。这样做需要令人难以置信的知识和技能基础，跨越如地质学、生态学、生物学，以及动物学之间的

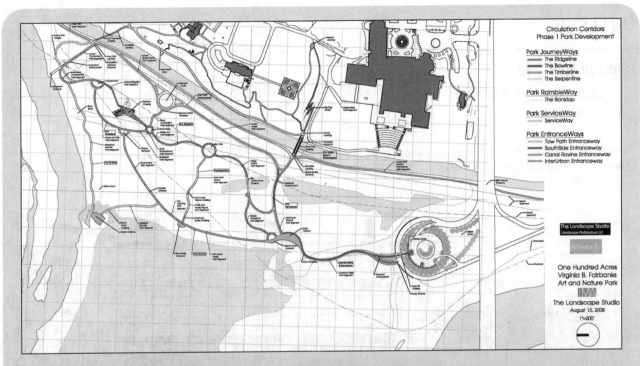

弗吉尼亚·B·费尔班克斯艺术与自然公园的100英亩地段的交通廊道，印第安纳波利斯艺术博物馆，印第安纳州印第安纳波利斯市；公园规划与设计者：风景园林工作室，当地风景园林师：NINebark 股份有限公司

一切。它需要能在一定景观尺度上重组这一切的能力。我所说的景观尺度不是我们熟悉的自己的后花园，它可能是成千上万英亩的范围尺度。

当聘请学生实习或聘请人员从事入门级工作时，您在面试时会提出哪些问题?

你需要保持非常自信和保持对工作非常娴熟的状态。没有必要问学生他们的目标是什么。可以问他们人生的目的、生活的价值。问他们读些什么书、听什么音乐。问他们在哪里长大的，他们的教育背景以及老师对他们最大的影响是什么。然后，我会看他们是否适合这里的工作。

在让我们的世界变得更美好方面，风景园林师扮演了怎样的角色?

我想起一句老话"放眼全球，立足本地"。真正学习你住的地方并把它作为一个整体来理解，然后再开始工作。我不认为这是解决问题的榜样。我们得有一个解决方案，适合这个星球上的每个区域多样性的工作。我们需要越来越多的熟悉特殊地点的人们。

项目档案

Sidwell友好学校

展示了独特的作品环境

▼注释说明了台阶湿地，雨水花园和水池；Andropogon 联合有限公司和
Kieran Timberlake 联合公司绘制，Andropogon 联合有限公司提供

DRAWING BY ANDROPOGON ASSOCIATES LTD AND KIERAN TIMBERLAKE ASSOCIATES

1. 现有中学
2. 新建中学
3. 有着解说设施的溪流过滤器
4. 处理污水的湿地
5. 雨水花园
6. 水池

▶湿地台地的石墙和植物细部
照片由Andropogon 联合有限
公司提供

▼解释建造湿地的细部的示意
剖面图：照片由 Andropogon
联合有限公司提供

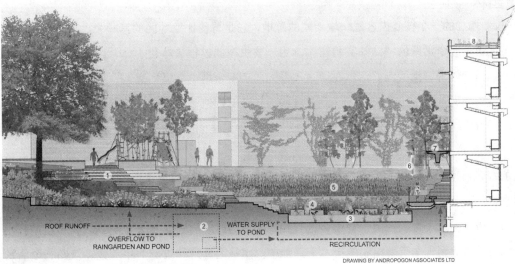

ROOF RUNOFF

OVERFLOW TO
RAINGARDEN AND POND

WATER SUPPLY
TO POND

RECIRCULATION

DRAWING BY ANDROPOGON ASSOCIATES LTD

1. 室外教室
2. 蓄水池
3. 水池
4. 雨水花园
5. 处理污水的湿地
6. 有着解说设施的溪流
过滤器
7. 通向二层入口的斜坡
8. 屋顶花园

项目简介

时间：2006 年

类型：制度的 / 生态的

地点：华盛顿特区

客户：Sidwell 友好学校

设计公司：Andropogon 联合有限公司，宾夕法尼亚州费城

奖项：美国绿色屋顶委员会 LEED 白金级别；AIA 2007 年排名前十的绿色屋顶项目之一；AIA 2007 年，杰出、自然委员会教育建筑奖；荣誉奖——可持续的设计奖，波士顿建筑社团 2007 年；2007 年手工艺奖——特殊建筑和风景园林，华盛顿建筑协会

项目网络链接：www.andropogon.com

我们开始设计一座建筑，结果建造了一座绿色建筑，接着这座绿色建筑在文化和操作层面转变了整座学校。

——Mike Saxenian，Sidwell 友好中学校长助理[1]

复合功能的风景园林

Sidwell 友好学校新增加的一个核心内容是一块新建的湿地，它是哥伦比亚地区的第一个。来自建筑的废水被循环再利用。湿地，是一个活跃的"认知实验室"，用一些生态的过程去净化水体，给学生们带来自然中的这类循环系统是如何工作的鲜活实例。污水在通过一系列的芦苇台地进入循环之前，要在地下的水箱中进行基础性的处理。微生物有效分解了污染物；溪流过滤和沙粒过滤提供了更进一步的处理。湿地系统每天能处理不少于3000加仑的污水，处理后的质量较高的水成为建筑中卫生间的用水。[2]卫生间用水百分之百会被回收再利用。

新建筑上增加的绿色屋顶降低了暴风雨的径流速度，这些出口被通过透明屋顶引导转向地下的蓄水池。然后，储存的蓄水池的水被用在庭院的生物池中。

为了实现水质的改进，穿过场地的径流沿着铺装区域和草坪，通过水质过滤器去除固体废物和过营养化物质。其他景观区域的径流流到一个有着植物的排水沼泽池中。水从沼泽池和过滤池中流过，流向一个活跃

的雨水庭院，然后清洁、过滤过的水返回到地表层。

虽然这个风景园林设计是根植于水的再利用，从而得到一个具有功能性的景观，但也同时关注了其他内容，以形成一个良好的环境设计。在能源方面，78%的材料产品是从当地区域（在500英里以内）获得的，以减少这个项目的能源消耗。另外，来自项目建设环节的60%的废物被回收利用，而不是放置在垃圾场。不仅仅Sidwell友好学校是一个环境敏感的设计，在设计和建造的每一个环节，环境都是被优先看待的。[3]

学生与设计的互动

另外，作为具有功能的"运行中的景观"，学校的场地设计将教育机会结合到校园风景的再设计中。学校承诺要提升环境管理质量，要求出于环境的考虑对雨洪和污水管理系统进行设计，以景观高度可见的方式作为教育和增强意识的工具。Jose Alminana，Andropogon联合有限公司的风景园林项目管理者，感受到了强烈的关于学生和景观的互动。他说，"我可以仅仅希望我们在这里完成这个项目，在学生们继续发展它的四年里……将会……改变他们的想法。他们将会认识到整个水循环、植物和过滤，以及动物和水生生物是如何作用的。我们如何生活，并与空气和气候联系，以及我们如何利用太阳……我们如何用可能的最少破坏的方法去利用材料"。[4]

绿色设计

这个项目的风景园林师，Andropogon联合有限公司，建筑师，Kieran Timberlake公司，以及多样的能源工程师，顾问，特殊专业者，共同创造了一个赢得美国绿色屋顶委员会LEED白金级别设计。Sidwell友好学校被美国绿色建筑委员会授予奖项，作为他们可持续发展的标尺。这个奖项是巨大的；不仅仅是Sidwell的第一个LEED白金建筑，在哥伦比亚地区，也是美国K-12级别（指从幼儿园到12年级的教育）的第一所获得这样高荣誉的学校。[5]

项目档案

MESA艺术中心
风景园林作为文脉艺术

▲ 数字三维模型说明了场地设计的所有组成；Martha Schwartz Partners 绘制，ASLA 提供

◥ Arroyo 水景中人们欣赏的"闪亮的流水"；鸣谢 ASLA。Martha Schwartz Partners 摄影

▶ 通过使用半透明的玻璃平板和在碎玻璃 / 被挤压的玻璃中的仙人掌注入色彩；鸣谢 ASLA，Shauna Gillies-Smith 摄影

项目简介

时间：2005 年

类型：市民的 / 设计院的

地点：Mesa，亚利桑那州

客户：Mesa 艺术中心

设计公司：Martha Schwartz Partners，马萨诸塞州剑桥市

奖项：2007 年 ASLA 专业设计奖

项目网络链接：www.marthaschwartz.com/prjts/commercial/ mesa/mesa.html

在一块场地上，有如此多的色彩和文化，它已经改变了这个区域。我们热爱这种力量，无论有没有水，它看起来都是如此美丽。

——ASLA 2007 专业奖评审团 [6]

定义Mesa

Mesa，亚利桑那州菲尼克斯附近的一个飞速成长的通勤小镇，被认为是美国最大的郊区城市之一。拥有居住社区的特质，以及区域的飞速发展，缺乏城市核心或者说有趣的公共空间以供居住者聚集。Mesa 艺术中心是这个州中最大的，受到独特的、有很高艺术造诣的建筑师、风景园林师和艺术家们的影响，它吸引着众多游客来到 Mesa。[7]

Mesa 艺术中心准备作为一个城市更新的催化剂，聚焦于文化和艺术，包括诸如表演艺术场所和展览空间等元素。因此，当中心的户外空间回应室内使用者，他也试图寻找通过创造会议、活动和休闲中心来实现再次连接城市和附近场所的大目标。场地的位置在主干道和中心街道的交会处（这也是 Mesa 最主要的两条道路），带给了这个空间去成为新城市核心的机会，以及对于通勤者而言强烈的可想象的目的地的基础。[8]

聚焦文脉

在美国西南部，一个显著的环境约束是日照。Mesa 每年平均有 300 余天日照强烈，因此很自然的，阴影成为场地设计的核心元素。[9] 项目的特征就是"阴影中的步行道"，一条有着树荫、植物群、格架和各类阴影样式的步行道。这里提供了一个艺术展览的空间，城市居民休息的空间，以及大大小小的游客汇聚的空间。

水也是设计中的一个关键元素。"Arroyo"的功能是作为一个独特的水景沿着阴影道和模拟的干河延伸了 300 英尺。象征着西南方经常出现的一条快速奔流的定期淹没的闪烁的流水。在艺术化的闪烁的河流中，游客可以通过旱谷休息，把他们的脚浸在凉爽的水中。水景与阴影中的步行道一起，成了很好的散步空间，与 Mesa 的酷热形成了对比。[10]

考虑到创造一个充满活力的公共广场的环境和目标，水是重要的场所特征。独特的像宴会桌一样的设计，伴随着中心的宁静开敞空间，这个流水宴会桌的创意在意大利的兰特庄园中就十分盛行了。[11]

材料选择

Martha Schwartz 和她的合作伙伴们长期以来一直以挑战传统园林建筑思想而闻名。这个公司对于创造风景园林的激情可以在他们的艺术化的设计形式、风格、色彩和材料的混合使用中看得出来。坚定的创作手法有几个突出的特点：不锈钢和玻璃的遮阳檐篷，可以种植仙人掌的用红色粉碎玻璃装饰的种植床，以及充满活力的彩色半透明的玻璃墙。而环境和设计过程是重要的设计因素，真正美的空间是大胆和细致的艺术。对水平和垂直平面的形状，以及纹理和颜色的设计都准确地说明了风景园林是一项艺术性的工作。

项目档案

Lurie花园

一个来自过去的、抽象的屋顶

◀植物特征的季节性展示；这里是春季的阳光明媚的盘子；鸣谢 ASLA，照片由 Gustafson Guthrie Nichol 有限公司提供

▲场地规划展示了场地被左边和上面的"缝隙"和"绿篱"分成了两个"盘子"；鸣谢 ASLA，图片由 Gustafson Guthrie Nichol 有限公司提供

▲窄步道，偶尔也作为座位和阴影水景；鸣谢 ASLA，照片由 Gustafson Guthrie Nichol 有限公司提供

项目简介

时间：2004 年 6 月

类型：城市设计 / 屋顶花园

地点：伊利诺伊州芝加哥市

客户：千禧公园公司，伊利诺伊州芝加哥市

设计公司：Gustafson Guthrie Nichol 有限公司，华盛顿州西雅图市

奖项：2008 年 ASLA 杰出专业设计奖；2006 年 AIA 区域和城市设计荣誉奖（千禧公园）；2005 年 WASLA 专业荣誉奖；2005 年绿色屋顶获密集工业健康城市奖；2005 年旅行和休闲杂志最佳公共空间奖。

项目网络链接：www.ggnltd.com/frame-sets/portfolio-fset.htm

Lurie 花园是一个由芝加哥的独特自然和文化历史所激发的设计作品。

——Kathryn Gustafson，Gustafson Guthrie Nichol Ltd.[12]

在屋顶上设计

健康城市的屋顶花园名单中列出了千禧公园，共占地 24.5 英亩，是世界上最大的屋顶花园之一。公园坐落在芝加哥湖滨地带的千禧停车库（4000 停车位）、1 个换乘枢纽和 1 个室内剧院的楼顶。[13] 屋顶花园总是富有趣味的项目，这归功于相较典型的风景园林，屋顶花园总是具有更多的约束和要求，以及更加具有挑战的环境。对于千禧公园来说，一个突出问题是由停车场结构带来的荷载限制。在 Lurie 花园案例中，停车场内的 3 英亩的花园，土壤下面的轻质土工泡沫用于营造高低起伏的地面，这种材料代替了重量很大的土壤材料。[14]

Lurie 花园提供了一个宁静的空间逃离城市和它旁边的游戏场。在一个带状的壳结构和芝加哥艺术院附属工作室两个构筑物之间，Lurie 花园成为一个巢型结构，设计让它既可以容纳大量人群，也能承载小规模活动。它的脱颖而出有赖于特殊的肌理和大量的植物。[15] 公园设计不仅提供了一个令人兴奋的环境，并且在风格、材料和意义方面也十分丰富。

设计构成

在华盛顿州西雅图的 Gustafson Guthrie Nichol 有限公司（GGN），依靠 Lurie 花园的设计赢得了国际设计邀请赛奖项。这个项目的概念建立在场地设计的四个关键部分上。其被称为缝隙(Seam)、肩部树篱(Shoulder Hedge) 以及黑暗与光明盘子（ dark and light plates ）。这两个盘子覆盖着场地的内部。它们富有高差变化，并布满了植物材料。黑暗盘子代表着场地的历史——一个自由的海岸。黑暗盘子上的植物材料是凉爽的、强壮的和有力量感的；与风景园林中的起伏波动相连接，这个盘子给游客创造出一种浸没在其中的感觉。与之相反，光明盘子是由色彩鲜艳的、有趣的、有质感的植物品种整齐排列展现的。这代表了城市的今天和未来，一种充满技巧和创造性的"对自然的控制"。同时，黑色盘子给游客创造了一种被包围的感觉，光明盘子提升出一种开放的感觉，可以通过许多条展开的道路来探索。中间的缝隙创造了两个盘子之间的对话片断，象征了场地历史和它当今状态的一个交叉点。它是由一堵墙、一条步行道和一条与步行道相平行的线形水池所组成。这条裂缝作为一个贯穿 Lurie 花园的主要通道。环绕着盘子的是肩部树篱，名字映射了 Carl Sandberg 对芝加哥的著名描述"巨肩之城"。树篱从两边环绕着公园，也创造了带状壳结构和多年生花园之间的保护篱。[16]

材料选择

Lurie 花园由于土地的限制建造在了建筑之上，地形的建造采用了土壤下层的轻质材料。花园使用了两种类型的石头进行块石路面和墙面的铺装。石灰石来自当地具有美国中西部地区特色的采石场，这些石头在花园内部用作边石材料，石头楼梯，楼梯台阶，墙面顶部和墙的覆盖层。这些石灰石经过处理之后，或者具有一个可见的切割面（所有的垂直面）或者具有一个可以调整的岩石表面（所有的水平面）。花岗石在水面和"黑暗"空间里用来做道路铺装或者是墙面的装饰。所有暴露在外面的花岗石都经过了抛光处理。[17]

花园中使用的其他材料包括，由森林管理理事会（Forest Stewardship Council，FSC）认证的木质地板，用于木质小路和木质长椅。花园中主要使用了三种类型的金属，分别是 patinized naval brass（边界处的所有金属），patinized architectural bronze（所有的栏杆），以及 powder-coated steel（金属杆）。[18]

场地演变

场地的历史提供了关于花园设计的很多灵感。一开始密歇根湖岸边被建成伊利诺伊中央铁路的院子，后来它演变成一个车库，现在已经成为一个公园。虽然海滨作为市民文化和社会活动空间，其功能更大，但它也是这片场地演变的记忆。

多样性设计：生活，工作，玩耍，学习，治疗，保护，恢复

　　整本书是关于 50 多位专家的采访。他们多样性的设计说明了风景园林师工作的宽度。美国风景园林师协会，对其成员进行的一年两次的调查，其中列出了 6 个服务领域近 50 年的工作类型。这些项目类型的一个有代表性的采样包括：城市的振兴，大学校园，交通运输系统，垃圾填埋场和矿山复垦，保护耕地，雨水管理，海滨，州和县公园，体育设施，以及街景。6 个服务领域，是指项目提供专业服务的类型，分别是：设计、规划、保护、公共政策、管理和研究。

　　风景园林师为人们的生活、工作、学习和娱乐进行设计和规划。生活环境包括从一个家庭到整个居住社区的一切。涉及人们的工作场所，包括庭院和公共广场、办公场所、交通设施、学校和博物馆。康乐设计包括体育等领域、线性公园、小径、高尔夫球场、植物园、度假村、游乐场，甚至还有国家公园和森林。风景园林师也越来越多地参与保护和恢复文化和自然特征显著的地方，他们的工作范围从进行详细调查，并编制设计方案，恢复历史性的场地，到保护整个流域避免过度开发。然而，不管是什么项目，风景园林师总是思考既美观又实用的因素，始终寻求改善场地。

宾夕法尼亚州立大学校园的四方院子，费城　由 Andropogon 联合有限公司设计；J·Totaro 摄影，2002 年

访谈：天生的可持续性：历史的保存

Patricia O'Donnell，FASLA，AICP
传统景观、风景园林和规划保护组织负责人
佛蒙特州夏洛特市

风景园林师 Patricia O'Donnell（戴帽子的）和同事在场地上；
Heritage Landscapes 公司提供

您为什么决定以风景园林为职业？

我成长在纽约州的布法罗市，一个在 Olmsted 和 Vaux 影响下的城市。这里有着第一个公园体系，包括公园和绿道。在我 20 多岁的时候，我领导了一个布法罗的聚焦于公园的年轻保护团体项目。所以，我通过历史公园和青年项目而成了风景园林师。我意识到通过公园和绿道塑造城市有很大意义，但是这些资源正在遭受威胁。对我而言，风景园林和规划是能够帮助解决这些问题的专业路径。

您为什么又是如何决定选择一个学校获取学位的？

我获得了环境设计的本科学位，并获得了两个硕士学位：一个是风景园林硕士（MLA），一个是城市规划硕士（MUP），两个硕士学位都是在伊利诺伊大学获得的。我被六所学校录取，但是伊利诺伊大学给了我奖学金；而且，我对每一所学校都做了一次私人访问，并且考虑了哪里的社区能够给予更多支持。我在那时已经有了一个 7 岁的女儿，所以社区的特点和那里的人是非常关键的。我的风景园林学位关注于应用行为研究，并且我总是使用这些知识。

您如何描述您工作室作品的特征？

我们有一个私人顾问。我们的专家特别在传统景观的价值方面很专业。我们的大量工作是以风景园林为中心的，这才是我们这个学科所关注的，并且风景园林是主要的焦点。我们试图去理解美学、功能、动机和过去有价值的一些场地的设计理念。我们在即将面对的场地及其价值的理解上作出很多努力。我们在不同尺度上工作，并且通过建设性文本做一些战略规划。我们也做管理规划和解说教育规划，在这些规划中，我们认识到向人们展示这些资源是多么好。

Renewing Historic Parks-Keystones of Livability

City Identity
Livability
Linkages
Connections
Presence of Parks

Quality of Experience
Diverse Uses
Use Conflicts
Programs

Park Maintenance
Functionalities
Basic Services
Public Safety
Perceived Security

Historic Preservation
Park Character
Legacy & Uniqueness
Adaptability & Innovation
Aesthetics

Sustainability
Natural Resources
Conservation
Ecological Stewardship
Habitat Diversity

Community Awareness
Heighten Sense of Value
Partnerships
Volunteerism

历史公园更新的原则和优势；Heritage Landscapes 公司提供

研究技术和最好的实践在您承接的任务中扮演了什么角色？

我们喜欢去研究和理解传统实践，因为其中的许多东西已经被忘记，但是它们经常是可持续发展的根基。举个例子，我们正在用特殊的胶结砾石体来代替混凝土工作。我们试图在可持续的同时使之成为可靠的材料。在林肯小屋（Lincoln Cottage），我们仅仅是做了一个胶结砾石体引导（drive）和卵石砌护沟，以与历史协调。我们非常兴奋，因为从我们从历史文献中知道开始，我们就预想这里将成为卵石砌护沟。当我们挖开去建设它，我们构建了一个历史的片段。

我们试图去紧跟着最近资料文献的进展。比如，我们在土壤方面非常有兴趣。在历史场地上，当你准备去干扰它，你不得不去考虑土壤作为一种资源，因为它不是可再生的。我们最近研究了挖掘设备，为的是决定什么尺寸和重量的仪器可以允许在历史性的场地上使用。可持续性对于我们而言是非常重要的，并且，保护历史是我们的立足点，是我们可以承担的可持续性的实践的一个内在要求。

到目前为止，您最有价值的项目是什么？

过去的 11 年里，我们的机会很好，完成了服务城市 4 个区域、10 个不同邻里的占地 1400 英亩的匹兹堡公园的保护。我们能够去做一些好的规划，建立一个综合的标志设计系统，以及公园家具和灯饰的指导方针。这是些过去已经被实施的部分。我们已经为实施做了一些具体工作。在海兰帕克，我们在入口区设计了一个尺度适宜的、连续的公共花园，它之前已经衰落了。这些项目我们花了很多心思，当然，也是非常值得的。

您从事了很多专业性的志愿者工作。这些服务对您而言意味着什么？

我总是感觉通过把你的专业经验带入志愿工作中是非常重要的。我的大部分专业的志愿工作都是为美国风景园林师协会、国际风景园林师联合会（IFLA）以及国际古迹遗址理事会（ICOMOS）做的。我也是文化景观基金会的委员，刚刚完成了为保护、培训和技术国家中心（national center of preservation, training, and technology）理事会的服务工作。我参与这些理事会，或者作为委员会主席，我有时也会被邀请去出席或参加世界遗产中心的专业会议。许多年前，为ICOMOS，我出席过一个在加纳海岸角堡举办的为期10天的规划专家研讨会，海岸角堡是加纳著名的历史城市之一。与同行们一起参会，分享这些活动的信息是非常丰富的。我们也偶尔会为一些特殊的情况做无偿的专业服务。我们也有一些职责是服务于瞭望田庄（Finca Vigía）国际团队，这个地方是海明威在古巴的家。在海明威保护基金会的指导下，我们与古巴同事一起为海明威遗产保护小组服务。

您能给求职者提供一些建议么？

与大家进行信息交流。要清楚你的目的是什么，尊重别人的时间。对不同的专家们进行20分钟的访谈，就可以帮助你弄清楚你真正想要做的是什么。看看他们是否有一个固定的访谈程序。我们就有一套用于第一次索要作品资料和文字材料的访谈程序。我们考察他们的信息。然后，我们做一个电话访谈；在电话访谈之后，那些看起来与我们的需要相接近的人，将被邀来再做一个半天的办公室访问。我们想知道关于他们更多的东西，他们也需要知道我们更多，以便作出一个决定。

海兰帕克（宾夕法尼亚州匹兹堡）项目修复了19世纪入口喷泉池和花园：Heritage Landscapes 公司提供

访谈：为室外自然玩耍和学习而设计

Cindy Tyler
Terra 设计工作室负责人
宾夕法尼亚州匹兹堡

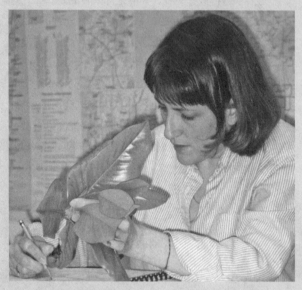

Cindy Tyler 在设计工作中，为一个展览会的概念正在画一个广玉兰的叶子；Terra 设计工作室提供

您为什么决定以风景园林为职业？

我的选择纯属偶然。我高中毕业的时代是一个导师们也依靠书本来寻找职业的时代。以我为例，他寻找我热爱画画也热爱室外的交叉点。我仍然记得他说，"哇，就是这个。你没有听说过风景园林？"从字面上看起来，它很不错，所以我决定试一试。我去宾夕法尼亚州立大学，因为这是我们地区内提供风景园林专业的两所学校之一。

您的许多作品聚焦于为儿童和青少年做设计；为什么您选择他们作为您的职业方向？

我成长在与姐妹和朋友共同自由漫步在房屋后树林里的环境中。在 20 世纪 90 年代中期，作为一个年轻的执业者和一位母亲，我为没有时间陪伴孩子自由的、无拘无束的、自发的户外玩耍而苦恼。我担心我们正在成长的一代，可能成为只知道如何去掌控键盘、电视遥控器，但是在了解、热爱和保护他们绿色地球

健康地球（Healthy Earth）中的一个重建的水池，佐治亚州亚特兰大植物园中儿童公园"让你健康"的保健部分

Springmelt Stream

科罗拉多州丹佛植物园中的 Mordecai 儿童公园
互动小溪的草图；Terra 设计工作室提供

方面一无所知。我看到了作为一名风景园林师，利用它自己的专业解决这个问题的机会。

我与一家关注于公共花园设计的国际公司合作。我们承担了亚特兰大植物园中的儿童公园的设计。那个时期，全国只有两个或者三个这种类型的公园。我被要求领导这个设计，并且我发现我已经全身心地爱上了我们这个行业的独特部分。我从没有回头。从那时起我已经成长起来了，更多地关注于家庭环境，家庭环境不只是访客和学习的地方，而是对于使用者而言是个使用友好而能激发灵感的地方。我的意思是，我的希望是去激发成年人在他们自己的后院、学校及公园中，与儿童一起再创造这种户外自然玩耍和认知空间，这样儿童可以找到一个绿色空间中的更加容易每日沉浸的场所。设计家庭花园已经给了我这样一种无处不在的声音，它已经使得风景园林与我相连。

您工作中最令人兴奋的是什么？

我喜欢任务竞争中和得到时的刺激。我珍视我在这条路上所形成的关系和朋友；我的很多客户已经成为我的好朋友。我真的陶醉于帮助新的组织起步。我热爱我们 Terra 设计的作品，它们是与社会关联的、直面社会需要的，以及我们希望设计出一个与众不同的然而却是美好的作品。

您咨询哪些其他专业人士？他们在设计过程中起到了怎样的作用？

贡献于我们家庭花园设计的典型团队包括教育者、园艺师、水景设计师、雕塑家、艺术家、建筑师和工程师。以我们公共公园的客户为基础，早教者和园艺师通常也是我们的客户。这个团队与我们一起工作是从总平面规划设计开始的，到建设管理阶段结束。

尽管他们并不是专业的风景园林师，但是他们的观点是重要的——我们试图在总平面图设计的初期阶段的某些方面也吸纳儿童进来。

到目前为止，您最有价值的项目是什么？

Herr 岛的华盛顿登陆地（Washington's Landing on Herr's Island）的适应性再利用，是非常值得的一个项目。当我现在再去看这个项目时，我看到如此多的人们在使用小河和公园时非常高兴。这里曾经是一块棕地，现在数百人在这里生活、工作、玩耍。这是我指导的第一批项目之一，20 年后，它赢得了时间的检验，其景观现在看上去也十分真实。

在让我们的世界变得更美好方面，风景园林师扮演了怎样的角色？

风景园林师的目标是拯救地球。某种程度上，我在开玩笑，但是在某种程度上，我认为我们是在关注尊重地球生态系统方面有热情的专业人士之一。我们的世界需要我们在这条路上做很多事。风景园林师创造了作为人类去寻找自然的场所，但是它们消失很快：绿色、平静、感知和爱。

中学生在探索俄亥俄州代顿的 Wegerzyn 儿童探索公园的植物和自然；Five Rivers Metroparks 提供，俄亥俄州代顿

访谈：创造康复性的感官体验

James Burnett，FASLA
James Burnett 工作室负责人
得克萨斯州休斯敦，加利福尼亚州索拉纳海滩

风景园林师 James Burnett；由 James Burnett 工作室提供

您为什么决定以风景园林为职业？

我的学校参与了一个环境设计计划，不过当时我学的是建筑学。在路易斯安那州立大学的时候，我接触到景观设计的课程。此后我意识到为人们设计一个可以在户外活动的地方比只设计建筑有趣多了。幸运的是，路易斯安那州立大学开设了风景园林专业，所以我转系到了那边。

您建立设计公司的初衷是进行"人性化的医疗机构"的设计。您为什么选择康复或医疗机构设计作为自己的主要职业焦点？

我作为建筑师时，最初参与的一系列大型项目中，就有一个是医院项目。在现场勘察之前，我进行了一系列研究，发现当时业界并没有强调为病人提供积极的户外环境和有利康复的体验，以鼓励他们走出病房。我认为当时正是一个创造不同的医疗机构物质环境的机会。我们的办法是设计一些花园，在方案中充分考虑外科手术康复的需要；考虑如何帮助人们度过生命中最艰难的时刻；甚至可以在其中举办欢乐的庆典，例如小朋友的生日会。

之后不长时间，我母亲被诊断出癌症，并很快住进医院。我们也因此直接体验到了住院的经历有多糟糕——没有空间能够让我带她去户外活动，晒太阳，或者看看有趣的事物。反正没有任何令人愉快的经历。90 天后，她就离开了人世。这件事更说明了对医疗机构进行人性化的设计是一个很有益的观念。因此公司建立之初的业务方向就是医疗机构，我们致力于从各个方面创造良好的感官体验。实际上不管是医疗机构项目还是其他类型的项目，这都是我们的重点所在。

到目前为止，您最有价值的项目是什么？

埃克森的 Brookhollow 校园的中心花园，因为这个项目证明了好的创意也可以在短时间内集中在一起。我们在三周内完成了设计，然后在大概一个半月的时间内就开始建设了，这样紧迫的项目真的很少见。这是个革命性的项目，原来这里几乎全由混凝土建造，我们废弃了整个方案。埃克森石油公司想要创造一个

▲北湖岸公园，伊利诺伊州芝加哥
David B. Seide 摄影 / www.
Definedspace.com

这样的中心广场——职工们能够在那里聚会，进行特别的活动，或者只是吃个午饭。某种程度上，这就像一个疗养环境设计项目。我们将所有康复花园的概念运用在一个企业环境中，效果非常好。

您工作中最令人兴奋的是什么？

最令人兴奋的是看着我们的设计变成现实。从最初制订设计方案，再看到我们在图纸中安排的元素一个个被建成，感觉棒极了。我们有两个工作室，一个在加利福尼亚州，一个在得克萨斯州，每个工作室都有四五个项目同时在建。对我来说，走出办公室去现场看看是十分有趣的事。

▶北湖岸 5 英亩公园入口的铺装细部，伊利诺伊州芝加哥；由 James Burnett 工作室提供

Brochstein 亭的水景和外部环境，得克萨斯州休斯敦，莱斯大学；由
James Burnett 工作室提供

您能给求职者提供一些建议么？

在暑假的时候当实习生是很关键的一步，因为这样我们就能肯定他们已经了解了设计公司的整个工作流程。好的工作习惯也很重要，不管在什么岗位上，都能以漂亮的工作方式完成任务。另外，良好的表达能力对于美国的风景园林师也不可或缺。当然，我们希望看到求职者的态度积极。其他东西我们可以慢慢教给他们，但如果他们有一个积极的态度，愿意努力地工作，并且充满热情，那么前面提到的品质他们迟早都会具备。

在让我们的世界变得更美好方面，风景园林师扮演了怎样的角色？

我们尝试创造一些鼓舞人们精神的东西，我们也是这样对客户说的。每次完成一个项目，客户都能学到一些风景园林的知识。他们能够瞥见景观世界的一角，了解我们为什么做这些工作。然后他们就可以向工作团队、家人或者任何人讲述他们的经历，讲述风景园林师工作的意义，以及风景园林师如何为这个星球带来一点不同，为人们的生活带来一点改变，这很重要。

访谈：将土地伦理设计应用于大型地产

Kevin Campion, ASLA
Graham 风景园林事务所项目经理
马里兰州明尼阿波利斯市

风景园林师 Kevin Campion 在他的办公室中

您为什么决定以风景园林为职业？

小时候，我对东西是怎样建造的这件事十分好奇。我的整个童年几乎都是在户外度过的。上大学以后，因为对建筑的兴趣，我最初选择了建筑工程专业。不过一年以后我就感到自己得在建筑和风景园林中选择一个，最终我选择了宾夕法尼亚州立大学的风景园林专业，现在我很高兴自己作出了这个选择。

您为什么又是如何决定选择一个学校获取学位的？

我当时居住在宾夕法尼亚州，而且在选择专业之前我就已经进入了州立大学。而在七年之后我才想清楚自己究竟想在什么领域进一步深造，所以决定选择一个学校攻读研究生。最终我选择了位于苏格兰的爱丁堡艺术学院，出于几个原因：这对我的主要研究工作具有意义；另外，在那里我可以跳出以往的生活，思考自己究竟想要什么样的生活。

您所受的教育在哪方面对您的影响最大？

旅行、交流和我的老师们努力争取来的真实项目。我认为将学校学习与实践工作相结合是十分有价值的，另外知道自己在做什么也是很重要的。将自己的想法呈现给真正的使用者是工作的基础；旅行则可以使你观察到不同地方人们的生活，看到很多不同的设计——尤其是那些使你沉浸在丰富的历史文化积淀中的环球旅行。

您如何描述您工作室作品的特征？

我们专注于高端住宅市场以及相关领域，例如这些住宅的居住者把他们的孩子送到哪些教育或研究机构，这些机构是怎样运作的，另外我们还做过几个高端度假村项目。我们的主体业务是房地产规划和设计，但工作范围不只是绿地设计，我们还关心其他东西。当遇到大片土地的时候，我们感到有责任帮助所有权人了解土地的优点，并且欣赏和保留它们。对于面积在 300—500 英亩的房地产项目，可以有机会做些小比例尺的规划，但对住宅项目来说，却是很大的比例。

请您谈谈你们的生态指标设计法（ecological metrics approach）。

这个方法某种程度上是在我的硕士学位论文研究工作的基础上发展而来的，主要针对大面积的土地，研究如何改善它们。这个夏天我和几个实习生一起整理出这个表格，作为评价土地的工具。有了这个表格你就可以在项目最开始的时候对这片土地的各项指标、总体质量、特殊价值、需要解决的问题等作出定量分析。然后，当项目完成后再回去调查同样的内容，这样就能验证我们的评价方法，以及我们是否改善了这个地方。

如果我们能在项目结束时保持或改善场地的状况，就是成功了。这种设计方法与美国风景园林师协会发起的可持续场地倡议（Sustainable Sites Initiative）高度一致，我认为可以将它直接用在我的项目中。

到目前为止，您最有价值的项目是什么？

作为我硕士学位的研究对象，瓦伊礼堂（Wye Hall）对我而言是最有意义的项目。它是个18世纪的礼堂，位于切萨皮克海湾的瓦伊岛，由William Paca修建。William Paca作为马里兰的地方长官，是《独立宣言》的签署者之一。这个项目有意义的原因是其客户是一个真正意义上的艺术赞助人。我们会遇到形形色色的客户，但是只有极少数会被称为赞助人，他们是发自内心地欣赏我们的工作，并且懂得如何设置条件保护土地。

我们邀请考古学家尝试复述这片沃土上的故事，

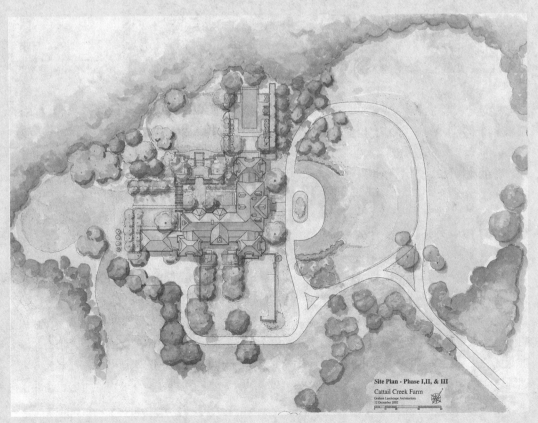

Cattail Creek 农场详细设计平面的水彩渲染，马里兰州；Kevin Campion 绘制

Site Plan - Phase I,II, & III
Cattail Creek Farm
Graham Landscape Architecture
12 December 2002

Tidewater 农场中用生态指标设计法来混合花园与场地间的现行要素，马里兰州；Auther Batter 摄影

这样我们能从考古角度考虑设计。我们设计了美丽的花园，但最重要的是，我们已经能够复原土地，做一些养护的工作让土地的美学情感和历史故事融合。我们为野生动物设计了更广阔更开放的空间，同时仍保持了农业生产的平衡。

您工作中最令人兴奋的是什么？

整个过程：设计概念的形成到建设工作的展开。看到设计的事物最终建成总能带给我感动。和客户的合作也很棒——和热情的人一起工作，背负着期望，帮助他们创造对他们而言最特别最重要的家园，这样的体验让我也非常充实。想到我们创造了一些比个人事业更长久、会传承到下一代的东西，就让我觉得特别满足。

您认为多数风景园林师具有什么样的才能、天资和技巧？

最重要的资质是解决问题的能力。从根本上来说，风景园林师是解决问题的。我认为必须有创造性，这是问题解决者必备的，即找出创造性的办法来解决问题。最后，敏感性和敏锐的意识，特别是涉及土地的项目——类似于倾听土地那种，我欣赏这样的人。

在让我们的世界变得更美好方面，风景园林师扮演了怎样的角色？

整个世界正处于一个绿色和环保运动中，这可能是世界历史上最大的运动，我们的职业可以让美国有机会成为这个运动中的先行者和专家。我们需要发出自己的声音，渴求相关的知识，并了解采取什么样的措施让世界在未来持续发展下去。

项目档案

伊利湖盆地公园
当代保护方法

伊利湖盆地公园水岸散步区的天使降落广场（Ferry arrival plaza）和树丛；Colin Cooke 摄影

历史上的混凝土块，被称为"粉笔字"（chalks），在场地设计中被保留和重新利用；Colin Cooke 摄影

伊利湖盆地公园场地设计平面，纽约布鲁克林；由 Lee Weintraub 风景园林设计公司提供

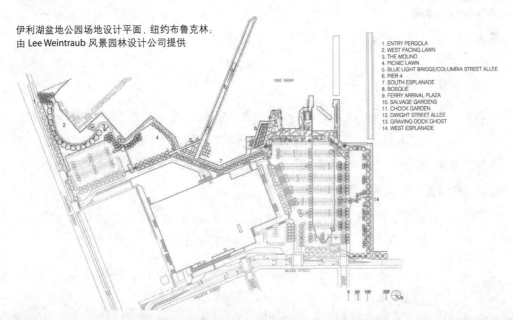

1. ENTRY PERGOLA
2. WEST FACING LAWN
3. THE MOUND
4. PICNIC LAWN
5. BLUE LIGHT BRIDGE/COLUMBIA STREET ALLEE
6. PIER 4
7. SOUTH ESPLANADE
8. BOSQUE
9. FERRY ARRIVAL PLAZA
10. SALVAGE GARDENS
11. CHOCK GARDEN
12. DWIGHT STREET ALLEE
13. GRAVING DOCK GHOST
14. WEST ESPLANADE

项目简介

时间：2008 年

类型：保护型设计

地点：纽约布鲁克林雷德胡克

客户：宜家

设计公司：Lee Weintraub 风景园林设计公司

他们所做工作的 90% 都是不用做的……情况是这次的客户——宜家想真正有所作为，留下不朽的经典……我们的风景园林师全身心地投入，完成了他设计初想实现的本质。

——纽约城市规划局局长兼规划委员会主席 Amanda Burden 女士 [19]

场地

布鲁克林雷德胡克位于总督岛和曼哈顿的南部。从历史上看，雷德胡克是托德船厂（Todd Shipyard）的起源地——纽约港主要的一个 22 英亩的修船厂。[20] 不过这里的船舶修理业务十多年前就撤掉了。雷德胡克以公共住宅为主，并且缺乏到曼哈顿的公共交通，对开发商来说这里的社区毫无吸引力。虽然曼哈顿和皇后区的海滨物业大部分由商业区、住宅区和公园组成，但是邻近的雷德胡克滨水区却无人问津，只有废弃的旧船厂散落在这衰败的工业区内。[21]

宜家的角色

虽然雷德胡克的滨水区衰败不堪，但是宜家选择了这个地区作为一个 34.6 万平方英尺的门店新址。宜家的决定引起了争议，因为这里曾是一个大船厂，似乎不大适合开设一个家具零售点；不过大家又期待这个零售巨头能帮助改善社区破败的现状。[22] 一个这么大规模的项目，如果成功的话，会鼓励同类企业和其他零售商迁入该地区，这将迅速彻底地改变社区凄凉的境况。

宜家第一步是从市规划部门获得所需的分区代码变更许可，在原先的工业区域内建立商业设施。市规划部门同意批准重建，但是宜家必须向公众开放海滨码头和老建筑，同时维护一条公共长廊。长廊的作用是双重的：既是市民们前往海滨的通道，又能保留一些历史遗址。[23]

过程

鉴于该项目的争议性和宜家想改变分区规定的愿望，客户找到了纽约扬克斯的风景园林师 Lee Weintraub，请他迅速为海滨长廊公园设计方案。[24]Lee Weintraub 声誉卓然，他在充满挑战的情况下设计出的作品，往往既能保留场所的特色，又能产生耳目一新的变化。[25] 这次 Weintraub 的挑战是宜家要求在仅仅六周内设计出一个总体方案。

虽然公园不是客户的重点，但是当宜家意识到它是获得分区代码变更的基本条件时，它就变成了优先考虑的对象了。Weintraub 的工作室在设计时必须平衡许多因素，并且满足众多有否决权的团体。[26]

历史保护融入设计

Weintraub 的设计团队敏锐地意识到，应该在保留场地的历史基础上建立一个现代化的海滨公园。为更好地了解该区域的历史和当地的实情，Weintraub 咨询了以前在船厂工作的工头 Pino Deserio. Deserio 先生帮忙移开废弃设备发掘现场的工业文物，他向 Weintraub 的团队解释了各种车间、设备和工业文物的功能和作用。Weintraub 将 Deserio 先生讲述的故事和历史知识融入方案，通过图纸标识、实物照片以及历史文物的方式展示出来。另外，由于预算有限，现场的许多材料被回收并重新使用在项目建设中。[27]

设计方案特意保留场地一些在宜家建设门店和停车场过程中不得不清除的元素。比如一个干船坞又重新置入了项目建设中，这个船坞原先列在纽约保护联盟（Preservation League of New York）《七项必保存的历史遗存》名录。干船坞本身不在了，但是它的踪迹在景观中会呈现出来：打捞和回收的鹅卵石被嵌入步行道，以永久地记录船坞的轮廓；船坞上用于船舶维修的大型混凝土块（称为"粉笔块"）被打捞上来，用在线性公园和宜家的停车场之间形成一个缓冲区；一些桥式起重装置被保留下来，当作路灯架用于夜间照明。[28]

在严格意义上说，有些人可能认为托德船厂没有被保存好，但是无法忽视伊利湖盆地公园（Erie Basin Park）内以保护为基础的组成部分。该公园展现了地方的历史，同时开放了过去一个世纪公众难以接近的海滨区域。随着发展不可避免地继续渗透到我们的城市环境中遗失的历史区域，我们期待着更多像伊利湖盆地公园这样集重建、保护和公共福利为一体的项目。

项目档案

滨海岛屿闲情
住区设计中保护生态

◀几处空地反映出场地上生长的橡树的美丽，并把人们的目光引向远处的沼泽地；由 ASLA 提供，Richard Felber 摄影

▲经过三次渐进的、有控制的燃烧，草地生长起来代替了空地；由 ASLA 提供，James van Sweden 摄影

▼房屋和平台都被升高了，用来保护敏感的生态系统和容量变化的潮汐洪泛平原；由 ASLA 提供，Richard Felber 摄影

项目简介

时间：2008 年

类别：住宅设计

地点：南卡罗来纳州斯普林岛

设计公司：华盛顿特区 Oehme，van Sweden 联合投资公司

奖项：2008 年度美国风景园林师协会专业设计奖

项目网络链接：www.ovsia.com/ovsnews.htm

如同我们工作时遇到到的个人和场所一样，每个项目都是独特的。不过滨海岛屿重建项目是独一无二的，建筑师和风景园林师在项目一开始便先后开展工作。

——Sheila A. Brady，FASLA[29]

场地生态

不同于美国单户住宅的典型景观，滨海岛屿重建利用了生态恢复和可持续性的特点。Oehme，van Sweden 联合投资公司的首席设计师 Shelia Brady 解释道 "尽管这是个相对大规模的住宅项目，但是园林和建筑的介入非常少，人们对土地及其系统的干涉也是最小化的。"[30] 沼泽地和周边地区原来是稻田，现在是一个私人社区，着重于保存和维护现有的海域森林。[31]

由于该地区位于一个脆弱的生态系统内，社区拟定特别的方针来指导发展。Oehme，van Sweden 联合投资公司和岛上的博物学家一起工作，努力达到社区编制的《栖息地审查准则》。准则要求住宅项目要设立一个维护计划，其中包括规定烧草的细节以定期恢复和维护草地的新生。[32]

植被的色调，同设计所有其他的方面一样，都是根据周围的海域森林选择的。一些植被被重新部署，另外一些则根据它们在场地和周围森林覆盖的密度来选择。项目聘请了自然主义咨询公司 Folk Land Management 为哪些地方该清理，哪些植物需要重新引入提供建议。[33]

住宅设计

住宅项目表面上看来是最简单的，但事实并非如此。它们根据客户的要求而显著不同，往往需要大量的实地考察和细节把握。滨海岛屿重建项目跨越 65 英亩的场地，风景园林深受当地自然环境的影响。设计应用了一些针对敏感生态系统的方法，以期保护原汁原味的生态格局和自然结构。地表所有的硬质材料都能透水，如砂砾和松针。用作门柱的硬木收集后需要专门的质量认证，还会进行设计以融入场地现有的色调和风格。[34]

住房建筑内会设置雨水收集系统，将雨水从防水的屋顶导流向草地。William McDonough + Partners 的建筑师们设计的住宅进一步发扬了 "不破坏场地自然系统" 的理念。抬高的一楼离地面 8 英尺，不但保护了野生动物的栖息地，还为不断变化的潮漫滩保留了一个弹性空间。[35]

挑战

该重建项目已被列为生态和美学的精品，"完美地展现了蓝天、碧草和清水的宁静之美"。[36]创造这个由丰富多样的植被构成的艺术美景堪称 Oehme，van Sweden 联合投资公司最大的挑战之一。除了选择和种植植物，公司还通过场地分析设计了独特的风景走廊，目的是强调某些植被种类，并利用场地边界外的远景增加效果。因为到目前为止，植被是这个风景园林最有活力的元素，风景园林师需要靠它找到一个精确的平衡：既是富有多样性的茂盛丛林，又是集美学性和功能性为一体的动植物庇护所。

与客户合作

客户有能力创建或打断一个项目，尤其是住宅设计项目。在滨海岛屿重建项目中，Oehme，van Sweden 联合投资公司之前与这个客户合作了好几个项目，从而建立了一个良好的工作关系。但是在整个项目生命周期里，设计师至少还是需要与客户每月见一次面，讨论和修改设计过程和理念。[37]

客户的首要目标和他们邻居的首要目标达成了联盟，是要保留该地区地势低洼的特点，而不是建立一系列郁郁葱葱的花园。在设计方面，方案的元素不那么重要，空间的体验性才是整个焦点所在。客户研究了日本花园，并且十分欣赏。他们要求风景园林师把日本 "码" 的概念（光明与昏暗的调和）融入该项目。基于这个原因，最终的结果非常有禅意，外形简约，促进了现有环境自然美感的产生。[38]

嵌套的设计范围：从亲密空间到广阔的野生动物保护区

风景园林师常常把建筑物墙外的领域作为我们专业范畴。这确实涵盖了很多地面工作。我经常给业外人士这样简单地描述我的专业：我们从事小到幽静冥想的花园，大到成千上万亩公共土地，如国家森林公园，以及两者之间的一切设计。作为设计师，规划师，以及户外环境管理者，我们风景园林师有着明显的特权，以便从事任意的设计，从一个小孩子的"幼儿场所"，到帮助规划和设计世界上任何国家的新建城市。

有些风景园林师对植物调色的细节着迷，享受为个人工作，改善他们的私宅。有些则喜欢为很多人公用的项目工作，例如，设计新城市公园的设施。还有一些风景园林师在社区的设计领域干得很出色，他们以创建可持续的，适合散步的社区环境为目标，决定新道路、公园、学校、购物区和住房的位置。也有一些风景园林师喜欢与通道打交道，建立连接。他们创造步道系统或加固水系网络的沿河堤岸，例如，一些风景园林师为了野生动物和其他自然资源的利益，把他们工作的重点直接放在维护和改善大片土地上，如水质保护。

有的风景园林师也许会选择专注于一个地区或是一个特定的规模，而有的则会选择多样性，寻求多样化的项目，以确保丰富的设计机会。作为一个风景园林师，你将面临众多选择，关键是如何从数以千计的机会中选择你真正想要的工作。

访谈：融通

Kurt Culbertson, FASLA
Design Workshop 董事会主席
科罗拉多州阿斯彭

Kurt Culberston（中）在格鲁吉亚共和国巴赫马罗游憩区进行研究；
照片由 Design Workshop 提供

您为什么决定以风景园林为职业？

　　我是在路易斯安那州农村的林子里奔跑着长大的。一开始我认为自己应该学建筑，因为我喜欢画图和设计。然而，当我在路易斯安那州立大学读书的时候，建筑系的教授们给我留下了深刻的印象。大一的时候，我听了 Robert S. Reich 博士的风景园林导论这门课，我从未见过一个人对他的职业是如此的热爱。在接下来的五年里，我从 Reich 博士那里明白，风景园林不仅仅是一份简单的职业，而是一份负有使命感的天职。我热爱这个多学科交叉的行业，重视它的社会环境价值，热衷它与自然的密切联系。

您为什么又是如何决定选择一个学校获取学位的？

　　读本科的时候，我意识到了我"出身高贵"。我的父母和大家庭的其他成员一样，均就读于路易斯安那州立大学。我也选择在此读书，并很幸运地发现这里的风景园林是全国最好的专业之一。

　　我认为我的大学学习是多样化的。我从风景园林专业学到很多，同时也参加了学生自治会、大学生联谊会和橄榄球队，而且我还从事紧急热线的志愿服务工作。我强烈建议大学生充分享受这些大学的经历！

　　我在达拉斯的南卫理公会大学取得了侧重于房地产的工商管理学硕士。我是终身学习的忠实信徒。大约平均每周读一本书，涉及各种各样的内容。我对学生和员工始终强调，学习不能因获得文凭而终止，相反，我们应终身学习。

您如何描述您工作室作品的特征？

　　我们试图通过实践来寻找职业准则，其结果使我们认识到，之所以如此热衷于这个职业是因为风景园林行业的多样性。我们相信，如果有能力做好规划会使你成为一名更优秀的设计师。反之同样，一个好的设计师也会成为一名优秀的规划师。

　　在 Design Workshop 形成了一种理念，我们称之为"传统设计"。Edward O. Wilson 用"融通"这个

新墨西哥州的阿尔伯克基，上沙漠社区（High Desert community）；D.A. Horchner 摄影，由 Design Workshop 提供

蒙大拿州的弗拉特黑德县公众研讨会上使用的数字地形模型；由 Design Workshop 提供

术语来形容各种知识的集合，"传统设计"在很多方面都与这个概念相关，它基于一个前提，那就是从社会的前景发展来看，最好的项目应该在环境、经济和艺术上均获得成功。我们认为真正的挑战就是把这些因素都融入一个解决办法之中。

到目前为止，您最有意义的项目是什么?

提到"最有意义"，就不得不想到我们为阿尔伯克基学院和它的独资房地产开发公司上沙漠投资公司所做的工作。我们在新墨西哥州的阿尔伯克基设计了两个主要的社区，即上沙漠和马里波萨社区。这两个社区都是可持续发展的优秀典范，在当时是国家级创新的水平。它们受到了高度的重视，更重要的是其经济收益支撑着阿尔伯克基学院的运行。这个学院是一家著名的私立学校，40%的学生为未成年人。学生和老师们共同参与了此项设计。

在设计过程中，您是否经常与设计团队或者客户交流？以什么方式呢？

我想说做得还不够，但我们一直在努力。要坚持传统设计的想法，团队设计是必不可少的。我一直从与公司的好朋友 Randy Hester 以及其他丰富经验同事的工作交流中不断学习，以使自己铭记真正的团队合作的必要性。

举个例子，我们在蒙大拿州弗拉特黑德县的总体规划中，召开过170次各种形式的公开会议、调查以及电视和电台采访，长达12个月之久。我们雇用了广泛的用户前来参与，包括地图认知、基于公共价值的 GIS 要素权重分析，以及视觉偏好的调查。

在贵公司新的技术和较传统的方法是如何配合的？

我们总是较早地采用新技术，很早就使用了地理信息系统和视觉模拟技术。我们将继续努力通过各种方式创新，并且坚信各种技术都有价值，而不仅仅是电脑。我们非常坚定地致力于手绘、物理模型创建以及其他传统的可视化技术，这些技术提供了比电脑更多的观看方式。

您认为多数风景园林师具有什么样的才能、天资和技巧？

最区别于他人的特点是能从各种资源中整合复杂的信息。以我的经验，风景园林师一般都是团队的领导，因为他们能从多学科角度看某个观点，并且能以有意义的方式把它们整合起来。

您能给求职者提供一些建议么？

我常告诉学生："你们把最好的工作列在作品集里，我就知道你们还有做得比较差的！"学生们经常不情愿把在学校的所有项目都列入作品集，但其实这对突出你最好的作品有很大的好处。

向别人解释是什么让你特别，你和你的同伴有什么区别。如果你能向别人表达你的领导能力、遵守纪律、职业道德以及人际关系技巧，你找到工作的概率将大幅度上升。联谊会或兄弟会的会长，活跃于学生自治会、志愿者组织或者他们崇拜的组织的人，一般被证明是优越的从业者。可悲的是，这些经验在候选者表述他们求职资格时往往被忽略。

在让我们的世界变得更美好方面，风景园林师扮演了怎样的角色？

风景园林师在环保活动开始的时候就已经存在，而且常常是领导者。今天最需要的地方在于社会正义和公平问题。我认为如果我们能帮助鼓舞所有人，那么我们同时可以解决这个星球上的环境问题。

访谈：可持续的花园

James van Sweden，FASLA
Oehme，van Sweden 联合投资公司创始人
华盛顿特区

James van Sweden（右）和 Wolfgang Oehme 在现场审查计划；
Oehme，van Sweden 联合投资公司提供，Volkmar Wentzel 摄影

您为什么决定以风景园林为职业？

　　我拥有各种各样的职业，一开始是建筑，然后是城市规划与设计，最终我停留在园林设计和景观建设上，因为我意识到自己必须建设。对我来说，建设的方式就是走出去建造园林，这就是我为什么在风景园林领域追求事业的原因。我们过去常常自己完成建设工作——哪怕是所有的挖掘工作。这是经历人生的最好方式，每天都能看到结果。

您为什么又是如何决定选择一个学校获取学位的？

　　我的第一个学位是建筑学，我对风景园林很感兴趣，我的教授建议我学习风景园林以获得城市设计的工具。我在密歇根大学做了一年的研究生工作，然后我决定去欧洲的荷兰，因为我想探索我的根基。在代尔夫特大学的学习的确改变了我生活中的很多事情。荷兰是如此自由，我的政治观改变了，我对设计和土地的看法也变了。荷兰已经有几个世纪的规划历史了，因为那里土地很稀缺。

纽约马布利的花园和景观设计；Oehme，van Sweden 联合投资公司提供，Richard Felber 摄影

大西洋亭，第二次世界大战纪念碑，华盛顿特区；由 Oehme，van Sweden 联合投资公司提供，Roger Foley 摄影

著名。这些花园很有趣，因为它们会随着季节发生戏剧性的变化，而且只要给它们浇少量水。事实上，我们是受到了美洲大草原的启发。

我们的工作涉及各种规模的设计。我们设计过成百个乔治敦联排住宅花园——它们是十足的室外居室——直到海滩上的房地产。我们正在结束乌克兰基辅的一个巨大的花园设计。我们在印第安纳州进行了一个欧普拉农场的设计。我热爱设计，比如去设计第二次世界大战纪念碑、公寓的阳台等。在某个下午，从一种规模的设计到另一种规模的设计，这是一件有趣的事情，让我在设计事业中很有满足感。

您马上就到 70 岁了还在进行设计，您能告诉我您是如何保持这么高龄还在设计呢？

在有些专业，也许你在 50 岁的时候就不能再继续工作了，但是在风景园林领域，你还可以学习甚至做得更好。我的背脊有点毛病并且行动有些不便。我坐在轮椅上，但是在轮椅上我都可以进行风景园林设计，这太棒了！这就是这份职业积极的一面。

在设计过程中，您是否经常与社区或者最终用户交流？

我们尽量多地与社区交谈，我认为在设计过程中社区显得更有趣，他们也愿意交谈。与社区多交流是非常重要的。几年前我完成了这条街上二战纪念碑的设计，我从来也没开过这么多的会。结果非常好，二战纪念碑建得非常好，人们都很喜欢它，我们的工作进展得非常好。虽然会遇到一些麻烦，但是我认为我的工作是值得的，因为这个过程，我们的设计更好了。

您如何描述您工作室作品的特征？

我们工作室因为设计了一个独特的新美洲花园（New American Garden）而声名鹊起。Wolfgang Oehme 和我 35 年前开始设计所谓的可持续花园；我们把它叫做皮毛活。我们以使用植物和多年生植物而

芝加哥生物花园；由 Oehme, van Sweden 联合投资公司提供, Richard Felber 摄影

您会咨询哪些其他专业人士？

我是一个合作精神的信仰者。我认为我能从其他人那里学到东西。因为我既是一个建筑师又是一个风景园林师，我和建筑师合作非常愉快。我经常说我知道你怎么想的，那很重要。我和工程师、喷泉设计专家一起工作。风景园林行业是一个非常复杂的行业，十分复杂，没有人能完全懂它。所以我认为谁说他是某个领域的专家，我很不信服。使我们的工作很顺利的是 Wolfgang Oehme，他是一个园艺学家和风景园林师，同时我是一个建筑师和风景园林师。这是一次神奇的合作，因为通过这个我们进行了如此多的沟通。

当聘请学生实习或聘请人员从事入门级工作时，您认为他们所受教育中的哪方面最为重要？

我们寻找一些有好的设计灵感的人。我们想看到很多的画，不仅仅是电脑制作的，还有手工的作品或者其他的艺术作品。这是证明他们有真正美感的一个方式。我们也需要熟悉电脑的人，他们能有使用电脑的才能。我们对他们是否懂植物并且在托儿所工作过十分感兴趣。如果谁熟知植物学知识，我们马上会招聘他。

访谈：在世界各大洲工作

Gerdo Aquino，ASLA
SWA 集团执行董事
加利福尼亚州洛杉矶市

Gerdo Aquino 在 SWA 集团洛杉矶的工作室；Goran Kosanovic 摄影
©2007，SWA 集团

您为什么决定以风景园林为职业？

我开始是做建筑的，我着迷于风景园林这种空间效果。在学校学习了两年后，我的兴趣拓宽了，我开始关注房子外的空间，这使我开始审视一个能形成一个社区、一座城市和一个地区的更大的规模和系统。

您为什么又是如何决定选择一个学校获取学位的？

我在佛罗里达大学攻读的研究生学位，在哈佛大学设计研究生院攻读的硕士学位。选择佛罗里达大学是因为它离我家很近，它在设计方面在东南部也很有名；选择哈佛是因为它在风景园林方面有着最悠久的历史和最大的影响力。

您如何描述您工作室作品的特征？

SWA 集团是世界风景园林设计方面的佼佼者。作为一个有 170 多位专家的公司，我们的工作涉及世界各大洲，强调流域保护，土地和自然资源保护，基础设施、房地产和开放空间创意设计等复杂的问题。SWA 的每一个工作室都有其独特地方，也许是因为它们地理位置的不同，同时也因为各个专家研究方向不同，对同一问题有不同的见解。我们当中有 130 人是风景园林规划设计师。其他的专家包括注册会计师、摄影师、图表设计者和工作室管理者。

您在工作室的角色是什么？

我是 SWA 洛杉矶公司和上海公司的负责人。在洛杉矶工作室，我们有一个 16 人的团队，有 1 个人全职工作在上海。我扮演着监督工作的各个方面的角色——工作、市场营销、人员提拔、扩充业务、行政、设计领导、领导和财务分析。

在设计过程中，您是否经常与设计团队或者客户交流？以什么方式呢？

我们的很多工作是在公共领域。公共项目涉及地方法律，必须尽我们的努力使之达到一致。很多社区在设计过程中很热情，他们和风景园林师一样对最后的设计方案起着决定作用。城市机构经常参考风景园林师的一些经历来决策一些项目，从开始到结束，然后使公众也按着这个方法做。

新技术在您的设计过程中起到了怎样的作用？

科技在风景园林专业起着非常重要的作用。地理信息系统是一个智能的地图系统，它使决策者通过复杂的地图软件评估数千英亩的土地。这些软件能捕捉地形、植被和水域。其他技术，比如激光机就广泛应用于制作三维模型。风景园林专业的学生很乐意去学三个很重要的软件：电脑辅助制图系统，比如使用 AutoCAD 进行平面和竖向图的绘制；三维类软件比如利用 SketchUp 的可视化效果，利用 Adobe Photoshop 制作蒙太奇效果，地理信息的制图，以及汇报演示等。

上海中邦城市别墅水中的倒影，中国上海浦东新区；Gerdo Aquino 摄影，©2002，SWA 集团

迪拜 Jebel Ali 城市中心区中心广场第一区激光模型，模型制作：SWA 集团，洛杉矶；©2007，SWA 集团

您咨询哪些其他专业人士？他们在设计过程中起到了怎样的作用？

　　风景园林师不能单打独斗。我们工作的成功在于很多顾问的集体参与，比如建筑师、土木工程师、生态学家、灯光设计师、灌溉顾问、水文工程师、交通工程师、地理工程师和其他专家。每一个人在项目中都有他独特的角色。通常，风景园林师把各个项目整合在一起。这就是风景园林师的作用，它把建筑连在一起、水域和排污系统连在一起，把人们同各个地方的人联系在一起。

当聘请学生实习或聘请人员从事入门级工作时，您认为他们所受教育中的哪方面最为重要？

　　以一种开放的视角去看待每一件设计作品，这种能力显得十分重要。换句话说，初学者应该在摆在他面前的每一件任务中都能学到东西。他们应该学会如何学习，在很多案例中做到温故知新。

在让我们的世界变得更美好方面，风景园林师扮演了怎样的角色？

　　我们应该在强调各个尺度的可持续发展方面扮演领导者的角色。

PPG 广场，位于宾夕法尼亚州匹兹堡中心商业区；Tom Fox 摄影，©2003，SWA 集团

访谈：涉足景观设计领域的新方式

Mikyoung Kim
mikyoung kim 设计事务所负责人
马萨诸塞州布鲁克莱恩

Mikyoung Kim 和她的同事在马萨诸塞州布鲁克莱恩的工作室；
©2008，mikyoung kim 设计事务所

您为什么决定以风景园林为职业？

　　我从艺术和音乐领域转行到风景园林。我在奥伯林音乐学院（Oberlin Conservatory）学习钢琴表演艺术的时候对雕塑和艺术史产生了浓厚的兴趣。公共事业是音乐和表演的一部分，这种想法促使我从事风景园林职业并使我进入公共竞技场。装饰有天然材料的雕塑物促使我在研究生时学习风景园林专业。

您是怎样选择学校攻读您的学位的？为什么？

　　我参加了哈佛大学的一个暑期项目然后发现这个项目的焦点是我感兴趣的环境艺术和公共空间社会问题的融合。在这个富有积极意义的经历后，我决定继续在哈佛大学研究生院学习设计。我去哈佛的另一个原因是我在麻省理工大学学习视觉艺术积累了能力并接受了设计和视觉艺术的教育。

马萨诸塞州林肯，Farrar Pond 的住所雕塑"FLEX 围墙"；©2007，
Charles Mayer

斯坦福精英中学室外实验室和雨林花园远景，康涅狄格州斯坦福，©2008，mikyoung kim 设计事务所

您如何描述您工作室作品的特征？

我们的工作室涉及很广的设计范围，从雕塑安装到城市规划。我们同时强调设计创新和如何解决问题——根本上，这是设计区别于常规艺术的地方。当我们设计一个花园或者住宅时，我们会从美学角度、安全、法规和人们生活需要方面考虑整个项目。

小型的工作我们考虑的是开发新材料和创造具有创新性的园林景观——我们最小的项目是华盛顿波托马克河万花筒照明项目。再大一点的项目中我们注重结构和系统的问题。比如，北卡罗来纳查珀尔希尔大学一里宽的街景怎样在 20 年间发展成一个一致的计划。

您的工作室规模有多大，您在其中扮演的角色是什么？

我是这个工作室主要的负责人，负责监督所有的设计工作和补充的设计工作。我同时涉及公司招聘和维持公司财务等方面问题。我们有 8 位设计师，1 位会计，1 位电脑维护员。

在设计过程中，您是否经常与设计团队或者客户交流？以什么方式呢？

每个项目都是不同的；有些项目，我们在波士顿的办公室进行头脑风暴，赶在回来之前把合同签了，以这些作为开始。在其他工作中，我们在结束概念设计后要求创造一个很强的视觉冲击并且把我们的想法告诉社区组织。在我们所有的工作中，我们对公众如何面对新的场所并且帮助他们理解关于我们设计风景园林的新方法方面很感兴趣。

新技术在您的设计过程中扮演什么样的角色？

技术扮演着重要角色。我们持续地推进我们每项工作的创新——这是保持我们对专业兴趣的火花。在设计风景园林过程中，我们总是持续地和时间合作或者对抗。所有的材料都在退化、进化或者变革。我们对新材料和照明技术如何才能加入我们设计风景园林非常感兴趣。

您咨询哪些其他专业人士？他们在设计过程中起到了怎样的作用？

我们通常和土木工程师、建筑工程师、建筑师、城市规划师、照明设计师、土壤学专家、园艺学家、喷泉设计师一起工作。所有的这些专业都是我们设计过程中的话题。通常我们对项目提出最原始的设计想法，然后再把一些讨论内容作为参考。

您能给求职者提供一些建议么？

清楚地沟通你的强项。当你在面试时要学会聆听，在团队里说出有意义的观点。

在让我们的世界变得更美好方面，风景园林师扮演了怎样的角色？

风景园林师能创造一个可持续发展的环境——在全球气候变暖的过程中强调大自然系统的功能。风景园林师同时也创造出一个形成大众想象力的环境。

韩国首尔经济区城市公园和运河工程，ChonGae 运河公园；Taeoh Kim 摄影

项目档案

地铁滑板公园
创新的大众娱乐

▼展示整个公园设计的设计图
space2place 设计公司提供

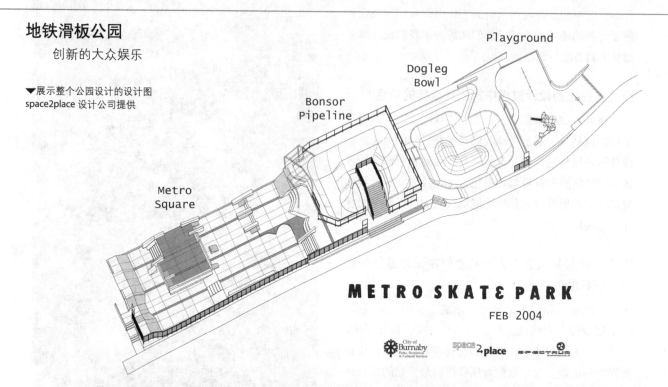

Playground

Dogleg
Bowl

Bonsor
Pipeline

Metro
Square

METRO SKATE PARK

FEB 2004

City of Burnaby
Parks, Recreation
& Cultural Services

space2place

SPECTRUM

◀当地的年轻人在设计新滑板场
space2place 设计公司提供

▲ 地铁滑板公园中的弯曲碗状场地
(Dogleg Bowl area)，加拿大不列颠哥伦比
亚省；space2place 设计公司提供

项目简介

时间：2004 年

类型：休闲设计

地点：加拿大不列颠哥伦比亚省

设计公司：space2place 设计公司，不列颠哥伦比亚省温哥华

奖项：2007 年 CPRA 杰出设计奖

项目网络链接：www.space2place.com/public_bonsor.html

这是一个成倍使用环保建筑材料的迷人的设计过程，它使得地铁滑板公园成功、独特富有创新性。

——2007 年 CPRA 奖项和休闲项目 [39]

滑板公园设计

在过去几十年，滑板运动戏剧性地风靡北美。由于这个潮流，没有滑板公园的城镇开始遭殃。风景园林元素、特别是公共空间里的低墙都被滑板爱好者变废为宝的利用起来。起初，这些公园和公共用地遭到破坏，风景园林元素被改变，这些地方不再能够吸引滑板爱好者的兴趣。

最近，风景园林师采取了一种不一样的方法解决这个问题。滑板公园的潜力开始得到承认，这些公园被当做运动和集会的场所。今天，滑板公园在很多城镇涌现，这些公园给滑板爱好者提供了持久的练习场所，同时鼓励不同年代的人在一起交流。

坐落于不列颠哥伦比亚省的地铁滑板公园（Metro Skate Park）是最近滑板公园一个成功的典范。它交通方便，坐落在 Bonsor 公园，临近几个轻轨车站，允许年轻游客通过公共交通很容易地来到这个公园。[40]

过程

Space2place 是一家风景园林设计的公司，它设计了地铁滑板公园，他们和工业顾问、当地的滑板少年联系密切，以理解滑板公园设计成功的关键要素。公司和来自当地社区小学的儿童进行了很多的交流。这些年轻的学生拿着很多模型土壤和有色的标记为这个滑板公园做草图和 3D 模型。另外，公司问了学生几个关

于滑板公园的问题，例如：他们怎样到那？他们会喜欢设计中的什么部分？他们享受何种空间？这些成果使得 space2place 设计公司更好地了解了他们为之设计的用户，并且帮助公司判断哪些是应纳入设计项目中的最重要的内容。[41] 另一个让当地年轻人参与设计的重要方面则在于，他们随后会对此设施产生一种主人翁意识和自豪感。这会有助于设施的维护，因为人们倾向于对他们参与创造的事物投入更多的关心。

设计和材料

论及公园的设计，公园的场所被分成三个区域：弯曲碗状场地、Bonsor 管道和地铁广场（Dogleg Bowl, Bonsor Pipeline and Metro Square）。不同空间满足了滑板爱好者从初学者到高级玩家的不同需求。此外，滑板公园还提供了休闲和联谊的区域，以及人行道和观看区。这些区域不仅仅适用于滑板者，同样适用于社区内其他喜欢观看这种免费公共演出的人。[42]

尽管都市滑板公园的设计是以社会和文化为出发点来惠及社区的，它还通过使用环保型材料体现了其对环境的考量。由于该项目是滑板公园，因此其建造的主要耗材是混凝土。高掺量粉煤灰混凝土（High-volume fly ash concrete）取代了标准混凝土的使用。这种材料相比于标准混凝土更加结实、有更平滑的尾端和更长的使用寿命。粉煤灰混凝土与标准混凝土最大的区别在于粉煤灰混凝土中有不定量的回收粉煤灰。[43] 此外，高掺量粉煤灰混凝土和作为补充的添加剂 Hard-Cem 都是用于最小化二氧化碳的排放量的。[44]

地铁滑板公园是一个令人激动的例子，它展示了风景园林是如何扩展到远超出传统公园和花园设计的领域。

项目档案

崇明岛北湖区域的新天地
可持续策略

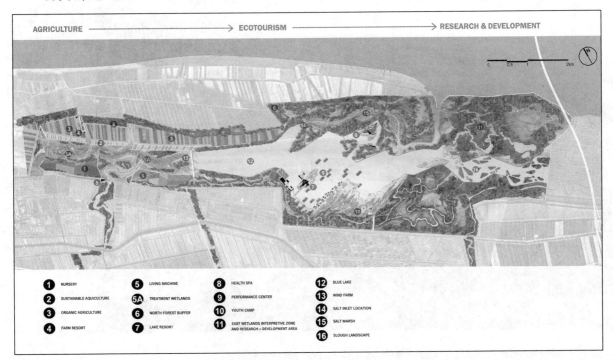

AGRICULTURE ———————————→ ECOTOURISM ———————————→ RESEARCH & DEVELOPMENT

1	NURSERY	5	LIVING MACHINE	8	HEALTH SPA	12	BLUE LAKE
2	SUSTAINABLE AQUICULTURE	5A	TREATMENT WETLANDS	9	PERFORMANCE CENTER	13	WIND FARM
3	ORGANIC AGRICULTURE	6	NORTH FOREST BUFFER	10	YOUTH CAMP	14	SALT INLET LOCATION
4	FARM RESORT	7	LAKE RESORT	11	EAST WETLANDS INTERPRETIVE ZONE AND RESEARCH + DEVELOPMENT AREA	15	SALT MARSH
						16	SLOUGH LANDSCAPE

▲总体规划图表明了景观结构如何提供生态框架；鸣谢 ASLA，由洛杉矶 SWA 集团提供

▶作为大尺度景观发展一部分的海岸湿地的效果图；鸣谢 ASLA，由洛杉矶 SWA 集团提供

海岸湿地和高地栖息地的创建再次引入了全域性重要景观；鸣谢 ASLA，由洛杉矶 SWA 集团提供

项目简介

时间：2004 年

类型：分析与规划

地点：上海城市规划管理办公室

设计公司：加利福尼亚州洛杉矶 SWA 集团

奖项：2008 年美国风景园林师协会"分析与规划奖"

　　一处风景园林为城市提供了绿洲……可以让人们远离城市环境的喧嚣……并且……可以让城市环境的污染得到净化。

——Patrick Curran，SWA [45]

大尺度的可持续发展

　　崇明岛北湖区域的新天地是一个大尺度的总体规划项目，致力于为 34.5 平方公里的土地创造一个对环境敏感的再开发策略。崇明岛到上海北部有 20 分钟的高速铁路车程，离城区有一小时的车程。伴随着方圆 350 平方公里的几个人口达百万以上的新的城市中心的发展，它也成为城市发展的交叉点。在这种背景下，SWA 在该项目上的方法是提供一个"绿洲景观"，它考虑到了周边的发展并且致力于改善空气质量、水质和生活质量。它会为周边的城镇居民提供一个不远的休息场所。

　　公司的这种方法通过一系列的设计要素得到显现。这些包括一个农场度假村和农业研究设施、有机的且可持续的农业运营系统、水产养殖运营系统、生物废水处理设施、2 千万千瓦时的风力发电厂、一处盐水湖和湖边度假村，以及一个湿地解说教育区域。这些设计成分是当代自我稳定的景观的典型，并且转而作用于教育参观者关于一个处在无法控制的发展中的独立的生命系统。

作为经济发生器的景观

　　由于我们不断听到关于中国持续发展的消息，因此这种尺度的项目却发生在城市发展水平如此低的地方是令人惊讶的。然而，由于发展水平是有限的，景观就必须扮演主要经济发生器的角色。考虑到附近城市的背景条件，该项目处理和再利用污水的能力是极其有利的。由于与其毗邻的长江水质已被上游的建筑和开发所污染，因此该处处理污水并使其回归更大的水系统的潜力是巨大的。另外，风能和太阳能发电机的安装更是提供了超出崇明岛所需能量，这进一步刺激了客户和社会接受这个计划。

　　这些景观也同样在农业上扮演着经济发生器的角色。在项目开始前，一部分漫滩被用于农业。当农业税取消、大坝拆除后，这些土地遭受了洪水的侵蚀。当大米不再丰收时，一种新形式的农业——湿地农业成为可能。这能为当地社区创造更多的就业机会，也能提供更多的产品以促进当地经济发展。

国际化的分工合作

考虑到该项目在上海，位置的可及性和项目的细节就更加的复杂了。尽管设计团队在六个月时间内考察了工地三四次，但项目的实现离不开其他人的帮助。SWA 集团有几个公司办事处（索萨利托、拉古纳海滩、休斯敦、达拉斯、旧金山、洛杉矶以及上海），因此虽然项目和团队的本部在洛杉矶，上海办事处的 Koi Chi Ma 也为该项目工作。她的位置使得她能够经常性地视察工地并接待客户。另外，论及专业知识方面，总部设在新西兰的一个生态研究团队——EOS 生态在当地植物物种、水生物种和边缘状态等方面为 SWA 提供帮助。

除了可接近性，在海外工作有时会带来其他挑战。在美国，收集相关地理区域或特定场所的信息是相对简单的。然而，由于中国有着一个与美国存在很大差异的行政体系，收集信息就成了一个更加困难和费时的过程。相反地，谈及设计和发展的策略，在大多数情况下，海外的规则和限制远没有美国那样严格。因此，海外工作在引起一些问题的同时也为技术革新带来了极好的机会。[46]

绿色设计：可持续性、生物多样性和可循环材料

创造设计时把对环境的影响纳入考量的范围——所谓的"绿色设计"对于风景园林师来说并不新鲜。设计时带着对环境和生态系统的敬畏，同时平衡人类的需求与欲望一直以来都是风景园林师的职业特点。唯一的不同在于大众和政府越来越意识到绿色设计的重要性，以及我们的设计带着对自然及其资源的尊敬能有多大的好处。这可以说是全球的当务之急。多亏了专业的历史和长期在可持续设计方面的经验积累，风景园林师今日正泰然自若地站在日益扩展的绿色运动的前沿。

环境因素一直是风景园林作品中的重要条件。这些因素持续地扩展着，现在已经包括了如下的一些内容：设计绿色的屋顶、评估设计耗材所蕴含的能量、考量重复利用工地上发现的材料的可行性以及在设计中选择利用回收材料制造，或者通过无污染的方式生产的材料。理解由自然过程所产生的服务的全部领域和价值是绿色设计引人注目的另一方面。总之，通过设计来加强这些生态系统提供服务的效率并展现它们的美学吸引力，表明了绿色设计将如何持续成为风景园林实践的一个特征。

访谈：城市生态设计

Mike Faha，ASLA，LEED AP
GreenWorks，PC 创始人
俄勒冈州波特兰

风景园林师 Mike Faha，GreenWorks 风景园林师

您为什么决定以风景园林为职业？

我欣赏这个职业对艺术和科学的融合。当我在俄勒冈州立大学上了一堂风景园林原理概述课之后，我发现我受到了感召：我知道将艺术和科学融合在一起将会成为我一生的挑战。

您是怎样选择学校攻读您的学位的？为什么？

我是一个频繁出入全国各地乃至海外的军眷（17年间搬了16次家；4年间换了5所高中）。我决定到我父母原先就读的俄勒冈州立大学学习，那里离我的祖父母和外祖父母都很近。我直到大一之后的那个夏天一页页翻看课表时才发现了风景园林这个专业。在我的风景园林入门课上，我被灌输了关于全州土地规划的新观念。我从此与俄勒冈州循序渐进的自然资源保护和环境质量提高紧密联系在了一起。

您如何描述您工作室作品的特征？

GreenWorks 是提供全方位服务的私营办事处。我们在私人场所、邻里、社区以及区域等尺度上进行规划和设计。我们因我们在城市生态设计的经验和宽泛的经济发展项目上的经验而著称。我们致力于在现有的城市密度不断增长的土地使用限制下创造适合居住的社区环境。此外，为了可持续的设计，我们致力于用可持续的方式来工作。GreenWorks 鼓励采用健康、实惠以及快乐的方式来工作。

在设计过程中，您是否经常与设计团队或者客户交流？以什么方式呢？

我们经常和社区居民及社区团体一同考察项目的目标和概念的可选方案，并让他们在选择更好的方案时起到一定的作用。我们在完成社区公园、商业区重新开发以及公共街景改进计划时采用这种方法。

◀俄勒冈州波特兰 Tanner 喷泉公园；由 GreenWorks，PC，以及 Atelier Dreiseitl，GreenWorks 的风景园林师设计

▼加州大学戴维斯西校区视觉模拟图；由 GreenWorks，PC，Moore Ruble Yudell 和 SWA 集团，GreenWorks 的风景园林师设计

新技术在您的设计过程中起到了怎样的作用？

在我们每天的工作环境中，数字技术让我们的设计在各个层面得到了提升。最近，3D 技术在概念化阶段是一个很重要的工具，并且它在建设存档过程中扮演着越来越重要的角色。

您认为多数风景园林师具有什么样的才能、天资和技巧？

风景园林师们对他们周围的世界都特别感兴趣，而且想着如何让世界变得更好。他们非常活跃，想象力丰富。他们在写、说和画方面一定有很好的沟通能力。

▶国际共管组织的绿色屋顶，俄勒冈 GreenWorks 的风景园林师

访谈：生态系统服务设计

Jacob Blue，MS，RLA，ASLA
生态应用公司风景园林师／生态设计师
威斯康星州布罗德黑德

风景园林师 Jacob Blue 正在做场地评估；Lee Marlowe 摄影，©2009，生态应用公司

您是怎样选择学校攻读您的学位的？为什么？

我并没有真的选择学校，但这个选择了我的学校确实带给我很好处，所以我很幸运拿到大学本科学位。为了读研究生，我参加了一个项目。我研究生学位读的是生态学，所以我选择了两个项目，包含有我认为国家中最强的生态学位。

您所受的教育在哪方面对您的影响最大？

有两个事情对我影响很大。一个是我们在宾夕法尼亚州立大学学习的设计过程。它重点帮助人们理解设计的真正含义和如何将这些想法转化成三维实体空间。在宾夕法尼亚州立大学我受到的另一个影响是，它使我对自然资源充满兴趣。它最终让我获得生态学硕士学位，并且让我了解了生态系统如何作为一个整体和群组产生作用。

您如何描述您工作室作品的特征？

我们工作的类型是生态系统服务设计。当我们接受要参加一个项目时，我们会列出一份自然资源清单或者称为 NRI，用来评估该地点的生态状况。依靠这些，我们开发了一个叫可持续计划的项目，在那里我们能开展一个可持续发展规划。我们想确定这个规划是否会适合这个地方，经常它是不适合的。所以我们做了很多批判性的分析使我们对这个地方的生态环境能最大限度地保护。具体内容就是在项目结束时我们给客户提供更好的产品，这个产品对当地的影响很小，因为减少了建设成本而费用较低。

我们的设计小到只有 200 平方英尺的雨水花园，大到 2000 英亩的项目。作为一个风景园林师，我们既涉及房前屋后的项目，也会涉及费城、得克萨斯州、印度的项目。我们同时还有哥斯达黎加的项目，所以我们在全世界范围进行设计。

应用生态服务公司生态
中心办公室后的大草原
景观，威斯康星州布罗
德黑德；©2009，生态
应用公司

您的工作室规模多大？有多少风景园林师和其他专家？

我工作在集团总部，集团还有其他承包出去的部分和苗圃。我们的组织加起来总共有 150 名正式员工。我们有风景园林师、地理信息系统专家、卡通专家、雨洪专家和生态学家。我们有三个注册的风景园林师和四个生态设计师（这是他们还未通过风景园林师注册考试时的称号）。

您工作中最令人兴奋的是什么？

我们的工作一直是最前沿的。我们是团队的一部分，这个团队解决设计领域最有趣的问题，比如你如何控制土地中的污染？或者使碳最大化地隔离，或者建立一个碳银行项目，类似这样的事情。

什么是 BMP？

有很多 BMP，即最好的管理实践（best management practices），基本上都与雨洪管理相关，目前已经有很多这样的研究，尽管其实它不一定非与雨洪管理相关。例如，一个最好的管理实践会把你的集团总部和它的 25 英亩的修剪草坪变成大草原，它的维护费用更低，还能提供栖息地，具有美学价值，同时能固碳。一个与雨洪管理相关的 BMP 可能同在某个家庭的后花园建设一个雨水花园一样简单。

当聘请学生实习或聘请人员从事入门级工作时，您认为他们所受教育中的哪方面最为重要？

在他们的作品里，他们能证明他们懂得设计吗？我记得很多作品，学生都迷失在概念里，这些概念仅仅是一些图标，他们在这方面走得太远了，以至于我觉得他们甚至并没有很好地把握好设计的过程。理解竖向设计的基本原则十分重要。在我这里，我会给学生们做一个竖向设计的机会，而我会仔细看着他们设计，以帮助他们理解如何作出更好的竖向设计。一本很好的作品集很关键，它应该是一个混合体。我不仅想看到他们能用手绘表达作品，还应该能使用AutoCAD 和 Photoshop 等软件。

在让我们的世界变得更美好方面，风景园林师扮演了怎样的角色？

风景园林师有着强烈的观点：我们不接受坏的设计，那样只涉及两个问题：不好的设计技术或者对现有的生态服务系统不恰当的理解。作为一个职业，如果我们在 LEED 的评选中被建筑师们击败，那真和被人抓住了手腕从背后袭击一样了。所以风景园林师需要发挥更大的作用，要达到一定高度——美国风景园林师协会正在向这个方向发展。风景园林师必须有甄别优秀的设计作品的能力。当农场需要被保护时我们就应保护好，当建设不应发生时就不该让它发生，而

一个私人住宅中当地植物的应用；©2009，应用生态服务公司

当需要发展时，又应该让一个地方站起来。我们能在帮助公众方面发挥更大的作用，我们的兄弟专业应该理解我们在设计中所承担的责任。

访谈：环境敏感的经济的作品

Tom Liptan, ASLA
波特兰环境服务局
可持续雨洪管理项目
俄勒冈州波特兰

风景园林师 Tom Liptan 去过波特兰的绿色街道；Stuart P.Echols 和 Eliza Pennypacker，宾夕法尼亚州立大学

您为什么决定以风景园林为职业？

我成为一位风景园林师纯属偶然。在我 24 岁以前我没有听过"风景园林师"这个词。我在奥兰多的佛罗里达公园有一份工作，并且在林业局做一位画图员学徒。我十分喜欢设计和画画。我想："如果我在高中的时候就知道这个我会去设法成为风景园林师。"使我非常震惊的是就在同时我成了一位佛教徒，这让我知道了任何事情都是有联系的。我想返回学校，但是因为个人原因——成为一位有 12 个月大的孩子的单身父亲——我不能了。所以我决定既然我已是这方面的学徒，我将坚持在奥兰多得到更多的训练，然后在以后得到更正式的教育。

但最后证实，我是如此感兴趣以致我全自学了。我读的第一本书是 Ian McHarg 的《设计结合自然》，此书十分有趣。我继续我自己的学习，并且我从我遇到的风景园林师那里学习所有的东西。我变得十分疯狂。我从未返回学校。当我返回俄勒冈，我参加了资格考试并且成为全美第一个没有大学文凭的风景园林师。在我拿到这个执照之前，我已经在风景园林领域里工作了 12 年之久。我并不是要推荐这条路径，尽管对于一些人来说这可能是最好的路。

您如何描述您工作室作品的特征？

我为波特兰工作，并且加入了一个设计小组。我认为我们工作室的作品是在环境方面敏感的经济的工作。我为城建局工作。他们努力更好地管理雨洪，而在同时，我们努力去创造更多价值，如加强公园建设，减少城市热岛效应，减少能源消耗和创造就业岗位等。

您的工作室规模有多大，您在其中扮演的角色是什么？

环境服务局有 500 多名工作人员。在这里面，我们的团队，可持续保护管理团队有 12 名成员，其中 5 名是注册风景园林师，其他人员有环境工程专业人员、

河源项目中闪耀着流淌的小溪, 俄勒冈州波特兰市; Stuart P. Echols 和 Eliza Pennypacker 提供, 宾夕法尼亚州立大学

规划师、一位土木工程师, 以及一位园艺师。

　　我的身份是所谓的环境专家, 像是一个年长的设计师。我管理的项目主要是和一些流域、雨洪管理等相关的内容。与之相关的是, 我们有更加广阔的视野, 就是要努力提高城市的宜居性。因此, 我做了各种各样与之相关的工作。这里作为一个工作方向, 重要的好处就是它给了我许多自由来探索不同的领域, 而这些都可能有助于问题的解决。

您工作中最令人兴奋的是什么?

　　当我们取得了一项突破的时候。给你举个例子, 早在 1990 年我就听说过生态屋顶或者绿色屋顶, 1994 年我才真正开始搜集大量的相关信息。1996 年我修建了自己车库的生态屋顶, 但是直到 1998 年左右, 一位政府专员才说, "我对你们所谈到的生态屋顶很感

兴趣。"这是 8 年时间, 对我来说, 这确实是我人生的转折点。通常不用花上 8 年时间, 但是能够取得突破是一件非常让人兴奋的事情。

到目前为止, 您最有价值的项目是什么?

　　河源 (Headwaters) 是一个河流开放项目。我只是做了一点点设计, 但是却对整个设计的形成产生了深刻的影响。它是一个三英亩的区域, 小溪原来是埋在地面下面的管道里的。这个地方要重建。开发商有一个选择就是重新铺设管道并让小溪还从管道里通过, 城市不需要开放这条小溪。而开发商选择了开放这条小溪并且决定让它流过他的开发区。波特兰城市部门认为, 如果你亮出了这条小溪, 我们也将以正确的方式利用这条小溪。对于我们来说, 我必须重建一条街道, 也就是把它拿出来并且放进小溪里, 这是一

邻近河源项目的作为雨洪管理一部分的
艺术化的围坝，俄勒冈州波特兰；Stuart P.
Echols 和 Eliza Pennypacker 提供，宾夕法
尼亚州立大学

段精彩的私人和公共之间的共同参与的项目。河源同
样有生态屋顶，雨洪管理类的植物和可渗透的人行道。
这个项目几乎包含了所有你听过的关于低影响发展的
术语，确实花费了他很多钱，但是结果证明他的财富
是现在当地价值最高的财富。这就跟我们将环境和经
济发展联系起来的目标关联起来了。

您在设计过程提出"跳出盒子来思考"，您能解释一下吗？

这个"盒子"指的是已经被人接受的惯例。有些
时候这些惯例是可以的，但是我认为你必须从它里面
走出来，观察它，再决定它是不是好的。举个例子，
在河源项目上，谁来重建公共街道？那可不是经常发
生的。我问了一个问题，我们需要那条街道吗？所有
人回答都是应该问一下交通部门（另一个城市管理部

门）。于是我们就去询问，他们回答当然需要那条街。
但是我又问了一句，我们真的需要那条街吗？他们说
道，"你知道我们并不真正喜欢那条街道，如果能够
改进道路交叉口，它不在了也是可以的。"这就是一
件通过摆脱惯例，提出好的问题，并且找到其他途径
来解决的事情。

您能给求职者提供一些建议么？

坚持，无尽的坚持和自愿。如果你愿意，就可以
会见朋友并且发展你的人际关系网，然后需要四处走
访参观一些风景园林设计公司。当我刚搬到这里，我
会沿着城市兜几圈。波特兰不是一个真正的大城市，
因此我可以接触所有的人，然后就是回去以后跟这些
人保持联系。我得到这份工作是在三个月前，最终因
为我的管理技能而被聘用了。

项目档案

NE SISKIYOU 绿色街道
可持续雨洪管理更新

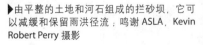
▲部分停车道移除并转换成路缘石边扩展的景观；鸣谢 ASLA，Kevin Robert Perry 摄影

▶由平整的土地和河石组成的拦砂坝，它可以减缓和保留雨洪径流；鸣谢 ASLA，Kevin Robert Perry 摄影

公共宣传过程中
提供给邻里的种
植计划插图；鸣
谢 ASLA，Kevin
Robert Perry 摄影

项目简介

时间：2003 年

类型：基础设施 / 环境设计

地点：俄勒冈州波特兰

客户：俄勒冈波特兰市的可持续雨洪管理项目

设计：俄勒冈州波特兰市的 Kevin Robert Perry，ASLA

奖项：2007 年度 ASLA 设计荣誉奖

这是居住区雨洪管理项目的典型范例。它用很少的投入解决了大量的环境问题，并且为设计师，决策者和居民树立了典范。

——2007 年度专业荣誉奖评委会评语[47]

改变的催化剂

波兰特和西雅图这两座城市在最近的可持续雨水设计项目中扮演着领导者的角色。由于波兰特的威拉米特河持续面临着来自城市径流的污染，所以他们寻求了城市雨水集水新的解决方案。2003 年，波特兰市的环境服务可持续管理团队发起了这个用来评估雨洪管理的各种方法和技巧的 NE Siskiyou 绿色街道项目。Kevin Robert Perry 被选为该项目的首席风景园林师。[48]

该类型的首个设计

NE Siskiyou 绿色街道是在现有街道采取更持续的方式进行雨水管理的首次改造。这个有 80 年历史的街道由一个典型的郊区住宅街道转变成了一个暴雨径流的主要汇集地。该街道两边的部分被拆除腾出地方用来扩展路边的植被地带。不像传统的雨水进入管道，雨水可以由路边的植被扩展区渗透回土壤。

由于这是该类设计中的首个例子，因此选一个好的位置至关重要。而一个车流量较少的居住环境有助于该设计的实施。这样的话街道景观的改变就不会影响原先的交通模式。[49] 两边路沿的扩展将原本 28 英尺宽的路面缩小到了 14 英尺，这样的街道有 50 英尺长。[50] 街道的收窄也起到了平静交通的功能——可以使车辆在十字路口自觉放慢速度。

这个系统如何运行

该绿色街道项目并不像下水管道那样进行雨洪处理，而是依靠经过削减路缘石，使其比邻近路面低，而利用路缘石边缘的植被扩展区来进行雨水的有效收集。来自周围 10000 平方英尺街道地面的雨水因不能直接渗透流到街道与路沿的交会地带。雨水沿着路沿石一直流到植被扩展区域（每个扩展区域长 50 英尺，宽 7 英尺）。一旦雨水进入该区域，就会保存在一组由三块石头组成的深约 18 英寸的小坝内，这些小坝可以减缓雨水径流的速度达到为不同程度的雨洪事件蓄水的目的。小坝和植被区域共同组成的系统以每小时 3 英寸的速度渗透着雨水。该雨洪系统每年可以收集大约 225000 加仑的雨水。[51]

这种复杂的过程只有在降雨过程中和降雨过后才会显现，因此小的说明告示牌就可以教会街坊的参观者关于整个系统的信息。告示牌被安放在植被区域正对着人行道的地方。[52]

街景模型

由于它方便的建设过程，能够承担的成本，稳定的保养策略，NE Siskiyou 绿色街道现在并将持续扮演未来居民街道改进的典范的角色。2003 年 10 月，波特兰的建筑工人在两周之内便完成了工程的建造。此外，路缘部分翻新的费用为每平方米 1.83 美元，总额大约 20000 美元。[53]

保养策略分为两个部分，在 2003—2005 年最初的两年，改造由波特兰公园康乐中心来负责植物养护。在这两年之后的时期，街区的居民们承诺将与整个城市携手来尽到植物养护的责任。[54]

NE Siskiyou 绿色街道的改造工程损耗小，效率高且成本低廉。波特兰有一大批的居民想在他们的街区内拥有一个类似的系统，这也正表现出了社会对这个系统的认可与赞扬。这个设计对于整个社会以及那些充满灵感的风景园林师，工程学学生和实践者有一定的教育意义，促使他们去思考一些具有创造性的绿色环保方案。与此同时，这一设计对于整个美国西北部现有街道的改造也起到了一定的引导作用。

系统思考：自然、社会、政治、基础设施

风景园林师培训最关键的部分就是整体思考能力的提升。他们应该明白没有什么事物是独立的，任何事物都是有关联的。这些联系贯穿于时间和空间上的多个方面。在系统上可以划分为很多方面，主要包括：

■ 人类学 / 社会学

■ 水文学 / 自然过程

■ 文化 / 自然历史

■ 基础设施 / 效用

■ 交通 / 循环

■ 政治 / 管理

■ 视觉 / 空间设置

为了理解与项目相关的问题和机会的复杂性，风景园林师会收集并研究与各种组织系统相关的信息。一个工程在最初的时候看起来是很艰巨的，但是你通过观察它的各部分结构并了解他们是如何重叠及相互作用

的话，你会发现它也是便于管理的。这种方式也方便你权衡各种因素和系统并来确定它们的优先次序；它也便于确保各部分的单独作用以及最整体的作用。

　　在整个设计或规划过程中，风景园林师会定期察看每个系统以及每个系统之间的联系。为了平衡各种因素并达到你所期望的结果，这是一个反复的过程。这是一个令人兴奋且具有挑战性的工作，系统的成功所反映出来的丰富度就是证据。对规划和设计中这个系统所发挥的作用的深刻认识，可以促使你更加正确和整体的理解场地及其文脉。越来越多的人将这个大背景定位在全球。人们日益认识到是什么在出现并积累，即使是最小的场地，也与范围以外的事物发生着联系，甚至越过了区域的界限。很多人相信在任何一个项目中，想要有周到的设计就必须考虑到如今气候变化的问题。20世纪70年代的一种说法很好地诠释了这个观点："放眼全球，立足本地"。

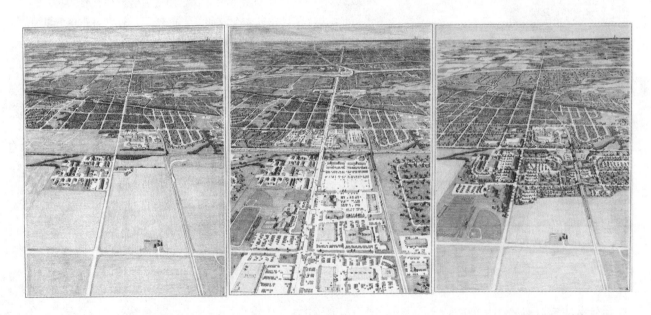

伊利诺伊州新伦诺克斯现状、典型发展方式和未来发展预景的三幅俯视图；区域规划和设计：Dodson 联合公司与 Tony Hiss 公司；Jack Werner 绘制

访谈：陆地上的设计系统

Barbara Deutsch，ASLA，ISA
北美生态区域副主任（一个星球社区）
华盛顿特区

风景园林师 Barbara Deutsch

您为什么决定以风景园林为职业？

　　我的第一个学位是商学位，那时候我并不知道自己想要做什么，但我喜欢与人打交道。我在 IBM 以系统工程师的身份差不多工作了 10 年。当我有了更高的环保觉悟时，我发现了新的都市生活方式。我直接想到的是建筑业，但有几个人建议我，如果我想设计社区并且想真正解决一些如今大家面对的一些复杂的环境问题，我可以向风景园林方面发展。后来我取得了风景园林硕士学位，所以现在我不设计电脑系统了，而是开始在地面上设计系统了。我喜欢我所做的一切，我在各方面比我想象的更有经验了。

您是怎样选择学校攻读您的学位的？为什么？

　　我的第二个学位是在西雅图的华盛顿大学得到的风景园林硕士学位。我选择这所学校起初是因为这个系关注于城市生态设计，而这正是我在城市中和其他人一同工作时所感兴趣的内容。

您如何描述您工作室作品的特征？

　　我的组织是非营利性机构，总部设在伦敦，我是该组织在美国的第一个雇员。我把自己的工作定性为景观规划工作。我们的一个核心项目叫做"一个星球上生活"（One Planet Living）。我们希望在考虑一个星球的资源水平的基础上设计社区和城市。这一切都基于生态足迹。如今他们正在欧洲建设另外三个这样的工程，而在北美我们正在实施这样的五个工程。然而，我们只有一个星球。我们和开发商一起研究策略，探究如何实现我们的 10 个设计准则。

您在工作室中扮演什么样的角色？

　　我担任华盛顿特区这个项目的副主任，我的主要任务就是在这建"一个星球"华盛顿社区，使华盛顿特区成为"一个星球城市"（One Planet City）。我在工作中努力建立伙伴关系来实现这个项目。我做了很多营销方案。这是一个刚起步的业务，一个刚起步的组织。

在华盛顿特区 1425K 街的一个绿色屋顶的春季景色

Rohnert 公园中索诺马村的效果图，对可持续生活方式的一个说明，北美生态区域和它的"一个星球社区"方案

到目前为止，您最有价值的项目是什么？

在华盛顿特区将第一个绿色屋顶建在商业大厦上是非常有意义的。真正有意义的部分是我们与一个非营利性的绿色工程的合作，作为一个绿领工作（green-collar jobs）培训计划的一部分。我们教会了 12 名少年如何建设绿色屋顶。我们的示范项目产生这么多利益，绿色工程能够多聘请几个至少一年中可以做兼职的年轻人。我曾经工作的 Casey Trees 就租住在这种建筑里，并协助该项目获得 60000 美元的赠款。

您咨询哪些其他专业人士？他们在设计过程中起到了怎样的作用？

我们这个方法的关键部分是开发者和主要总体规划团队之间的探讨过程。这些与我们共事的专家们是来自地产、金融还有开发方面的顾问，他们了解项目的持续性，并且可以使用地产、金融的专业术语与开发者们交流。我们与不同的能源公司共事过，是在不同的技术领域，包括地热能源和生物能源。这些在欧洲都有标准的工作流程。因为我的工作单位在伦敦，所以我们得以有机会与那些技术方面的专家们进行探讨。

您认为多数风景园林师具有什么样的才能、天资和技巧？

首先，能够从整个系统进行思考——能够了解自然过程、资源、人和场地，并且可以将他们优化并达成所有目标。同时，还要具备使用简单易懂的语言和技巧交流技术信息，不论是用口语化的语言还是图表的方法进行表述。像很多领域一样，也要具备和人交流的能力。热爱旅游也是需要的。我自从成为一名风景园林师以来，我感觉更多的旅行能给我带来丰富的阅历。

当聘请学生实习或聘请人员从事入门级工作时，您认为他们所受教育中的哪方面最为重要？

我会注意他们是否具有批判思想，是否有通过形式解决问题的能力，是否可以坚持他们的观点。务实而不失创造力，具有创造力又能够务实。我希望看到他们可以倾听并且理解客户的想法，他们应该对场地比较敏锐，并且可以机敏的察觉到哪些是基本的问题。

在让我们的世界变得更美好方面，风景园林师扮演了怎样的角色？

他们可以扮演领导的角色。因为今天我们所面对的复杂的环境问题都是相互关联的，没有单独的一个人可以解决他们。就我所知，这些问题都与环境有关，而风景园林师们也是与环境息息相关的，因此这是一个很好的机会成为世界进步过程中的领导。一个风景园林师具有在场地规划和园林系统建设方面的专业技术，他们可以看到更为广阔的图景，然后把他们拆分开来，指出如何把他们组合到一起并且使其运行。

访谈：大量写作加速进程

Dawn Kroh, RLA
Green 3 有限公司负责人
印第安纳州印第安纳波利斯

风景园林师 Dawn Kroh 在她的办公室，由 Green 3 有限公司提供

您的背景是怎样的？您是怎样进入风景园林这个行业的？

我获得了圣迭戈大学艺术专业的学士学位，研习绘画和版画等。拿到学位后，我希望开始一段全新的经历，因此我去了西部。就我选择的风景园林师而言，事实上不是我选择的她，而是她选择的我。由于环境的关系我完全被她所吸引。我的硕士学位是鲍尔大学的风景园林硕士学位。

您的艺术背景对您的风景园林设计工作有什么影响？

你不应该把风景园林设计本身当做一种艺术。你应该把它看作解决问题的视觉表现。做设计时的感受与画一幅画的感受不同。对于设计工作你要有目标。要期望能得到别人的评论。你不会得到所有的投资，即使你认为"这是我的作品，我是个伟大的设计师"。设计作品所反映的是自然和人们所告诉我的。设计本身不是艺术。他的好是因为当你在缺乏资金支持时他赋予了你了更多的创造力。

您如何描述您工作室作品的特征？

我们有个小工作室，有四个人，其中两位是注册风景园林师。我们的工作范围很广泛。工作的节奏很快，很多事都是一瞬间的。这些工作在任何一天都可能包括从解说牌示设计到阅读土工技术报告，从汇报本地物种到完成传统的 CAD 出图方面的工作。在我们办公室内大部分的工作是一个公共部门的工作。我们常常每样事都做那么一点。

许多年前您有个在州内发展小径系统的战略。您能解释一下那是个怎样的工作么？

在过去的 13 年间我建了很多东西把人们联系起来，有的在 10 英里外，有的在附近的 5 英里，然后我把它们都连接起来。现在我们的计划中已经拥有了最长距离的小径，有些马上就要开工，有的已经开工了，这些使得整个系统得以成型。我倾向于想在前面并且说"这条路的尽头通向远方，这条线上的下一个地点就是 B 市。"因此我去了 B 市，并且又说"如果

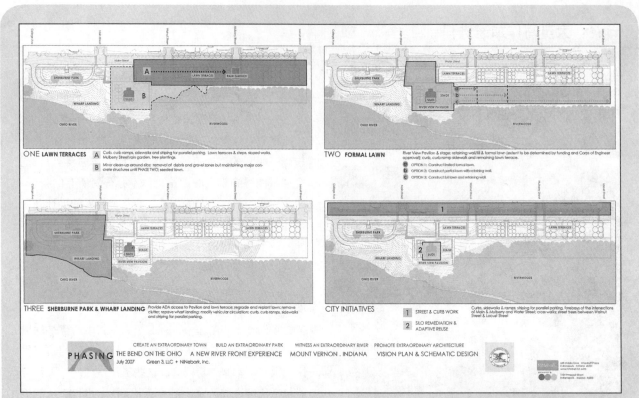

▲印第安纳州弗农山河岸改造的愿景和阶段规划图；Eric Fulford 和 Ann Reed 摄影，由 Green 3 有限公司和 NINebark 股份有限公司提供

▶Scott Starling 自然避难所观察平台；由 Green 3 有限公司提供

你让我帮助你，我可以帮你把它实现。"我现在可以这么做，并且继续沿着这条线路前进。由于我们撰写了大量东西，我们把这些拿到桌面上来说，"我不需要钱，我需要你让我找到你的钱。"它改变了一切。我们的进程得以全速前进，因为我们不需要为了等待拨款而从天而降。我的战略得以实施让我感到很开心，我的工作就是继续沿着这条线路走下去并且得到人们的支持，有时我都做到了。

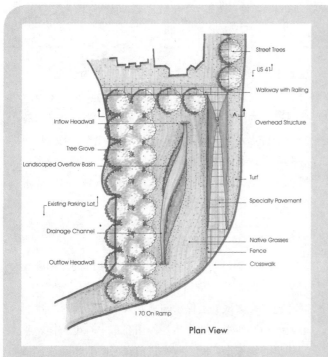

印第安纳州特雷霍特地区美国 I-70 和美国 41 入口初步概念平面图；
Dawn Kroh 绘制，由 Green 3 有限公司提供

到目前为止，您最有价值的项目是什么？

当我在自然资源部工作时，我启动了印第安纳州
的印第安河水检测项目。在过去的 15 年里，这个项
目是这个部门中最具环境教育意义的项目。我想出了
这个项目，写出了方案，申请到了资金。我编写了所
有的培训材料，并且启动了这个项目。多年后我离开
了自然资源部，但这个项目依然运行着。这个项目已
经可以在一个不像其他州一样有极好的风景的地方独
自运作，因为我们有河流。有了这样的想法我们可以
建立起一个教育项目并且以一种可以使人们关注这些

资源，并且真的热爱它们的方式运行，这对我来说很
有意义。

在设计过程中，您是否经常与设计团队或者客户交流？以什么方式呢？

没有一个项目是可以从头到尾没有公众参与而独
立完成的。由于我的政府背景，我完全相信对于公共
计划我们需要聆听人们是怎么说的。贯穿整个发展和
募捐计划的全过程，我们经常一起讨论。有时我们与
志愿者们一起工作，这是个团结的群体。在其他情况
下，当有明确的立场时，我们也会采纳它。

您能给求职者提供一些建议么？

回答问题的时候永远不要说不。如果他们说"我
们不会聘请你。"这也是个有益的面试。我会鼓励你
去问问你是否可参观他们的工作室。你永远不会知道
当他们几个月后再遇到你，他们也许经历了一些事情
而你也许已经变得更好了。我经常让求职者提供一些
书面的东西，我需要那些知道怎么用文字说服我的人。
分享那些使你有别于其他人的事情。也许是你在你的
男孩女孩俱乐部里从事志愿者工作的照片。任何可以
分辨出你是否有益于公共事业的特点都是有帮助的。

在让我们的世界变得更美好方面，风景园林师扮演了怎样的角色？

风景园林师可以变得更积极。如果我们都可以贡
献一点时间并且尝试真正的改变些什么，就会起到很
大的作用。风景园林师具有特别的便利性去做这些事
情，因为我们对环境有全面的认识。当你可以这样理
解这件事时你会有很多的机会。

访谈：跨越界限，综合思考

Mark Johnson，FASLA
Civitas 股份有限公司创始人及董事长
佛罗里达州丹佛

风景园林师 Mark Johnson

您为什么决定以风景园林为职业？

我在工程学校进修时发现理论像教科书一样，都是固定的，所有的东西都可以用这样或那样的方式来测量。我环顾世界，发现好多东西并没有被很好解释，好多东西并不容易发现答案。我通过一门选修课程结识了风景园林，我认为我应该去追求它。

您是怎样选择学校攻读您的学位的？为什么？

我在明尼苏达大学的时候上了一门叫做"风景园林概论"的课，因为它满足了人性的需求。授课的教授非常有启发性。可第二年这位教授回到了犹他州的洛根大学任教。因为他的缘故我去了犹他州。确实是那些教授极大地激励了我。我最终还去了哈佛设计研究生院学习并获得了硕士学位。

您如何描述您工作室作品的特征？

Civitas 公司结合了建筑、规划、城市设计和风景园林。我们聚焦于创造能够受益于人们的持续变化，同时也一直尝试着去保护与提升人们怎样面对与自然地域的相互作用，即使相互作用在市中心也一样。我们从事的领域很广泛。我们目前在堪萨斯州高速公路上部的一个公园工作，同时致力于复活圣路易斯市区的 400 多个街区的活力。

您在工作室扮演什么样的角色？

我是总裁。更具体来说，我是公司的基础的思考者与灵感。我最重要的角色是提高公司员工的能力：培训，授课，提供给他们学习的资源，帮助他们找到工程机会，当他们有麻烦的时候帮助他们。在过去的七年中我尽量走出工作室而让其他人来接管。我一周大约只在办公室待一天。

您公司设计专业人士的比例是多少？

我们两个办公室大约有 30 人。在这 30 人中，大约 20 人是风景园林师，6 人是建筑师。然而，我能界定专业人士总数远大于 30 人，因为我拥有很多有各

科罗拉多州莱克伍德贝尔马村中心广场；Frank Ohms 摄影

▼科罗拉多丹佛百姓公园的弯曲的步道；由 Civitas 股份有限公司提供

种学位的员工，一些同时有建筑学位和风景园林师学位，其他人有风景园林师和城市设计学位，一些还同时拥有建筑学位和城市规划学位。还有好几个员工有图形设计学位。这是一个很丰富的集合。但基本的是，这支队伍有风景园林师和建筑师工作于两个专业转变的世界。

你们咨询哪些专业人士？

我可以给你提供两种类别，因为诊断问题和解决问题是有区别的。在工作分析和建议部分，我们通常与律师和经济学家合作；目前，我们在和一个哲学家、一些艺术家、老师和学生合作。关于事情如何有实际的进展，我们经常和修复生态学家、各种科学家或者很常见的和处理水质问题的人合作。在实施方面，我们通常再次与修复生态学家合作，同时也和土木工程师、结构工程师合作，等等。

在设计过程中，您是否经常与社区或者最终用户交流？何种方式？

得到各方面的关注对我们来说是极其重要的。因为通常我们工作的大部分是全国性的，我们对社区和生活在那里的居民了解很少。这些人通常都很有激情和渊博的知识，所以我们能从他们身上学到很多。而另一方面，那些同样的人通常对他们的场地到底是什么仅有一个狭窄的关注点，而有时忘记了真正的可能性是什么。这正是我们作为一个国家层面的设计公司所扮演的部分角色。我们经常能跟进并看到其他人不能看到的很多事，或者我们能在某种程度上帮他们优化一些他们无法自己完成的事。

具体来说，我们有策略让公众和社区参与进来。例如，在下一个城市公园项目，我们在公司设立了一个技术委员会，为那些在这个项目产出上有直接股份的股民设立了利益相关者委员会，一个艺术与文化委员会，一个城市公园和休闲咨询委员会，以及一个多文化的顾问委员会。每个项目都有一个不同的策略，每个项目都是特别定制的。

您能给求职者提供一些建议么？

最好的建议是，做你自己。当我在读本科时，我开始去会见我的英雄们。我和 Grant Jones，Paul Friedberg，Larry Halprin，Pete Walker，Hideo Sasaki，以及 Ian Mc Harg 成为朋友。我之所以去会见他们是因为我想知道是什么使得他们如此优秀。我的发现是这些人中的每一个都仅仅生活在他的个性中。他们对他们自己很认真而对于他们将成为什么并不在意。这就是能让一个专业人士去推进他或她的事业的东西——做你自己并对此很诚实。

在让我们的世界变得更美好方面，风景园林师扮演了怎样的角色？

风景园林并不是一个知识根基型行业，我希望我们能有一个更好的知识基础。但是事实上因为我们是发起者，我们的产品和产出是综合思考的，我们能跨越界限看待事物，那就是风景园林的未来。我们需要聚焦于提升领导能力，让我们能够发挥我们综合思考的能力，并将它应用到去解决其他人无法解决的问题中去。

访谈：进一步思考，紧急行动起来

Roy Kraynyk
Allegheny 地产信托公司首席执行官
宾夕法尼亚州塞威克利

Roy Kraynyk 先生因为其丰富的排水知识接受采访；Robert S.Purdy 摄影

您为什么决定以风景园林为职业？

我想这正是用我的创造力去展示我对土地的热爱的绝好机会。我很了解我想追求风景园林事业，但我还是参与了一个职业能力测试。我上学很晚，当我开始学这行时我已经25岁了，因此我想确认一下，结果测试也是风景园林。

您所受的教育在哪方面对您的影响最大？

学习解决问题的过程。通过分解问题、把事情分解为易于解决的挑战，这对我今天来说很有用。我认为这对我的成功影响很大。

你是怎样进入风景园林方面的土地信托行业的？

在毕业以后，我的事业经历了一个又一个极限。我的第一个工作经历非常令人失望，因为我在做着与我所希望我能做的相反的事。这是因为我雇员的委托人——一群想让每平方米都举步维艰的发展商。这是一个如此消极的经理以至于我走出来创建了土地信托，Hollow Oak 土地信托。我过去常常说白天经营晚上收获。做这些大型细分项目的经历确实是极好的锻炼。这就像最好的警察过去是一个强盗一样。

您如何描述您工作室作品的特征？

我们为社区提供了被联邦政府视作公益事业的服务。我们的公益目的是保护土地。这儿是宾夕法尼亚州的西南部，我们正在保护这个地区的土地，以帮助人们意识到这个地区威胁的存在。包括山体滑坡，来自混合排污系统的水污染，生物多样性的减少，风景特征的丧失，以及洪水。我们做的是大范围的规划项目。我们正在分析风景的特质以识别出那些能够提供生态服务的土地。

地方政府法规在保护敏感地段方面应该扮演什么角色？

在很多情况下，土地利用法规是过时的，仅仅是灾难的一个蓝图。我们要做的是把生态服务转化为经

宾夕法尼亚州阿勒格尼县 Continuum 河到山脊的一个部分，这部分土地被认为是极脆弱的；由 Allegheny 地产信托公司提供

济力量。当我们把案例递呈到地方政府那些写法案的决策者手里时，我们说从科学的和经济的层面看看这些地区，这就是正在发生的一切。例如，这些林地一年里存储了数加仑的水，防止了你的社区发生洪灾。如果任由其发展，就像你们的法案中允许的那样，那将会增加洪灾的发生，这对你们的社区很不利。你必须理解政治工作怎样进行的，而且要参与到谈判与讨论中。

您在组织中扮演着什么角色？

我是公司的主管领导人，涉及所有的事。我和土地拥有者磋商买土地，我写批准去筹钱买地。在我们所有的工作中，我得与当地政府与其他政府官员进行协调。我是领导，对我来说领导力一直在我权威范围的边缘舞蹈。当我被聘用时，只有我一个人，现在我们已经有 4 人了。如果我没有打开那个信封或如果我的日程表不允许我打开那个信封的话，我们将不再是我们现在所处的位置。

您工作中最令人兴奋的是什么？

当你得到交易和交易结束你赚了一笔的时候是令人激动的，因为那得花费好几年时间。你得到

90%的钱而结束日期也就在不久的将来，而如果你没有成果完成那10%，交易未能实现，接下来你所做的所有工作都将溜走。可能对一个大项目来说这是一个毁灭性的打击。但对我们来说毁灭性虽然发生了，但土地依然如旧。这就是我们该庆祝的。当你在保护了一块土地后得到一封来自某人的手写书信也同样令人激动。他们掏心窝子的写道土地对他们有多么重要，保护它是发生在他们身上的多么好的事情。

新技术在您的工作中起到了怎样的作用？

他们扮演着重要角色。地理信息系统，激光定位器，空中摄影，红外线照相，以及谷歌地球图像都很有价值。这些工具由于它们更准确地量化、显示和分析事物而意义重大。今天量化景观属性，生态功能和预估影响变得更加简捷。

您能给求职者提供一些建议么？

找到真正对你有益的商机，然后去追求它。即使你不能在前期找到也要主动为此做些事。找一个去追随那份激情的机会，别淡忘它，保持它的活性，然后将它会起作用。我自愿的作为专业人士做我现在真在做的事，做了9年。同时也要记住你的第一份工作并不是你的最后一份工作。愿意妥协，尤其是在前期，经历是无价的。

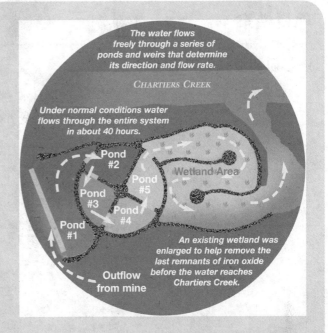

Allegheny 地产信托公司酸性矿区排水系统的整治系统示意图；由 Allegheny 地产信托公司提供

在让我们的世界变得更美好方面，风景园林师扮演了怎样的角色？

进一步思考，紧急行动起来。这适用于你所能做的每一个设计决定。每个人都生活在下游或者下风处。在作出一个决定是，思考更长远的影响，这就是为什么我要说要更进一步思考，但那些关于今天所做的事情能影响下一代的正确决定，要紧急行动起来。

项目档案

洛杉矶河复兴总体规划
多团队合作

水泥化、河道化的洛杉矶河；©2007
洛杉矶市工程局提供

洛杉矶河新貌效果草图；©2007 洛杉
矶市工程局提供

河流的弯曲河岸，让人们有机会接近河水边缘；©2007 洛杉矶市工程局提供

项目简介

时间：2007 年

类型：规划和城市设计

地点：加利福尼亚州洛杉矶

客户：洛杉矶市工程局

设计公司：Civitas，Wenk 集团和 Mia Lehrer+ 集团

奖项：2007 年 Waterfront 中心大奖，2007 年 CCASLA 总统杰出设计奖

网站链接：www.civitasinc.com/www.wenkla.com/portfolio/item/category/urbanWaterways/itermld/12/view/1/www.mlagreen.com

总之……反应是很积极的，不管其中提出的变化是否和个人观点一致，进步会带走那些被忽视或担忧的东西，并使它们变成新生社会的中心。

——Scott Jordan Civtitas[55]

项目范围

洛杉矶河流复兴总体规划（LARRMP）的目标是将 32 英里混凝土的渠化的城市河流变成可行的、绿色的公共聚集地。这个设计是 18 个月研究河流的结果，代表了三个风景园林公司还有大多数社区的观点和策略。项目的主要目标是使河岸生态系统焕发活力，并在水道附近修建一系列绿色生态公园。河岸设施的重修将会改变整个城市，例如给野生动物提供适合的居住地，提高城市水质量，最终鼓励居民和河流建立更加紧密的关系，并且建立遍布整个城市的绿色地区的联系网络。

考虑到项目的大小，设计提出了 20—50 年的规划。设计组提出了阶段策略、短期改善计划，以及几个很小的项目以补充提高周围环境并提高居民的生活质量。

合作的重要性

洛杉矶河流复兴总体规划是一个很有效的多家风景园林公司合作的例子。公司包括 Citivas，Wenk Associates 和 Mia Lehrer+Associates。每个工作室用自己的力量去设计，帮助完成整个目标。

Mia Lehrer+Associates 建立在洛杉矶地区，对社会中本土的、社会的、政治的力量有很好的控制。他们的本土知识为利益相关者所熟知，区域眼光使得三家公司的设计组更好理解地点和背景。Mia Lehrer+Associates 能够帮助设计组预料到社会对总体规划的反应，因为它的位置，它能很方便对场地进行定期的观察和调查。

Wenk Associates 建立在丹佛，它因拥有把城市环境和生态系统结合，以及让被遗弃的风景变成充满生机的公共空间的能力而被广泛认可。为了洛杉矶河流复兴总体规划，Wenk 的员工用他们对河流生态系统和雨洪管理策略的理解，来发展设计思路，解决那个地点带来的复杂的环境问题。

同样建立在丹佛，Civitas 在设计过程中的角色是如何将开放空间网络和土地利用网络联系起来。项目的规模和重要性使得领悟不同土地利用方式和区域政治变得很有必要。

这个过程说明了成功合作的美，并且展示了职业的广阔。一个风景园林师学位提供给个人在某一特长上发挥的机会，甚至对于风景园林公司也是如此。而且，即便同属于城市设计领域，在同一个项目中，这三个公司也可以具有其自己独特的技能和兴趣。

社区参与与反馈

一个如此规模的沿着重要的城市水道的项目毫无疑问将影响沿河两岸的社区。在设计过程中，团队努力去和社区交流、倾听他们的声音，在河流附近邻里区域举办了 20 场与公众交流会。很多群体代表着社区的想法；它们包括：一个城市部门专责小组（50 人），一个咨询委员会（40 人，由邻里和社区领导组成），一个股份委员会（50 人），一个评议委员会（由河流专家组成）。当社区代表呼吁关注中产阶级移居使地区发生的变化、财产价值和社区反响，总的来说反应是积极的。风景园林师 Scott Jordan 帮助领导了 Civitas 的这个项目。他分享了这次经历："对我这么一个门外汉来说，不是 Angelino，我发觉最有趣的事情是整个社区很有兴趣和大部分人很想把这条河治理得更好。最开始，我猜想对很多人来说这条河……（只是）……水泥通道……，但是想有所改变是各年龄层的居民共同的愿望。"[56]

人的因素：社会、最终使用者和相关专家

风景园林师的设计过程涉及很多不同层次的人和一些基本的规则。与风景园林师的工作联系得最紧密的就是相关专业的专家。没有其他专家的参与，园林设计作品也是完不成的。风景园林师经常和建筑师、土木工程师、土壤学家、规划者、生态学家和树艺师在一起工作——尽管只是在某些特定的项目类型和独特的设计项目上。其他的专家可能会受邀被咨询，包括水资源专家、交通专家、地质学家、建筑学家、社会学家、园艺学家、灯光设计师和批评家。很多项目还会咨询到房地产专家、市场营销专家、图片设计者和艺术家。风景园林项目受益于很多相关专家的共同努力。

在准备设计时，人们的使用和娱乐功能是风景园林项目最重要的两种目标。因此，了解谁是最终使用者就成了设计过程中的重要因素，那么在设计过程中这些最终使用者的介入也十分重要。邀请当地市民来参与设计过程，或者发放调查问卷决定期望的使用目的，这些都是吸引最终使用者参与的办法。况且，本地人很

孩子们在 Wegerzyn 儿童发现乐园玩耍。风景园林师：Terra 设计工作室；照片由俄亥俄州代顿五条河主城区公园提供

熟悉一个项目场地过去的历史，而且他们很乐意去分享这个地方的故事。由于获得了人们熟悉的各个方面关于这个地方的资料，这个项目最后的文化底蕴也会厚重起来。在公众活动中，获得社区支持是项目最终成功的重要因素。

为了捍卫住宅环境的质量，风景园林师同时必须跟社会变化同行。如果，比如，一个提案会鼓励城市化的蔓延，风景园林师就会聪明的介入其中，提出他们的意见和专业的见解。在对环境和市民正面的影响上，人们的这种意愿可以成为关键性的因素。风景园林师应参与到这样的努力中，甚至但当起领导角色。

访谈：风景园林再生

Jose Alminana, ASLA
Andropogon 联合有限公司负责人
宾夕法尼亚州费城

风景园林师 Jose Alminana，Andropogon：联合有限公司提供

您为什么决定以风景园林为职业？

我从事风景园林师是因为想成为更好的建筑师。我有一个建筑学的学位，我认为如果我在土地上建个房子，我将更好地了解土地是怎样构成的和那样做的结果是什么。在现在的合法专业结构中，很难同时又是建筑师和风景园林师。你只能做其中的一个或另一个，你不能两者兼得。

您是怎样选择学校攻读您的学位的？为什么？

当我在念建筑二年级时，一个教授说：这是一部"圣经"，你去读吧。他给我的（那本书）实际上是（Ian McHarg 的）《设计结合自然》的影印本。我那时不知道他给我读的是什么。我念完建筑学时发现 McHarg 在宾夕法尼亚州立大学；我在宾夕法尼亚州立大学获得了风景园林的硕士学位。

您如何描述您工作室作品的特征？

我们的工作从观察我们的环境、客户和使用者开始。这个公司从一个草坪项目发家，这是试图介入回归生态系统健康的第一次尝试。这个再生的过程就是我们要做的。我们做各种规模的项目。

您的工作室规模多大？它的结构是什么样的？

我们有 30 个人。我们一共有 5 位资深顾问和 24 位风景园林师。我们还有平面设计师和负责商务发展的人。我们有各个专业背景的专家，比如土地科学、环境研究和建筑师。我是资深顾问之一，我只做一点点事。我们的工作室是一系列的委员会组成。每个委员会负责工作室运作的一部分。一些人负责商务发展和市场营销。另一些人负责员工发展、人力资源和继续教育。第三组负责整个过程管理。比如，质量控制、计划和目标管理。

宾夕法尼亚州费城 Thomas Jefferson 大学广场，设计用以同时满足
学术活动和公众集会的需要；Andropogon 联合有限公司提供

到目前为止，您最有价值的项目是什么？

我们为 Thomas Jefferson 大学在费城市中心所
做的作品是一个一生只有一次的项目。它包含了太
多，感觉非常值得。它创造了一个非常大的开放空间，

有足球场那么大的尺寸，在这个城市里，有好多年
没有发生这样的事了。我们遇到的挑战是要创造一
种开场空间，既适用于大规模的人群也适用于小规
模的人群使用，并且要确保场地的连续性，还要具
有精细的品质。

这个项目中有生态系统的全部要素。我们设计一
个能从屋顶、空调和储存在泥土覆盖物里，且可以支
持植物的地方去撷取水分的径流系统。它将会成为在
这个空间中所有绿色植物赖以生存的源泉。它会为费
城的水源质量问题作出积极的贡献。这些焦点汇合在
一起，就引出了下一个项目。

请您讲讲您在美国风景园林师协会可持续场地促进委员会中的职责。

这个可持续场地促进委员会（Sustainable Sites
Initiative）是一个利益相关者的联合组织，ASLA 也是
这样的组织，这个组织旨在在风景园林可以让我们的
生活变得绿色和可持续方面进行公众教育。直到现在，
人们还是通过建筑物的视角来看，场地的作用几乎被
忽视。这个建立指导方针的和展现标准的系统，将会
极大地将人们吸引到场地上来，并发挥风景园林师的
作用。我是美国风景园林师协会指导委员会的一名成
员。为了这个可持续委员会，我投入了我的时间为这
项非营利的事业而努力。

在设计过程中您将承包商视为一个特殊的角色。请您解释一下。

我们来看看是谁会执行一项设计，是承包商，
他们作为设计团队的一部分存在。你不能通过一个
相同的传输系统来得到不同的、独特的产品。你应

场地的雨洪管理永久性结构示意图，宾夕法尼亚州费城 Thomas Jefferson 大学广场；由 Andropogon 联合有限公司提供

该把他们当做设计过程的一部分。尤其是对于期望获得高持续性评价的项目，因为这和以前的建设方式不一样。有必要早些让那些承包商了解这些复杂的项目；我们努力让他们在方案设计阶段就开始了解。现在我们正在做一个项目，同时施工经理正在进行成本估算，在总体规划阶段还没结束时就看看可施工性方面的想法。我们甚至还没进入方案设计阶段，他们已经可以用他们的专业知识来提高我们的项目了。

您能给求职者提供一些建议么？

最重要的是，你要看透彻，并弄清楚你想要为一个项目所贡献的是什么？这将会是你的求职的重点。如果你想接触到许多方面的专业，你可能会想要去一家小公司，在这里你会接触到所有发生的事情。然而，小企业往往对个人发展有一些限制。做一些调查研究和跟踪你潜在的雇主。然后会见那儿的员工，做一个实习生。这是一个很好的方法来确定这是否是你想要的地方。

访谈：连接土地和文化的故事

Robin Lee Gyorgyfalvy，ASLA
**美国农业部林务局：德舒特国家森林公园，
Interpretive Services & Scenic Byways 公司董事**

Robin Lee Gyorgyfalvy(左)与 Terry Courtney，后者为沃姆斯普林斯印第安人保留地（Warm Springs Indian Reservation）最后的传统河区居民（River People）；Marlene Ralph 摄影

您为什么选择以风景园林为职业？

我成长在夏威夷，我产生了对夏威夷原生植物的敬畏和迷恋，尤其是当我知道了那些关于这些植物和它们在夏威夷的历史时期被如何应用的故事。我在夏威夷檀香山的毛伊岛高中上学，奥巴马也曾就读这所学校。我在这里接受的教育非常奇特，他们把焦点放在团队服务和价值上。我长大后开始思考与人们共同工作去实现更大的目标。对于我来说，以上是我选择风景园林的部分原因，我觉得风景园林与艺术技巧的结合让我愿意去创造一个更美好的世界和更团结的社区。

您是怎样选择学校攻读您的学位的？为什么？

我的本科学位是在马萨诸塞州的曼荷莲女子（Mount Holyoke）学院就读的。这是一个很小的文科女子学院，我主修雕塑艺术，我觉得接受文科教育是很有价值的，我能在毕业后从事这方面工作。我回家后去夏威夷大学，就读于它的建筑专业。我在探索不同的职业，并意识到风景园林真的是我的兴趣所在。我选择了读研究生，因为那里具有优秀的风景园林专业。

您把您学校的一个项目写进了自己的书中，这是怎样的？

我在俄勒冈大学参加了一个叫"风景园林理念"的活动。那似乎凝聚了我所有想要的兴趣和方向。我们的任务之一是交流风景园林的某一方面，我们感到交流作为风景园林教学的工具很重要。我做了一张关于夏威夷森林传奇故事的海报。我的教授说："哇！那太棒了。多么美妙的教学工具，你应该把他写成一本书。"我这么做了。这本书叫做《夏威夷森林的传奇》（Legends of the Hawaiian forests），我因为这本书获得了美国风景园林师协会的优秀奖。该书还用于学校的夏威夷文化项目。

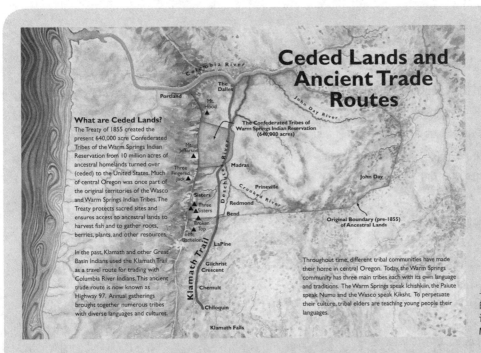

Ceded Lands and Ancient Trade Routes

What are Ceded Lands?
The Treaty of 1855 created the present 640,000 acre Confederated Tribes of the Warm Springs Indian Reservation from 10 million acres of ancestral homelands turned over (ceded) to the United States. Much of central Oregon was once part of the original territories of the Wasco and Warm Springs Indian Tribes. This Treaty protects sacred sites and ensures access to ancestral lands to harvest fish and to gather roots, berries, plants, and other resources.

In the past, Klamath and other Great Basin Indians used the Klamath Trail as a travel route for trading with Columbia River Indians. This ancient trade route is now known as Highway 97. Annual gatherings brought together numerous tribes with diverse languages and cultures.

The Confederated Tribes of Warm Springs Indian Reservation (640,000 acres)

Original Boundary (pre-1855) of Ancestral Lands

Throughout time, different tribal communities have made their home in central Oregon. Today, the Warm Springs community has three main tribes each with its own language and traditions. The Warm Springs speak Ichishkiin, the Palute speak Numu and the Wasco speak Kiksht. To perpetuate their culture, tribal elders are teaching young people their languages.

与沃姆斯普林斯印第安保留地的文化与遗产部落委员会共同设计的解说教育牌示; Dennis McGregor 绘制

您会如何描述在美国林务局的工作？您的任务是什么？

美国林务局（U.S. Forest Service）是一个公共机构。我的工作在俄勒冈州 Bend 的德舒特国家森林公园（Deschutes National Forest）的罗克堡地区（Bend Fort Rock District）。我们是一个土地管理机构，负责管理公共土地。我的工作需要很多野外工作。我管理环境设计和其他一些科学相关的项目。我也管理保护教育方面的项目。保护是林务局一项重要的任务。

由于我们的国家森林公园是多用途的，我们有很多不同专业的人在这里工作。从野生动物生物学家，考古学家，林业学家到工程师。多数人不知道如何才能管理这些土地。作为唯一的风景园林师，我参与了一些项目，进行总体规划、设计和美学方面的把控，

也试图提供更为广阔的视野。我用图示来进行沟通，以展示一些东西是如何运作的，例如展示一些林火在 5 年、10 年或更长时间以后的视觉影响。我帮助团队看到它们的行动将在未来给土地带来些什么。

请多讲讲您参与的风景道项目。

风景道是一个国家项目。它是指高速公路、公路或车行道具有独特的价值：文化的、环境的、自然的、休闲的或风景的价值。有三条道穿过我们的森林。喀斯喀特湖风景道（Cascade Lake Scenic Byway）是最新的，我努力让这个项目获批。这为开车进入森林的游客提供了一段 66 英里长的综合的体验。在起点有一个引导，然后沿着这条路有不同的停靠点。我负责撰写申请，以得到国家高速路基金，用来安装解说设施，改进起点设施，并且恢复可能增长的观景点。我

的工作可以让到访者能够得到户外环境的学习经验，是个很好的设计。

您为美国政府工作，您是如何又进行一些国际性工作的？

由于林务局的专业性和声誉，我们被邀请到其他国家。我协助两个真的很棒的项目：一个在印度尼西亚，另一个在中国。我们在印尼克利穆图（Keli Mutu）火山国家公园工作，这是一个半活动火山，并有安全问题。我们同样也努力为他们提供故事，让游客体验这地方的神圣。在中国，我们致力于通过自然保护协会（Nature Conservancy）在云南大河国家公园（Yunnan Great Rivers National Park）工作。这是一个概念性的方案，也是我使其进展的理由。他们有许多传统的信仰想要传达，这样游客就会理解为什么传统植物……不仅有重要的经济价值也是文化价值。

您工作中最令人兴奋的是什么？

我的工作中最令人兴奋的方面是用讲故事和建立文化联系的方法把事物联系起来以改变人们对于风景园林的看法，我如此兴奋，是因为人们参观德舒特国家森林公园时所在学习到的一些价值观，这是重要的。我们传达的消息是有关保护野生动物或原生植物，以及对环境产生较弱的影响。

从这里到沃姆斯普林斯印第安人保留地大约有一个小时的路程。他们是这一领域的土著居民。我一直努力创造一个与他们的伙伴关系，这样关于这个风景园林的故事就可以传达出来。我想这样可以带给他人更多的意义，可以把更多的土地保护伦理带给那些想要在这方面多做一些或者还没有意识到他们能做什么的人们。

您认为多数风景园林师具有什么样的才能、天资和技巧？

风景园林师似乎有文化和社会方面的兴趣。他们是宏观尺度上的思想家。通常，他们是有远见卓识的。他们与自然的过程接触紧密。他们也是讲故事的人和艺术家，并有能力去倡导思想和表达他们坚实的生动的设计。这其中一个重要的部分是倾听人们的观点并让持有不同观点的人达成共识。

到访者在阅读喀斯喀特湖国家风景道的解说牌示，俄勒冈州；Marlene Ralph 摄影

访谈：促进真正的公众参与

Jim Sipes，ASLA
EDAW 高级合伙人，佐治亚州亚特兰大市

风景园林师 Jim Sipes：EDAW 提供

您为什么决定以风景园林为职业？

实际上家人想把我培养成一个伟大的艺术家，我爷爷就是油画家。我从小就表现出艺术天赋，并且在10 岁时展出了艺术作品。每个人都认为我会从事艺术行业，但看起来大家并不是完全正确的。进入大学时我选择了建筑专业，因为它看起来兼顾了我创造性的一面，以及某些更理性的东西。当时我都不知道风景园林专业，但是一旦发现这个专业，我便觉得它很适合我。我在农场长大，所以风景园林专业对土地的筹划管理作用使它在我眼中与众不同。

您是怎样选择学校攻读您的学位的？为什么？

我生长在肯塔基州，从没想过要去肯塔基大学以外的地方上学。最初选择的是建筑专业，非常幸运的是学校还有一个风景园林的教学项目。

您如何描述您工作室作品的特征？

在 EDAW 公司我们的工作范围很广，我们会参与每一个大型项目，原因大概包括这三个方面：公司庞大的编制，我们所拥有的资源以及与其他部门的密切合作。除此之外，我们的工作从国土规划、城市设计、风景区规划到小规模的场地设计——我们的工作范围涵盖了整个行业。

您的工作室规模有多大，您在其中扮演的角色是什么？

在亚特兰大的这间事务所有 50 人左右，其中大概一半是风景园林师。我担任高级合伙人以及项目经理。高级合伙人负责市场和管理方面的工作，我们的最终目标是使委托人满意。确保项目的顺利推进是我的工作之一，我一方面要参与设计工作，另一方面要设法组建合适的团队。同时，我还要确保项目投资控制在预算之内，并按时间表进行。这些都是不简单的工作，项目管理工作有自己的规律和特点。

到目前为止，您最有价值的项目是什么？

有时候最满意的项目正是那些你付出努力最多的。我曾参与了一个长 53 英里的公路项目——蒙大拿州的 93 号公路（U.S. 93 in Montana），除我之外还有大约 40 个工程师，我们在一起开会作出决策。我感觉好像当时别的工程师说的任何一件事我都不能同意。在那种情况下，我必须坚持认为自己的想法才是最好的方案。最终我们建造的野生动物廊道比北美其他的高速公路都多，这可不简单呢。为了那个项目的成功我和我的团队作出了很大的努力。

在设计过程中，您是否经常与社区或者最终用户交流？何种方式？

我的大部分项目来自公共委托人，所以设计过程中的社区参与是必不可少的。公众对此的热情比以往任何时候都强烈，他们认为自己有权参与其中并了解项目的具体情况。我说的是真正的公众参与，我们在项目早期就让人们参与进来，并听取他们的想法，因此公众就成为整个设计过程的一部分。这样到项目完成的时候，似乎每个人都会点头称是："对，这就是我们的想法，这就是我们想要的"。

您咨询哪些其他专业人士？他们在设计过程中起到了怎样的作用？

与我们合作的专家数量惊人，有建筑师、工程师、园艺师、历史学家、本地植物学家（ethnobotanists）、生物学家、湿地科学家、公众参与的有关人士以及政府官员。我们的项目越来越复杂，所以与我们合作的专家数量也在不断增长。这个趋势还会继续，因为我们面对的问题越来越复杂和困难了。

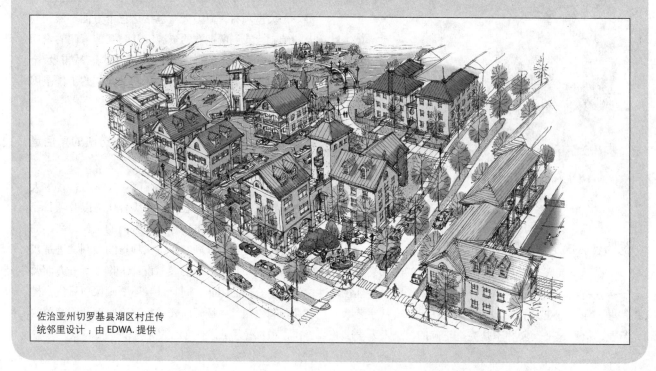

佐治亚州切罗基县湖区村庄传统邻里设计：由 EDWA. 提供

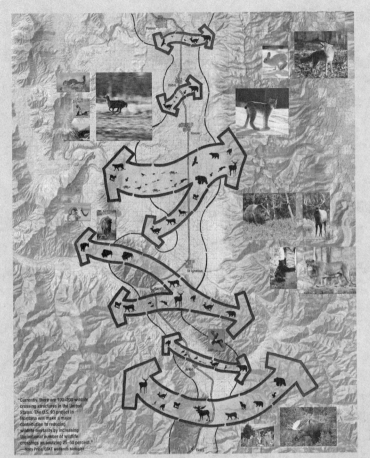

"Currently, there are 100–200 wildlife
crossing structures in the United
States. The U.S. 93 project in
Montana will make a major
contribution to reducing
wildlife mortality by increasing
the national number of wildlife
crossings an amazing 25–50 percent."
—Mary Price, CSKT wetlands biologist

▲ 美国 93 号公路 "土地位列第一" 设计方式，野生动物栖息
地和交通廊道被很好地记录下来以进行讨论；Jones & Jones，
Architects+Landscape Architects +and Planners

新技术在您的设计过程中起到了怎样的作用？

过去我们解决问题更多地依靠直觉和经验。现在我们可以依靠科技而不是猜测建立一个强大的数据基础，在此基础上作出正确的决策。同时科技也是我们能够提出新问题的基础。所以我认为科技使我们的设计在达成目标的同时更具创造性。

您能给求职者提供一些建议么？

在开始之前你需要看清自己，知道对你来说什么是重要的。开始从业后，要时刻做好准备。令我吃惊的是人们常常不好好做功课，他们没有真正了解我们公司以及我们所做的事。另一方面是应该表现出恰当的进取心，我们想明确知道你对这个机会感兴趣。坦率地说，这和我们做市场工作时的方式是一样的：我们希望委托人知道他们自己到底想要什么。

▶蒙大拿州美国 93 号公路至少有 40 条野生动物廊道，例如能
让熊、麋鹿、驼鹿和其他哺乳动物安全通过的大涵洞；Jones &
Jones，Architects+Landscape Architects + Planners

在让我们的世界变得更美好方面，风景园林师扮演了怎样的角色？

现在有很多严重的环境问题没有得到有效的解决。这个专业完全能够在更广阔的领域里起到领导作用，针对我们居住的世界和其中的资源作出有益的决策。我希望看到风景园林师成为更有影响力的倡导者和决策者，不管是作为社会工作者，还是作为城市再造的普通一员。我忍不住想，如果从 50 年前就由风景园林师进行交通和基础设施建设方面的决策，这个国家会是什么样的——应该和现在完全不一样了。

访谈：在工程设计实践中运用风景园林设计原则

Karen Coffman，RLA
马里兰州高速公路管理局高速公路水力研究所
NPDES 项目协调人
马里兰州巴尔的摩

风景园林师 Karen Coffman 在她的座位上；由 Karen Coffman 提供

您是怎样选择学校攻读您的学位的？为什么？

我加入了马里兰大学的建筑师预科班，并修了一门叫做"风景园林导论"的课程。创造宜人的户外空间和社区的理想吸引着我进入了这个行业。导师建议我如果想以此为职业的话，应该转学，因为马里兰大学没有这个专业（在当时）。于是我选择攻读弗吉尼亚理工学院的 5 年制风景园林学士学位，因为这个学校离家相对比较近。在学习过程中，我发现场地工程课程对我的影响最大。

您认为多数风景园林师具有什么样的才能、天资和技巧？

不停地进步；了解自己，尤其是自己的缺点；努力使自己更具个人魅力，更专业。持续学习，获得新的技能，寻找新的途径，我发现仅仅阅读就使我的能力大大提高。另外还应该有如下的能力：

■ 与其他专业的人士交流并向他们提出问题；

■ 用发展的眼光和灵活的手段解决问题；

■ 预见问题和阻力，并作出相应的计划，并且能够制定和实施有效的策略；

■ 能通过口头、文字、图像、图表等方式与他人进行有效的沟通，并且在不同的情况下运用适当的方式。

就我个人的职业经历来说，还要具备理解水力学原理的能力，以及进行工程计算的能力。

学习一些实用的心理学原理也是有帮助的。

请您描述一下您所在机构的工作方式。

马里兰州高速公路管理局（SHA）有大概 3200 名雇员。其中大约 750 人在马里兰州巴尔的摩市的总部，这些人中约 10 人是风景园林师，他们大多隶属环境设计部门。我供职于高速公路水力研究所下属的高速路发展事务所（车行道设计事务所）。我们这批水利学家负责与车行道结合的水力结构的工程设计；停车转乘场地、管理站房、接待中心、休息区等一切 SHA 建筑；还有雨洪排水系统（封闭系统）、雨洪传输系统（开放系统）、侵蚀与沉积控制系统、雨洪管理系统设计；我们还设计流域恢复和维持系统。

因为马里兰州属于切萨皮克湾集水区，并且这处海湾已迅速成为日益稀缺的自然资源，所以我们更多地考虑如何恢复它。这牵涉许多环境法规和水质保护规范，这些法规等与全国性的清洁水源法案（Clean Water Act）一起限制了经济发展的空间。因此高速公路水力研究所就得把管道塞进排水系统占用的 1 英亩甚至更小的面积内。

SHA Impervious Acres by Structural BMP Treatment

不透水表面及其影响的数据分析图；Karen Coffman 提供图片，马里兰高速公路管理局

Wet Swale Design Options

Hankels Lane Wet Swale Retrofit

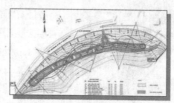

Traditional Wet Swale Design
A strongly linear alignment of swale centerline makes swale visually apparent.

MD 355 Wet Swale Retrofit

Meandering Wet Swale Design
A meandering centerline configuration has the affect of blending the swale into the surrounding site topography.

湿洼地设计不同设计方案的展示图纸；Karen Coffman 摄影，马里兰高速公路管理局

您在团队中扮演什么样的角色？

我担任 NPDES 与 SHA 之间的协调工作，NPDES 是国家污染物排放削减系统（National Pollutant Discharge Elimination System）的缩写，这个系统是获得清洁水源法案授权的。雨水径流被认为是点污染源，因此 NPDES 争取将污水管与市政管道连接，取得进行工业活动的许可。SHA 设施中的雨洪排放系统须遵守与市政管道连接的污水管的要求，同样建设活动须遵循工业方面的各项要求。

我的任务是确保 SHA 遵守以上两个要求，并且维持一个基于集水区的水质保障"银行"正常运行，这个"银行"使我们能在各个项目的基础上进行水质评分，以及进行分数与其他权益的交换。同时我还负责管理一个工程师团队和一个由技术人员和电脑专家组成的团队。因为我是一个工程事务所中唯一的风景园林师，所以我制定了一系列指导原则，以保证风景园林的原理融入工程设计的实践中。

我的角色随着环境科学技术的进步，以及法律法规的制定和修订而不断地发展变化。随着美国国家环境保护局（Environmental Protection Agency）（EPA）和绿色高速公路行动发起者们越来越鼓励基于流域的雨洪管理工作，未来我的工作将更多地在流域层面上展开。

您和哪些领域的专家进行合作？

水力工程师以及土木工程师、水文学家、结构工程师、环境工程师、环境科学家、信息技术专家、GIS 分析师、施工监理员、学者教授和学生。我希

望能够与科技书籍作者、生物学家和土壤科学家加强交流。

我是美国国家公路与运输协会（American Association of State Highway and* Transportation Officials）（AASHTO）环境设计技术委员会的成员。在这个委员会，我负责提供水质、雨水管理、雨洪排水等环境设计方案的预算案。参与这个全国性组织的经历是特别有价值的，并给我提供了与全国各地的专家见面、交流的机会。

———————————

您工作中最令人兴奋的是什么?

虽然处理各种规定和许可证的事务很费力，但是看到我们文化的价值体现在这些法规中，实在是令人兴奋的事。随着这些法规的执行越来越严格，经济发展和建筑业的价值观也开始改变，变得开始关注环境、文化传统、残障人士、水质、野生动物廊道等方面的问题。革新越来越多，并且现今的发展也不只满足于符合人们的需求和急功近利的法律条文的规定了。

访谈：一位年轻专家的经验

Nathan Scott
Mahan Rykiel 联合设计事务所风景园林师
马里兰州巴尔的摩

———————————

您为什么决定以风景园林为职业？

最主要是因为在上大学之前缺乏对各专业的了解，其实最初选择专业的时候我并没有太多地考虑建筑或风景园林。但是，很快我就发现我原本的专业——工程学，并不能满足我的创造欲望。通过一些调查研究后，同时结合我选修风景园林史课程的愉快经历，我决定转系到风景园林专业。在宾夕法尼亚州立大学，我非常幸运地"落入"了全国最好的项目之一。

Nathan Sott（左中，交叠着手臂）在密西西比参加专家讨论会；由 Mahan Rykiel 联合设计事务所提供

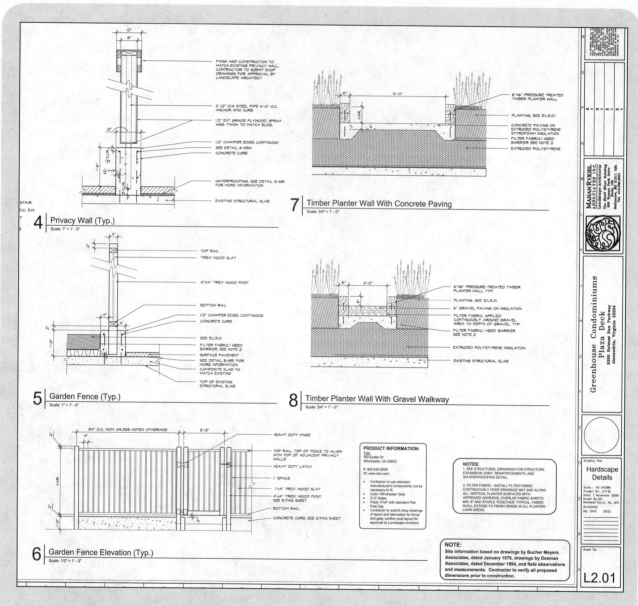

您的教育背景对您的专业工作有什么样的帮助？

我认为我的教育背景在从学生到专业人士的转变中起到了至关重要的作用，主要有三点：对设计程序的强调；高质量的理论课程；以及对沟通的重视。如果能够熟练地掌握、发掘和表述特定项目的主题思想，设计是就能够建立一个框架，在这个框架内能将一个

项目从最初的概念草图一直发展到完成整套的工程文件、图纸。

另一方面，我还得益于宾夕法尼亚州立大学的课程的广度和深度。除了对设计理论的理解，我还学到了有实践意义的技巧，这些知识能够很快地辅助我完成工作。另外，可能最重要的一点就是，我受到的教

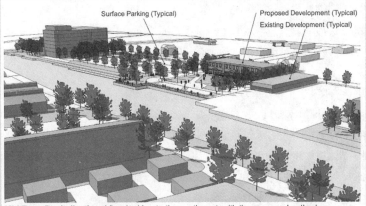

Mid-Term Revitalization: View looking to the southwest, with the proposed gathering area and hotel in the background.

Long-Term Revitalization: View looking to the southwest, with the proposed gathering area and hotel in the background.

马里兰州索尔兹伯里中期和远期复兴战略透视图；Nathan Scott 和 Tom McGilloway 绘制，由 Mahan Rykiel 联合事务所提供

Exhibit D7 - Perspective Views
North Prong Revitalization Plan
Salisbury, Maryland
Draft Strategic Revitalization Plan   31 August 2008

Mahan Rykiel Associates, Inc.
Arnett Muldrow & Associates
McCrone, Inc.
Murphy and Dittenhafer, Inc.

育使我具有持续学习的眼光。在学校的 5 年间，我遇到了许多挑战，所以现在我能够自信且积极地应对各种新的、未知的、困难的情况。

最后，我的教育背景有助于我发展并加强与人交流的能力，这种能力可以说是我的生存技能之一。在团队中工作，在集体讨论和最终演示中表达自己的观点，甚至倾听客户的要求并与其互动，都是我在学校时学到的能力。这些都与工作环境紧密接轨。在设计程序的每个阶段，都需要讨论对策，挑战既有的观点，寻求帮助，应对指令，以及为自己的理论辩护。

请您描述一下您事务所的工作方式。

Mahan Rykiel 联合事务所从事的工作是多种多样的，我们参与很多领域的工作，如零售业，酒店或度假村，花园设计，屋顶绿化设计，城镇规划，以及交通规划。范围遍及美国所辖的中大西洋和全球各国。但是，不管是什么项目，在哪个国家，都有一个共同的目标——把当地发展成为居民可参与的、具有意义的，能够体现当地景观的，以及能够满足开发者和使用者双方的要求的地区。

作为一位年轻的专业人士，您的基本职责和任务是什么？

我曾参与过规划项目的大部分工作，也帮助完成过几个场地设计的工程图纸文件，也曾作为风景园林师参与一个屋顶花园项目，从概念设计到工程文件、图纸的全过程。总的来说，我的基本职责是：在项目进行的不同阶段完成分内的工作，以推动项目发展；对委托人的意见进行反馈，并与他们进行讨论；在设计方案的修改、完善过程中贡献自己的力量。

到目前为止，您最有价值的项目是什么？

是一系列关于密西西比州墨西哥湾的城镇设计工作，这些城镇曾受到卡特里娜飓风的影响。我们的团队由建筑师、风景园林师、平面设计师以及当地居民代表组成。项目委托人是密西西比主干道协会——国家主干道协会在本州的分支机构。我们在每个工作室中的任务是进行规划前的准备工作，具体工作是提供有形资产再开发的方案。

我们花了大量时间在城镇中四处调研，并与当地居民交谈，以期迅速地了解每个地方的精神。我们将看到的、听到的，结合当地的历史和经济状况，一同组成了我们对这些城镇的印象。通过几夜的努力，我们的最终报告终于赢得了当地居民的微笑和感谢。我觉得好像我们能使他们更有力量去改善他们的家乡。

在未来的 5—10 年的职业生涯中，您最想做什么？

我想参与一些概念性、实验性，并以人为本的项目。我想为我们这个城市或地区的社会进步和环境改善作一些贡献。我还希望我所在的工作室能够通过合作设计，以及同仁之间的健康、相互信赖的关系，建立起研究室般的氛围。我最近正努力成为"绿色建筑专业认证人员"（LEED AP），我希望在未来的 5—10 年中，依然是作为一名注册风景园林师来工作。此时此刻，我并不过多地考虑收入和晋升问题，我有这样的信念——如果我做我真正感兴趣的工作并能持之以恒地努力完成我面对的工作，最终会有回报的。

项目档案

锡达河流域教育中心

理解一个生态系统，参与一个社区管理

▲ 场地上覆盖着自然的土地，与周围景观区别开来，也覆盖了与建筑相连的步道；由宾夕法尼亚州立大学 Stuart P.Echols 和 Eliza Pennypacker 提供

▼ 屋顶的水汇集到一个石质的汇水区，然后形成蜿蜒溪流，在院墙的地方形成瀑布；由宾夕法尼亚州立大学 Stuart P.Echols 和 Eliza Pennypacker 提供

▶ 在下雨天雨鼓发出不同的声音，让教育中心变得非常活跃；由宾夕法尼亚州立大学 Stuart P.Echols 和 Eliza Pennypacker 提供

项目简介

时间：2001 年

类型：生态设计

地点：华盛顿州锡达福尔斯

客户：西雅图公共事业部

设计公司：Jones+Jones 公司，华盛顿州西雅图

奖项：2004 年度美国风景园林师协会（ASLA）专业设计优秀成果奖

项目网络连接：www.jonesandjones.com/JJ/livingplaces/cedar/cedar1.htm

　　我们并没有企图强行向人们灌输想法，而是设法体现出锡达河流域原生的各种细节，这样人们就能理解什么是好的流域。

——NANCY ROTTLE，Jones+Jones 公司[57]

场地

　　在西雅图市以及周围的郊区区域，人们的饮用水有 60%—70% 来自锡达河。锡达河在城市之外绵延 35 英里，占据 91000 英亩的流域面积。这片土地的所用权归西雅图公共事业部（SPU）。因为其景观十分原始，所以要想利用和到达它就会遇到很多障碍。为了努力向公众普及本流域的知识，以及展示本流域丰富多样得令人难以置信的自然环境，SPU 与 Jones+Jones 公司、建筑师与风景园林师合作，建立了一个流域教育中心。项目基地里有五栋建筑：一座图书馆，两个教学用实验室，一个教育中心，以及一个卫生间。通过创造性地运用屋顶绿化和木质外墙板，使建筑融入了周围的景色之中。场地的风景园林设计则包括入口的水池，一系列水景，以及用本地植物造景，这些设计使得来访者更加深入地沉浸到自然之中。[58]

环境管理者的角色

　　在建设教育中心之前，这里是一个破败的，长满了入侵植物的火车站。环境整治后，逐渐形成了具有多样性的生物群落。场地中的一批多达 3000 株的本地植物在某种程度上起到了涵养水源的作用，例如在湿地

水净化系统中收集水源以备净化和再利用等。这些植物中有一部分的种子来自附近的植物群落，其他的是根据流域生态系统、土壤和海拔高度选择的适应性强的植物。[59]

通过强调环境管理者的作用，Jones+Jones 公司使本案例超越了典型的风景园林项目的要求。通过教学性的标牌、风景园林元素以及详细的说明，公司创造了展示生态系统功能的橱窗。这种展示是个别与整体，项目场地与区域范围并重的。得益于设计师们的精心设计，参观者能很容易地理解自己如何才能改善环境，不只是在流域核心区域，在他们自己家中也能为此出一份力。

材料选择

基于本项目强烈的环境特征，再生的、可循环的材料是整体设计中不可分割的部分。主要材料是木材和石材，这两种材料都是可回收利用的。此外，本项目中所用的木材，有98%是打捞的，或产自森林管理委员会（FSC）的"优良经营林"。鉴于本项目中所用的材料不是全都可以再利用，Jones+Jones 公司努力争取在原材料中加入一些再利用的材料。例如粉炭灰混凝土的运用，这种材料是更经济的传统混凝土的替代物。此外，所有的场地照明都向地面照射，并放低位置以避免造成光污染，以此保存了偏远地区的黑暗夜空。[60]

经验总结

本项目位于锡达河流域的中心位置，不但要鼓励参观者了解流域的重要性，还要鼓励他们学习如何在舒适生活中推动生态系统健康发展。从场地中的细节到更大的系统，中心的景观从不同的角度对参观者进行教育。例如，通过将建筑落水管中的雨水汇入一个与地面齐平的小盆中来使参观者看到雨水收集的过程。雨水汇入盆中后，参观者还能看到水在水渠中流动。水渠使水流入生物滞留区进行净化的过程更加生动。通常这个过程是隐藏在管道中的，但在这里，虽然这个过程是发生在人工控制系统中的，也被设计成模仿自然的形式。同时还有更大胆的想法，例如通过大量运用本地植物以及进行精心配置来加强本地区生物多样性的想法。甚至设计中的文化和艺术的细节，比如雨水敲鼓，都是为了加强区域特色。Dan Corson，那个设计雨水敲鼓的艺术家，与风景园林师合作在场地中设置了 21 个这种鼓。他形容它们为"（有能力）召唤地下世界，在那里允许树木用长满了木节的根系来吸收水分。"[61] 通过这些手段，来访者结束参观后，就更加深了对于健康的流域，适宜的建筑的理解，也学到了创造更加生态平衡的未来可做的选择。[62]

项目档案

大猩猩森林

讲述一个有关大猩猩生活方式的故事

孩子们与自然环境中的大猩猩亲密接触；由 CLRdesign 提供，©2005，Robb Helfrick

精心设计的牌示，告诉人们在大猩猩的栖息地建设住宿设施产生的影响；由 CLRdesign 提供，©2005，Robb Helfrick

景观中的电锯让到访者融入建设住宿设施给动物栖息地带来的影响的故事中；由 CLRdesign 提供

项目简介

时间：2003 年

类型：动物学展示设计

地点：肯塔基州，路易斯维尔

客户：路易斯维尔市动物园

设计公司：CLR 设计公司，宾夕法尼亚州费城

奖项：2003 AZA Exhibit Award

项目网络连接：http://clrdesign.com

大猩猩森林的核心是对我们这个星球上生态系统的复杂性的歌颂，并强调了将其延续下去的必要性。Dian Fossey 的卓越工作在整个项目中熠熠发光。

——Jane Ballentine[63]

动物学的设计

想象一下，我们所设计空间的主要用户是一个大猩猩家族。在传统的风景园林实践中，一般都有指南，例如美国残疾人法案（ADA）就提供了详细的、量化的设计规范。但现在要为动物进行风景园林设计，我们如何去了解动物们的需求呢？

CLR 设计公司是一个独一无二的风景园林公司。它在本项目中把焦点集中在动物学展示设计上。Jeff Sawyer 是 CLR 公司的合作风景园林师，他将公司的观点阐释为为了三种用户进行的设计——动物、动物园员工和参观者——而不是单一为了他们之中的某一个。每种用户团体都通过自己的特殊需求影响着具体设计。在这种情况下，设计者从三个不同的角度思考、解决问题，从而为创造性的解决方案的出现提供了机会。[64]

CLR 人的设计志在创新，因此创造出了安全，并与自然景观非常相似的环境。现在这个公司在动物园展示设计方面已颇有名声，因为他们的设计革命性地重现了动物的自然栖息地，更好地满足了动物的生活习性，同时使动物园的参观者感到自己融入这个空间之中，而不是只能站在空间之外充当看客。为了达到以上的效果，

CLR 公司投入了很大力量，倚重实验室中获得的数据进行了研究和概念设计；另外，项目管理者和主要设计者到世界各地的野生动物栖息地学习、了解自然生态系统，也为此次设计带回了大量灵感。

故事情节

　　大猩猩森林的设计立意是讲述大猩猩的生活习性，并使参观者了解野生动物所面临的困境。场地设计中，允许参观者像非洲丛林中的野外研究者或探险家那样进行观察。有几个区域内还鼓励参观者进行角色扮演的探险体验。其中有一个区域被布置成了野外研究基地的样子。参观者进入一个大场馆，在那里透过玻璃墙观察大猩猩的栖息地。另一个观察点是一个用铁丝网牢牢围住的木屋，在这里可以俯瞰整个栖息地。在木屋内，参观者可以参观科学家的用品，例如双筒望远镜和笔记本等。解说牌示和图表进一步向参观者展示了科学家的主要工作程序。而另一个场地区域的设计却完全不同：在这里复制了一个典型的非洲村落，有茅草屋顶的建筑和开放空间可供学生参观团或家庭参观者在这里进行参观和讨论。最后，一条发现之路蜿蜒穿过山坡，使参观者可以深入体验丛林。路两侧长满茂密的植被。在特定的节点上会看到没有铺装的小路，看起来就像是野生动物踩出来的一样；还有一些特设的节点，可以观赏到野生动物在这里的惊鸿一瞥。

　　总之，整个展示就是一系列黑猩猩的生活故事，所以也强调了当前它们生存繁衍中遇到的挑战。伐木用的旧卡车也被展出，用来提醒人们，伐木业对大猩猩栖息地的影响还将持续下去。

合作是关键

　　动物园设计是一项复杂的工作。虽然 CLR 公司是集风景园林、建筑、展示设计于一体的工作室，在工作中也需要其他人提供的信息。在大多数情况下，项目开始时首先要收集基础资料，并检验最初提出的概念。之后就是多个领域专家共同工作，包括动物管理者、馆长、饲养员、园艺家和动物知识科普人员。这样集合了委托人与各类专家智慧结晶的设计程序，造就了对项目更深刻的理解和更成功的设计。在设计过程中，室内园艺家常常帮助设计者选择植物种类，目的是选出那些既能适应本地地理、气候，又能模仿动物原生自然环境，同时还能满足动物园所饲养的具体动物种类的需要的植物种类。

　　同时，还有一部分信息的来源是动物园与水族馆协会（AZA），这个协会拥有大量权威的野生动物资料，这些资料来源于全国所有动物园的研究工作。有了这些详细的动物学资料及动物园的实践经验，CLR 公司提出了动物园教学基地的规划方案，用地 30—100 英亩，同时选择特定地段进行展示设计。[65]

Melinda Stockmann，风景园林专业研究生，正在汇报她的设计；Christopher R. McCarthy 摄影

交流：草图、多媒体、写作、视觉、口头表达

不是每个人的有效学习方法都一样，例如有的人接收信息的最好方式是听觉学习，最好是将这些信息通过精心制作的演示报告传达给这样的学习者；而有的人却倾向于通过图表所显示的信息来理解某个想法或概念；还有的人更善于阅读学习。重点是，风景园林师必须能够用各种不同的方式将自己的想法表达出来，与委托人、政府工作人员和普罗大众等进行交流。因此，风景园林师要能运用各种交流手段。

风景园林专业的学生很早就学到他们应该将工作成果体现在一套图纸当中，从而推导出以下的结论：专业人士的交流主要依靠视觉渠道。当然，能够在图纸中展示自己对设计过程的掌控是很重要的，但是扎实的口头和文字表达功底也同样重要。实际上，后者正变得越来越重要，逐渐成了职业成功的必备素质。

风景园林专业的学生经常被要求站在听众前面，展示他们的工作成果，有时学生自己都对这种高频率感到惊讶。在职业生涯中的类似情况则是设计师与委托者、公众一起进行的项目讨论会和评审会。因此，在校期间就不停地锻炼自己的演讲技能是十分重要的。

纽约 Greenacre 公园的激光切割模型；由宾夕法尼亚州立大学风景园林一年级学生 Adrienne Angelucci、Erin Gross、Suzanna Mayer 和 Kaylynn Primerano 制作，Peter Aeschbacher 摄影

职业的风景园林师们也将写作列为他们日常工作的重要组成部分之一。例如，他们需要定期撰写项目提案和报告，某些情况下，也需要偶尔为媒体写写文章，用来向公众阐释自己的设计思想和概念。早期风景园林师，例如 Frederick Law Olmsted 和 Charles Eliot，如果他们的图纸没有被公之于众，我们这个职业可能就无法发展进步。今天的情况也是一样，写作成为推动行业发展的强大力量。

掌握制图工具显然也是风景园林师必备的技能之一，因为委托人可能会要求设计师为他们的设计绘制鸟瞰图，或者建立动态 3D 模型。简言之，设计师必须熟练地运用多种图像表达工具，这样才能将风景园林中的设计思想和空间关系表达出来。电脑技术每年都会有新的、令人兴奋的进步。这些新技术使设计决策的探讨能够更加详尽，使设计成果能够更快地呈现出来。像地理信息系统（GIS）这样的电脑程序也使人们可以对资源的情况以及它们如何影响项目地点或整个地区等问题有更精确、详细的理解。这些因素催生了对规划中的影响因素的更全面、更综合的认知，以及对设计思想的更真实的表现。后者还有助于大众更充分地理解风景园林方案。

与此类似，3D 电脑模型和剖面生成软件正在改变建立模型的方式。草图大师（SketchUp）软件可将电脑辅助制图（CAD）软件中画的图转化为 3D 模型，然后传输出来，利用激光切割出实体模型来。

这些新技术的确令人兴奋，但是在这个行业中手绘依然占有重要的地位，特别是将设计师脑海中清晰的想法通过纸面表达出来的时候。幸运的是，这些专业沟通技能都同样受到重视。

访谈：风景园林中的"雕塑"式方法

Thomas Oslund，FASLA，FAAR
oslund.and.assoc. 负责人
明尼苏达州明尼阿波利斯

风景园林师 Tomas Oslund；由 oslund.and.assoc. 提供

您为什么决定以风景园林为职业？

我是作为建筑预科生进入大学的，后来听说风景园林师 Dan Kiley 在学校开了一门课程，第二天就决定换专业。我曾经被 Dan Kiley 展出的作品深深打动，例如圣路易斯拱门（St. Louis Arch），我认为它同时体现着竞争与合作，在这里场地设计与拱门同样重要。这个设计最吸引我的是他在平面上巧妙地画了一架飞机，这比我将要学习的建筑学课程有趣多了。

您在哪所学校获得了学位，另外您的教育背景的哪个方面对您的影响最大？

我在明尼苏达大学读完了本科，之后到（明尼苏达）理工学院攻读了风景园林和环境设计的学位，又在哈佛大学设计研究生院获得了硕士学位。在去哈佛之前我工作了 5 年，因为我想多积累一些职业的工作经验后，再进入研究生院学习。本科阶段的学习当然对我有重大影响，但是在研究生院的学习生涯才是决定性的。在哈佛大学设计研究生院的日子是难忘的，有好几个著名的设计师在那里授课，例如 Pete Walker 和 Frank Gehry。大量理性严谨的教育真正塑造了我的职业态度。

请您描述一下您事务所的工作。

我们工作室的设计灵感更多的来自雕塑。我们的工作氛围是十分互动的，这也直接影响了我们的工作范畴。我们有意识地选择接手个人客户的委托，这样的项目占了绝大部分。相比较公共项目委托人，我们的风格与个人委托人更有共鸣。话虽这样说，不过现在我们却正在进行两个规模很大的公共项目。其中一个是基础设施项目，你可能还记得 2007 年，密西西比河上垮塌的那座桥吧。我们被聘为重建桥梁设计师的设计顾问，这真是令人着迷的工作。

您的事务所规模有多大？您在其中扮演什么样的角色？

我们有两个工作室，一共 12 个人。一个工作室在明尼阿波利斯，另一个在芝加哥。而这 12 人中有 10 人是风景园林师。我的工作室的合伙人实际上是位

明尼苏达双塔棒球场；由 oslund 联合事务所提供

商人，而不是设计师。他毕业于商学院，懂得如何进行商业运作，所以他负责这个部分的工作。而我则负责从总体上掌控所有项目的设计意图。

您工作中最令人兴奋的是什么？

对我来说从来都是创造性的，用可能是最简单的方式，解决那些看上去复杂的问题。

您咨询哪些其他专业人士？他们在设计过程中起到了怎样的作用？

我们喜欢与他人合作的过程，并且希望在一开始就召集到所有参与者，越早越好。我们与很多艺术家和建筑师合作。当遇到更大、更复杂的项目时，我们可能还会和农学家、土木工程师、照明设计师合作。我们的团队中有一个土木工程师，我们都很喜欢与她一起工作。我们倾向于在早期收集大量的技术资料，然后立即让她参与进来。

新技术在您的设计过程中起到了怎样的作用？

技术每年都在革新，在通过电脑绘图交流设计思想等方面，从材料到能力都有进步。最近，有一个十分有趣的现象是，受到电脑程序的影响，设计中三元结构——我们对委托人意图的理解、设计师、承包人——各自角色的变化情况。我们真的能确定各种影响因素都按计划各就各位，这是一个好现象。最妙的是我们能建立起实物原尺寸的模型，并且在工作室中十分便捷地展示、观摩电脑绘制的图纸。

当聘请学生实习或聘请人员从事入门级工作时，您认为他们所受教育中的哪方面最为重要？

是他们的态度——"我能做到"的态度。他们或许要查找资料，或许要建立模型，这都取决于自己愿意投入精力去做，并且在不会时就能提出切题的问题。我们对增强实习生的能力和改变他们对这个行业的认识更感兴趣。

在让我们的世界变得更美好方面，风景园林师扮演了怎样的角色？

一个有趣的现象是，人们都以为可持续的发展方式是最近才出现的，其实我们已经为此努力了 25 年了。因此，我认为总的来说风景园林行业的目标就是为了使世界变得更好。为了实现可持续的发展，我们一直领导着人们为此而努力，在这方面我们的价值会超过建筑师。

明尼苏达州 Mill 区中一座 32 英寸高的雕塑形式的观察丘，它成为金牌公园的焦点；由 oslund. and. assoc. 提供

河流的俯视图，它是 I-35 西街安东尼瀑布大桥下面公共空间的一部分；Jerry Ohm 绘制，由 oslund. and. assoc. 提供

访谈：写作改变未来

Frederick R. Steiner, PhD, FASLA
得克萨斯州大学建筑学院院长
得克萨斯州奥斯汀

您为什么决定以风景园林为职业？

我原本是辛辛那提大学的设计专业学生，并且参加了1970年举办的第一届地球日活动的组织工作，我的任务是一些书籍编辑的工作。当时有好几部关于环境的书，只有一部是由设计师撰写的，书名是《设计结合自然》。我读了这本书之后便决定要跟随Ian McHarg学习。

Frederick "Fritz" Steiner（左二）参加威尼斯双年展项目；Christina Murrey 摄影，得克萨斯州大学奥斯汀分校公共事务办公室

您为什么进入了风景园林学教育领域？

我获得了几个规划学位，在20世纪70年代，经济情况不好，所以我就一直在学校学习，直到获得了宾夕法尼亚州立大学的博士学位。后来因为受到Ian McHarg的影响，我就继而成了风景园林学科的教师。在这样的经历中我发现当大学老师的话，就可以选择自己感兴趣的项目了。还有一点，我一直坚持写作，当老师能够写书，还能因此得到报酬。

请您描述一下您的研究重点，以及它对风景园林行业的重要性。

我的工作是基于真实项目的，大部分都是与风景园林师、建筑设计师、规划师、生态学家、水文学家、土壤学家等一起进行的。如果要总结一个重点的话，就是如何为社区的区域规划做用地适宜性分析。我努力来建立研究工作的日程表，风景园林师也参与这些研究工作，这样能够提升我们双方的工作质量。能我认为扎实的研究基础对这个行业的未来发展非常重要。

您已经写了不少专著，这对您的职业生涯意味着什么？

出版是检验设计思想的好方法，它就像一面镜子。例如Frederick Law Olmsted，在成为风景园林师之前就是一位作家，还是一位多产的作家。而Ian McHarg当然也是一名极具影响力的作家。我最开始是为美国读者撰写了《生命的景观》(The Living Landscape) 一书，而后来看到它的意大利和中文译本的表现这么好，我十分的意外。意大利和中国是世界上两个文明古国，对我来说在这两个国家能找到读者是一个很大的奖励。

到目前为止，您最有价值的项目是什么？

93 号航班纪念设计竞赛。我们没有获胜，但是进入了决赛。与我们的团队合作是很棒的经历，那是几代人的合作：有两个人只有 20 多岁，而我则是 50 多岁，还有一位 70 多岁的老先生。我们都从自己的角度为这次参赛作出了贡献。另一方面，我的兄弟是 FBI 人员，还是这次竞赛的主要评审者之一。我记得 911 事件之后他所经历的事，从个人角度来说，因为他的存在也使这次竞赛更加愉快。

新技术在你们的工作中扮演什么角色？

互联网和电脑，从激光切割机（laser cutters）、GIS、Photoshop 到 SketchUp 软件，真的改变了我们描绘世界的方式。风景园林所面临的一个挑战是如何再现景观。能在重现过程中同时看到不同层面的信息是一件奇妙的事，这要感谢 GIS 技术的支持。这些新技术确实正在改变我们观察世界的方法。

您曾是许多理事会和委员会的成员，这些经历对您的职业生涯有着怎样的意义？

学习规划方法是一回事；在管理规划和分区的理事会中，参与真正牵涉政治和决策的工作又是另外一回事。当前我正在参与一个进行大城市区域快速交通扩展规划的理事会，我能通过回顾之前的理事会工作经历，预测出现在的工作最可能得出的结果。所以说真正理解那些已经建好的环境设计案例是如何完成的，对我来说是十分重要的。

Frederick Steiner 著《生命的景观——景观规划的生态学途径》* 一书的封面；©2008 Frederick Steiner，经华盛顿特区 Island Press 批准复制

作为一个设计学院的院长，您的主要职责是什么？

我认为我的首要职责是保证我们学院的各专业的良好发展——包括风景园林、建筑设计、规划、历史保护，并使它们逐步走上可持续发展的道路。同时，我们还与不同学校的风景园林系合作，这也是令我感到骄傲的。所以，作为学院今后更高使命的一部分，

---

* 此书第一版的中文版已于 2004 年 4 月由中国建筑工业出版社出版。——编者注

SACRED GROUND
AND THE FAMILY CHAPEL

The family of Flight 93
walk along a more intimate
trail directing them to the
Family Chapel, a place for
contemplation and meditation,
nestled in a quiet grove of
hemlock.

家庭成员的教堂，93 号航班国家纪念地最终设计的一部分；Jason Kentner，Karen Lewis，Lynn Miller，以及 Frederick Steiner 绘制（2005 年）

将风景园林专业提升到一流大学的水平一直是我的重要职责之一。

请您讲讲与罗马美国学院（American Academy in Rome）合作的经历吧。

　　每个风景园林师都应该这样做！那里每年提供两个风景园林师的名额。罗马美国学院是一个了不起的组织，可是大家常说风景园林师在那里找不到多少合作机会，但是其实再多不过了。半数成员是艺术家、建筑师和风景园林师，大家都参与到设计和市场中；另一半成员则参与到对设计结果的反馈中。你被鼓励做任何你想做的事情，还可以经常与这些有趣的人交流。这真是很棒的经历。

访谈：回顾两年来的工作实践

Devin Hefferon
Michael Van Valkenburgh 联合公司风景园林师
马萨诸塞州剑桥

Devin Hefferon 在俄亥俄中部苗圃为花季音乐中心（Blossom Music Center）选择树苗；由 Michael Van Valkenburg 联合公司提供

您为什么决定以风景园林为职业？

我曾在暑假打工时做过风景园林相关工作，当时十分喜欢这种工作，而且我还有个叔叔是风景园林工程的承包商。所以我知道有些人以风景园林工程为生，但是并不知道还有一个专业的风景园林设计领域。当我进入大学时，主修的专业是野生生物学。但是，学习的课程越多，我就越觉得这个专业无法满足我的创造欲。我当时就准备就读科罗拉多学院的一个风景园林项目，那时候我开始清楚地认识这个专业，并决定转入学习。

您是怎样选择学校攻读您的学位的？为什么？

因为我在读大二时，在科罗拉多州开始了自己的风景园林师生涯。随着我对这个专业的了解越来越多，我开始考虑进入专业学校学习，又回忆起了在美国纽约州立大学环境科学与林业科学学院（SUNY-ESF）学习野生生物学的时光。我决定转入这个学院学习，因为这里刚刚建成了一个全新的电脑机房，我也喜欢学院提供的选修课程，另外我觉得那里研究所的师生人数比例也更好。

您的教育背景在您从学生到专业人士的转变中起到了什么样的作用？

环境科学与林业科学学院十分重视实践经验的积累。作为一个学生，拥有创造力是很重要的，但是扎扎实实打基础也很重要。我还学到，关于设计必须认得清现实。这些认识对我现在进行的建设管理工作有很大帮助。我对建造过程的基本理解要更加深刻。

我对电脑程序的了解也十分重要。当你进入一个工作室，电脑程序知识就是你最佳的资本之一，因为对工作室的其他事情都很陌生时，这就是你的杀手锏。如果公司决定购买新的软件，你就能成为其他所有人的老师。对一个新人来说，这真是有趣又令人兴奋的事情。想想看，高级合伙人坐在你的面前，由你来教他们。

弗吉尼亚大学 Whitehead 道路项目设计前后的透视图，利用 Photoshop 和 SketchUp 制作；Devin Hefferon 绘制，由 Michael Van Valkenburg 联合公司提供

您如何描述您工作室作品的特征？

　　我曾听说过 Michael（Van Valkenburgh 风景园林师）使用"自然主义"这个概念，我认为这很适合用来形容我们的工作方式。我们并不想进入一个新地方，然后在那里留下带有明显"MVVA"（Michael Van Valkenburgh Associates）设计痕迹的作品。实际上，

我们想要达成的效果是使人们看不出来这里是经过人为设计的景观。我们对景观和景观过程的正确理解，是我们为自己感到骄傲的原因之一。我们花在了解使用者这项工作上的时间多得令人难以置信。我们的项目包括从小型住宅到 20—30 英亩的公园，各种规模。我们还会与大学和其他公司进行大量合作。

Michael Van Valkenburgh 联合公司有两家工作室，一个在剑桥，另一个在纽约。我们都是风景园林师和景观设计师，剑桥约有 15 人，纽约约有 30 人。两个工作室都有 5 名后勤人员。

作为一位年轻的专业人士，您的基本职责和任务是什么？

我无法明确的给它下定义，因为我们是小型工作室，每个人都会被委以各种工作。我承担大量的 CAD 制图工作，以及大量的图表制作工作。这些工作会用到很多电脑软件，例如 Illustrator、Photoshop 等，也需要用手绘的方式进行规划图、分区图、透视图的绘制。另外我也负责一部分的项目管理工作。我确定项目进度，并与委托人、咨询师、承包商合作。我还负责追踪项目预算，以及各种费用和花销。我基本上可算是设计项目的中央处理器，从主任和 Michael 那里输入各种信息，然后落实到项目管理上，包括下现场、标记树木、与承包商和委托人一起工作等。

作为一位年轻的专业人士，您遇到过的最大挑战是什么？

因为我与别人打交道的机会很多，所以我发现最大的挑战就是作为最年轻的一员如何获得别人的尊重，尤其是面对承包商时更加困难。但是我必须说，当你和公司之外的人合作时，维护自己是很重要的。如果遇到你不能赞同或接受的事情，你一定要表达自己的观点。但是与此同时，又要确保自己没有表现的浮夸和自大。归根结底，因为你很可能是会议中唯一的风景园林师，这意味着你的观点十分重要。

我想和大家分享一个建议：你永远不要敷衍别人的问题，也不能编造事实。如果有人问了问题，可是你不知道答案，那你就说："我会认真查清答案再告

花季音乐中心的早期概念图纸和地形模型；地形的设计利用了 Cuyahoga 山谷国家公园壮丽的地形，包括音乐会用的大台阶和花季亭；Devin Hefferon 绘制，由 Michael Van Valkenburg 联合公司提供

诉您。"这样做是有点艰难的事情，因为你想要别人感觉你非常了解正在讨论的话题。但是这很重要，你在办公室里时间越长，你越是看到每一个人，例如合伙人和高级合伙人有时也不得不这样做。

在 5—10 年的职业生涯里您希望做什么？

我总是想，当我开始我的职业生涯，我会尝试不同的公司，接触不同类型的工作。但自从我开始在这里工作，我接触到的工作类型令我想在这里工作一段时间。不管是伦敦奥运会，还是弗吉尼亚大学，或修复印第安纳州哥伦布市的历史性的米勒花园，这些都不是你经常能遇到的项目。我最大的期望是我不会停滞不前，我不想最终成为墨守成规的人。旅游的机会是我的工作令我兴奋的原因之一，能够不停地参与其他地方的项目是令人兴奋的。

您如何描述您所从事的风景园林工作的多样性？

一个风景园林学位可以引导你走上很多条职业道路，从为政府机构或公共机构工作一直到私人领域；从工业开发到非政府的特殊利益组织。我们的工作本身就是各种行业的有趣的结合，从城市规划、文化重建、校园规划直到生态旅游。
Douglas C. Smith，ASLA
EDSA 公司运营总监

真是非常多样的。有很多机会让风景园林师领导一个有趣而复杂的项目，这是因为规划和建筑，场地设计和风景园林工程天然的联系。所有这些东西放在一起意味着风景园林师是团队的合乎逻辑的领导人，由他们来掌控复杂的项目。
James Burnett，FASLA
James Burnett 工作室负责人

风景园林可以专注于许多领域。其中有生态恢复，环境缓和环境恢复，市区重建，住宅、企业、商业发展，公园和娱乐，种植设计，环境政策法规，雨洪管理，研究与发展，规划。
Karen Coffman，RLA，SHA
马里兰州高速公路管理局
高速公路水力研究所 NPDES 协调员

不同机构之间存在广泛差异。首先是公共部门，如林务局和（美国）国家公园管理局，州立公园管理机构和保护（preservation）机构聘用了不少风景园林师。其次是各个大公司，那些主要从事土地规划（land planning）以及城市设计工作的公司。许多人自称为规划师和城市设计师，如果你看看他们的教育经历，却是风景园林师占主导的。接着是小公司，它们做的事追求效率、美观、有创造性。最后，还有一些小企业，做更多的本地化工作，其中大部分是住宅。
Frederick R. Steiner，PhD，FASLA
得克萨斯大学建筑学院院长

在我 30 多年的工作经历中，遭遇过种类繁多的项目挑战。十年前，我同时进行着两个项目，一个在偌大的巴拿马地峡地区，将其运河整合到其相邻的大都会区域中；另一个是新闻媒体应对策划（news racks design），其中包括调和潜在的问题和言论自由。

Ignacio Bunster-Ossa，ASLA，LEED AP
Wallace Roberts & Todd 有限公司负责人

我们所从事的工作是非常多样的。我希望看到更多的风景园林师加入公共部门和非营利组织。我们需要有顶级风景园林师，在决策过程中吸收所有的因素，推动变革。他们在综合和整合方面的能力可以领导一个团体，并对环境质量产生重大影响。

Barbara Deutsch，ASLA，ISA
北美生物保护部门副主任

尺度方面存在着多样性——从居住区到城市。许多实际工作包含着所有这些尺度。但同时专业工作的多样性也可以理解为风格的多样。许可证、强制执行和规章委员会（The Council on Licensure，Enforcement and Regulation，简称 CLEAR）是一个小型的基于研究的实践，我们的一些成果是书籍。因此，一个成果可以是书、画，或建筑。这些都对这个领域有所贡献。

Julia Czerniak
CLEAR 负责人，锡达丘兹大学建筑系副教授

我们所从事的工作越来越成为人们日常生活中的要素；我们不仅为房屋业主服务，更是为了应对全球性气候变化而工作。我们正在为天然林进行植被恢复项目，正在与医院合作，使那些老人或病人得到更好的感官知觉。我们的工作范围已经非常广泛。

Juanita D. Shearer-Swink，FASLA
三角区运输管理局项目经理

从我 20 年前进入市场以来，出现了一个很大的变化。现在的从业者可以只按一下按钮，就能在几秒钟内将图纸传送世界各地，这改变了工作的方式和地点。这的确开辟了新的渠道或新的行业领域。

Robert B. Tilson，FASLA
Tilson 集团负责人

关于什么是风景园林师是越来越模糊了。这个定义在不同的地区之间也存在多样性。我对什么是风景园林师的想法只适用于这里——印第安纳州，与西海岸肯定有些不同。专业上没有标准化的定义，我认为这很好。

Dawn Kroh，RLA
Green 3 有限公司负责人

该行业的多样性是巨大的，有各种不同的分工。例如有些公司专注于公众参与，有些公司专注于历史遗产保护。也存在对象的多样性，包括公共、私人和委托设计、建造。因此这是一个很大的范畴。

Nancy D. Rottle，RLA，ASLA
华盛顿大学风景园林系副教授

我尝试在三个尺度内描述风景园林行业。最大的一个是风景园林师的工作系统地影响了对资源和人口的管理。例如，目前 EDAW 公司正在为非洲的卢旺达做国土规划（national plan），并试图使土地利用、教育、经济因素等成为国家稳定和健康发展的助推剂。第二个尺

度是对城市的干预。今天，景观领域中最富有成果的市场是修复那些被毁灭或高度损坏的景观系统。第三个尺度是小的、具体的项目设计，强制性上可能会相当有限。这三个范畴涵盖了从对小块用地的详细表述到改变整个社会的概念性战略的不同尺度的工作。

Mark Johnson，FASLA
Civitas 股份有限公司创始人及董事长

在美国风景园林师协会对专业界的第一次调查中，实际项目中由单一设计师承担工作不再是最普遍的形式。这充分说明了专业日趋复杂，实践的需求日趋增加。这些统计数字表明，许多实践高度关注某一特定尺度或类型的工作。

Kurt Culbertson，FASLA
Design Workshop 董事会主席

这个行业的多样性正越来越强，例如努力阻止气候变化，使我们的城市更适宜步行和居住，将来还会有更多的机会做不同的事。风景园林师也参与大型的交通项目，如新的轻轨系统，在其中我们经常起调节作用。

John Koepke
明尼苏达大学风景园林系副教授

我们的多样性非常广泛，而且是全国性的。风景园林师参与雨洪管理、屋顶绿化、低影响设计、视觉影响分析和交通设计——这个名单是无止境的。在我们本地市场，有很多公园和疗养中心规划，中心城区复兴，以及办公区、住宅区发展规划。我知道一个风景园林师已将维护工作合并到自己的实践中，这是一个日渐重要的必要部分。这就是我们的设计，这就是建设它的成本，这是维护它所需的工作。

Gary Scott，FASLA
西得梅因市公园与娱乐管理局主任

我认为这个行业的多样性正持续加强，而且我认为以目前的定义约束行业的多样化进程的想法根本没有意义。还存在很多机会，我们的专业人士可以去争取并在其中发挥重大作用。因此，之后的 20 年，我想看到我们能够做一些现在想象不到的事情。

Jim Sipes，ASLA
EDAW 高级合伙人

指导您的工作的核心价值是什么？

我们的核心价值观之一就是完整性。也就是说我们完成一个项目时采取从 A 到 Z 的做法，即从设计到实施再到市场营销全程跟踪。另一方面我们还希望确保项目不会失去它的真实性。此外，我们把客户的需求放在首位：我们的建议是否能实现他们的目标和目的？我们试图与客户进行合作以提出更加绿色的解决方案。

Eddie George，ASLA

The Edge 集团创始人

超前的设计和设计程序规范性的提高，因为它们与当代文化的利益和价值观有关。

Julia Czerniak

CLEAR 负责人，锡达丘兹大学建筑系副教授

诚信：它总是第一位的。同样重要的是承诺尊重项目真正的使用者。我并不认为设计中一定要进行公众参与，但我认为你应该倾听大家的意见，尝试了解他们的期望是什么。寻求这样的设计价值听起来很简单，但我们同时要注重安全性、功能性和美学，一般来讲是他们的重要性是按这个顺序排列的。所有这些因素在公园系统中，在公共环境中，都是非常重要的。

Gary Scott，FASLA

西得梅因市公园与娱乐管理局主任

设计过程是一个共同学习的过程。需要确保有关各方必须得到其他人所有的知识。同时我十分推崇关注环境管理的理念。这样你可以在不牺牲场地的生态功能或本地文化的完整性的前提下完成一个伟大的设计。

Kofi Boone，ASLA

北卡罗来纳州立大学风景园林系副教授

我的核心价值在于，我做的事情最终使我的城市成为一个更适宜居住地方，使我们的世界成为一个更健康的地方，还有，我们可以通过风景园林真正帮助减轻一些当前环境问题的影响。

Meredith Upchurch，ASLA

凯西树木捐赠基金会绿色基础设施设计师

对我来说，核心价值就是将设计的起点放在农场的成长过程中。大家都知道我们是自然过程的一部分。宇宙自有其韵律和节奏，越是了解它，从设计的角度来看，我们就能越有创造力，我们的设计就会越持久。

Jim Sipes，ASLA

EDAW 高级合伙人

我的核心价值观与我的精神和宗教相关，它们相互联系，但不一定是同样的事情。我与美国土著居民之间有着强烈的共鸣和紧密的关系，所以我重视与他们的合作。你可能会说这是一个社会公正问题。我只是试图以对文化负责任的方式提供服务。我努力使世界变得更美好，我改善环境不只是为了提升人类的居住条件，也是为了地球上的其他生命。

John Koepke

明尼苏达大学风景园林系副教授

我们的价值分三个层面。第一，永远在问题中找答案；第二，我们的工作必须能够真实地再现当地真实的、原生的面貌；第三，我们为公众的利益而工作，而不是为了自己的名利。

Mark Johnson，FASLA

Civitas 股份有限公司创始人及董事长

我工作的基本核心价值就是把重心放在最终产品的质量上。尽一切努力确保在建的部分是质量最好的，这意味着我们必须加倍努力，使业务流程和资金的限制不影响这一目标的实现。这里定义的"最佳质量"是指着眼于环境和文化资源的各个方面，寻求最合适的配置。

Karen Coffman，RLA
马里兰州高速公路管理局高速公路水力研究所 NPDES 项目协调人

强大的概念思维，过程驱动的设计，健康的辩论，以及环境管理工作。

Gerdo Aquino，ASLA
SWA 集团执行董事

我的工作的核心价值就是倾听、尊重其他人的意见，并朝着建立共识的方向努力。建立伙伴关系和合作也是有价值的。在我们国家有一种趋势，就是人们正在失去和户外的联系。通过讲故事创造联系的方法体现了我们工作的价值，它可以跨越几代人，并帮助人们更好地与大自然联系在一起。

Robin Lee Gyorgyfalvy，ASLA
美国农业部林务局：德舒特国家森林公园，Interpretive Services & Scenic Byways 公司董事

我们创建公司的核心价值观之一就是风景园林师要有所贡献。我们的工作与建筑和其相关领域是平等的，我们的工作和创造性应该被得到认可。这种心态帮助我们和其他企业成员站在同一起跑线上。我们通过采用其他的核心价值达到这个目标：我们倾听，我们愿意与他人合作，我们寻求可以合作的项目。我们致力于提供合

适的设计解决方案，以建立功能性好的，有意义的，而且富有艺术力的风景园林。

Frederick R. Bonci，RLA，ASLA
LaQuatra Bonci 联合股份有限公司创始人

我们的办公室有一个标语，它就是：乐趣，创新，智慧。如果你不喜欢你在做的事情，你是不会做好工作的。创新对于一个小公司——我们公司是一个非常小的公司，可以在竞争中助你一臂之力。最后，做事要有智慧。如果你很聪明而且做事很有策略，这可以节省你的金钱和时间，也可以在竞争中助你一臂之力。

Dawn Kroh，RLA
Green 3 有限公司负责人

我们专注于开放式战略。举例来说，如果它是一个小操场，人们仍然可以选择他们想要从事或者发掘的空间。我们并不是建造"单一思维"的传统建筑——在这里你可以自由攀登，可以自由滑行，等等。我们更感兴趣的是提供免费的参与机会，人们可以作出自己的决策。在一个更大的方面上讲，我们感兴趣是风景园林系统如何才能参与进项目之中，并随时间而变化。

Chris Reed
StoSS 创始人

我的核心价值观是更自然的城市：通过我们在项目中的工作，让人们回到城市，并知道城市这个地方是值得珍惜的。我早期学到的东西，是一个怎样让社区设计更恰当的指导性原则，就是要住在离你工作近的地方。我一直让这样的想法伴随着我的设计。我从未买过一辆车；我步行或骑自行车去上班，或者我乘坐公共交通工

具。我认为这一点很重要，它向大家展示了这是很容易实现的，同时你要去实践你的教义。

Todd Kohli，RLA，ASLA
EDAW 旧金山公司联合任事股东、资深总监

对这个星球上的生命充满激情并值得尊重。现在到了必须"把船转过来"的紧急时刻了。我的意思是所有的影响都是来自气候变化，来自全球气候变暖，所以核心价值观应该是我们有责任照顾好这个星球上的生命并让它们延续下去。

Barbara Deutsch，ASLA，ISA
北美生物保护部门副主任

我把核心价值观分两类。一类是指导实践的价值观。我们已经形成了一个企业文化，它主要围绕四个战略：内容，人，商务和领导力。行政团队的成员负责领导这些领域。

另一类价值观则是指导工作本身。这两类在许多方面都有重叠。我们公司被称为设计工作室，因为公司的创立者想要成立强调协作精神的公司。在公司里，办公室的门上没有名字，因此人们可以随时来来去去，公司可以持续存在。这种合作精神构建了工作室的环境，使每个人的贡献都有价值。

Kurt Culbertson，FASLA
Design Workshop 董事会主席

简单和充满艺术的成果，严格的建设和美丽的风景。

Thomas Oslund，FASLA，FAAR
oslnd.and.assoc. 负责人

对于我来说，就是与自然相和谐的设计。我们可以很自由地去做我们想做的东西；但是与自由相伴的责任是什么？关键是相互支持，相互依存。如果我们认为我们与大自然是相互依存的，那么我们将能够设计得与自然相处更和谐。

Tom Liptan，ASLA
波特兰环境服务局，可持续雨洪管理策划人

一个是与土地相关的伦理，当我们从事大面积的土地建设时，这一点就尤为重要。我们提出的问题是：我们做什么是对土地有利的？其实，我们已经制定了一系列的生态指标。第二部分是工艺。我们试图尽可能的详细，并花了很多时间去思考相关的细节。

Kevin Campion，ASLA
Graham 风景园林事务所项目经理

为我们的客户提供卓越的专业服务。成为创造性解决问题的领先企业。加强社区可居住性，同时保护自然资源。提供一个良好的工作场所，在那里每个人都可以在专业上得到发展。

Mike Faha，ASLA，LEED AP
GreenWorks，PC 负责人

我的核心价值观根源于我在女童军中学到的："永远使营地比你看见它的时候更清洁。"这意味着我们在自然系统中留下的足迹应该很轻。另一个核心价值和长远影响的认识有关。这意味着回首过去和展望未来，我们必须确保我们作出的决定有一个长期的价值，而不是短期利益。这就是为什么我对运输有兴趣，而不是公路。

Juanita D. Shearer-Swink，FASLA
三角区运输管理局项目经理

我们珍视项目所在地的文化遗产，那里有多种有形和无形价值。我们遵循的价值观是尊重项目所在地及它的活力、含义、生态健康和可持续性。我们对项目所在地的管理感兴趣，也同样关注如何让它更好地发展下去。

Patricia O'Donnell，FASLA，AICP

传统景观、风景园林设计和规划保护组织负责人

令人振奋的是体验的可持续性越来越成为主流，EDSA 引入这些概念已有几十年了。它现在更容易说服客户，它就是这样开展工作的，而且对资源的节约在市场中产生了价值。除了这一核心价值观之外，在工作实践中要有高度的道德标准，这一点对我也很重要。

Douglas C. Smith，ASLA

EDSA 公司运营总监

将城市再创造成健康的自然环境——也就是说它可以支撑人类的生存繁衍，同时减轻他们对生物群落的负面作用。

Ignacio Bunster-Ossa，ASLA，LEED AP

Wallace Roberts & Todd 有限公司负责人

国家公园管理局的核心价值观：共享的管理工作：我们有着与全球资源保护团体共同的责任——资源的管理工作。卓越：我们不断地努力学习和提高，使我们可以实现公共服务的最高理想。诚信：我们诚实和公平的对待公众和彼此。传统：我们对此感到自豪，我们从中学到了很多，但我们并没有被它所约束。尊重：我们接受彼此的分歧，这样我们可以增加每个人的幸福感。

Joanne Cody，ASLA

美国国家公园管理局风景园林技术专家

我们努力做好工作，并不把它看成是一个时代的产物；相反，我们的创造设计，随着时间的推移而升值。我们还专注于智能系统并挑战自己：这是不是应该为环境所做的正确的事情？我们会继续将重点放在可持续发展的景观上。

James Burnett，FASLA

James Burnett 工作室负责人

尊重项目所在地，项目所在地是社会和自然现象的综合。因此项目必须同时包含人和自然的因素，如果这两者是脱离的，我会觉得非常奇怪。

Frederick R. Steiner，PhD，FASLA

得克萨斯大学建筑学院院长

我已经成为一个公共风景园林师的部分原因是，我希望我做的事情是可持续的；它应该是正确的解决方案。我在好莱坞地区，在那里每个人都必须作出成绩，但这一工作的类型并不能满足我。我与社区已经形成的联系是让我觉得这个地方适合我的原因。

Stephanie Landregan，ASLA

山区休闲和保护机构风景园林首席设计师

我工作依据的最重要核心价值是：在这个星球上事物都有一个清晰的、特定的规则——生态系统以自己的规则运行。这就是强烈的土地伦理观念——生态系统服务有它自身的价值。如果我们不理解这些因果关系，不去衡量后果而施加自己的影响，并且说，"好吧，这就是价值"，这样做是错误的。

Jacob Blue，MS，RLA，ASLA

应用生态服务公司景观及生态设计师

为特定的客户群提供优秀的设计和服务。运用园林风景艺术和工艺去实现我做的每个项目。

Ruben L.Valenzuela，RLA

Terrano 负责人

我最关心生态完整性和生物多样性；换句话说，像人类这样长期生存的物种影响着世界。第二个核心价值是保护风景园林的文化、教育及美学遗产，并帮助人们了解风景园林的这些潜在价值。风景园林具有巨大的能力，它能够教导和激发人类的审美情趣和愉悦感。

Nancy D.Rottle，RLA，ASLA

华盛顿大学风景园林系副教授

完整性不容忽视。职业精神和能力体现在，你的给予超过你的承诺。什么是合适的解决方案？这是个很难的问题。你要逐个项目的处理这个问题。无论是物质上的、政治上的或者预算的障碍，解决方案都是非常不同的。

Roy Kraynyk

Allegheny 地产信托公司首席执行官

每个地方都有一个 DNA——它独特的东西。我们理解人、经济和环境的因素使得每一个的机会都不同。我们的解决方案大致是这样的：不同情况下的设计一直是不同的。我不相信只存在一种解决方式，但我确实相信有一种经济学可以介入：如何用最小的投资获取最大的回报？

Jose Alminana，ASLA

Andropogon 联合有限公司负责人

第3章 实践机会

　　我们这个专业的一个独特性就是，作为风景园林师，其实践范围是非常广泛的。他们可以选择在一家任何规模的私人公司工作，还可以在公共部门或非营利组织工作。这些工作类型都是非常常见的，但是，它们都有很多机会走出你的办公室；总的来说，这是一个跟"户外"关系密切的专业。无论是进行场地分析、走访现在做得很好的案例，或者进行建设的观察，风景园林师会花很多时间在户外工作；旅行也是工作中不可或缺的一部分。

　　作为一名风景园林师，如果你选择在私人公司工作，你可能有机会面对只有你一个人的公司，或是有上百名各个专业的专家的公司。如果你选择在公共领域工作，从地方公园到美国林务局。非营利组织和非政府组织（NGOs）也会提供一系列专业岗位，因为风景园林师的技能和经验是广受需求的。还有很多风景园林师在学院里成功地展开其职业生涯，培养下一代风景园林师，或者通过研究工作推进风景园林规划和设计。

　　本章的目的是提供一个就业机会的简要介绍，并讨论各种类型的专业实践，例如营销方面和找工作。您还能读到一些关于谁在哪里做什么的简要介绍。最后，你可以找到关于专业机构的信息。

纽约某住宅的水池、平台和植物：由 Oehme van Sweden 联合投资公司提供

私人业务

　　大多数在美国从业的风景园林师都在私人工作室环境中工作，约百分之八十的风景园林师认为他们受雇于营利性质的私营部门。其中，近百分之二十的人拥有自己的公司，这意味着他们共同拥有或者单独拥有公司。[1] 在私营的风景园林部门内部有很多业务类型和方式。影响一个公司目标项目类型的因素包括地理位置、客户基础、和／或公司的使命或理念。大多数私营企业都会为他们可持续和不断增长的业务发展目标制定并遵循其发展战略。

　　作为风景园林师，你可能在任何规模的私营公司工作，仅由风景园林师和景观设计师就可以组成的一个"纯粹"的风景园林企业。然而，大多数情况下，你却处于一个多学科的工作室中，你的同事可能包括建筑师、规划师、工程师或科学家，如生态学家和土壤科学家。根据公司的核心目标和他们所做的项目类型，任何专业的组合都是有可能的。也有一些私营设计事务所专门从事一种工作，如高尔夫球场设计，治疗设计或历史保护。

▲喀斯喀特湖国家风景路入口的解说教育牌示，由美国林务局风景园林师 Robin Gyorgyfalvy 设计；Marlene Ralph 摄影

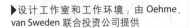▶设计工作室和工作环境；由 Oehme, van Sweden 联合投资公司提供

另一个重要的私营企业是设计/建造部门。传统上，设计/施工企业几乎全部集中在住宅建设，但这种情况正在改变。目前几个较大的设计/建造公司既做企业设计，又做商业设计。公共项目刚刚开始重新审视他们的建议程序请求书（RFP），以便从一开始设计就考虑包括设计和建筑成分。这也将为设计/建造公司提供更多的机会。

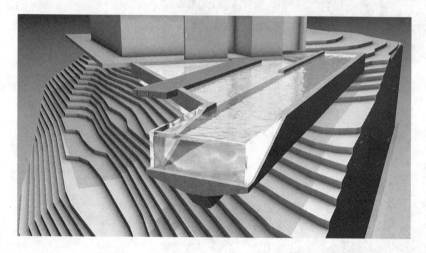

▲悬挑式水池的数字模型；Ben Dozier 绘制，由 Root Design 提供

▶2 英寸宽的树脂板正被安装到水池上，这是一个设计／建造工作室的工作案例；Ben Dozier 摄影，由 Root Design 提供

访谈：保存城市设计遗迹

Frederick R. Bonci，RLA，ASLA
LaQuatra Bonci 联合股份公司创始人
宾夕法尼亚州匹兹堡

Frederich Bonci（左）和 Jack LaQuatra 在他们的办公室；Michael Haritan 摄影

您为什么决定以风景园林为职业？

我的叔叔是一个建筑商，我想成为一名建筑师。但当时我不确定，所以我用了一年的时间"寻找自我"。幸运的是我曾与一个在宾夕法尼亚州立大学学习风景园林的年轻人工作过一个夏天，我们的车停在一起。在他的后座放着关于设计和环境的书籍。他借给我看，从而我对这一专业变得非常感兴趣。我遇见了宾夕法尼亚州立大学的系主任，和他共度了四个小时的时光。我们在校园里散步，他和我一起观察事物，并问我问题，最后他告诉我，我很适合这个专业。所以，我觉得完全是偶然使我爱上了风景园林专业。

您对现在的风景园林教育有什么看法？

学生们需要完善自我，选修其他相关艺术课程，上演讲课，学习如何沟通；但更重要的是，学会如何画画。手绘仍然是至关重要的，因为当你的手画出来的时候，你才真正理出头绪来。如果你研究从来未学过的课题，你最终将成为一名相当不错的，全面的风景园林师。

您如何描述您工作室作品的特征？

我们办公室里的工作是非常多样的。我们什么都做，从单一家庭住宅到周围环境设计、城市规划和总体规划设计。我们认为，多样性是关键，因为如果你不知道如何设计对客户有意义的空间，你永远不会成为一个良好的城市设计师。我们主要集中于城市设计。这是一个风景园林专业不够注重的领域。我们的职业根源很多在城市设计中，可以说我们已经在这一领域追寻着行业的历史遗留问题。

您工作中最令人兴奋的是什么？

我所热爱的，特别是在我职业生涯的这个阶段，开始一个新项目，满足一个新客户，并能够帮助确定问题所在。这就是该项目发展的第一高峰，分享理念，项目的概念设计，为未来工作设计框架。我们的确努力专注于办公室里的工作，因为我们觉得前期的设计才是关键。

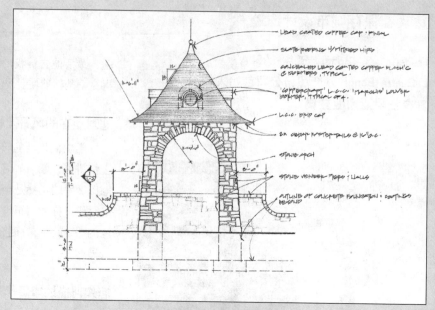

宾夕法尼亚州匹兹堡市 Frick 公园
Summerset 区域的石亭结构图：LaQuatra
Bonci 联合股份有限公司绘制

到目前为止，您最有价值的项目是什么？

如果把一个项目作为一个整体，我一定会说是肯塔基州路易斯维尔市的杜瓦尔公园，从公共住房，废弃的社区变成了公园，这是多么巨大的变化。这是我们做过的一个希望六号一期项目。希望六号是由住房和城市发展部发起的，拆除公共住房，使人们回到公共的城市社区里，这就模糊了公共住房和市价住房的界限。住房被拆除。它现在是一个传统的城市社区。具有公园和宽阔的街道。这是一个巨大的变化，并且它成功了。现在它已经建成大约 10 年了。

我喜欢这个项目的另一个地方是它就在阿尔贡金公园大道上，这是路易斯维尔市的一条 Olmsted 历史性公园大道。我在路易斯维尔与 Olmsted 公园委员会和 Olmsted 管理委员会一起工作，创建了两条把该区域一分为二的新的公园大道。为此，其终结了经典的风景园林传说：在具有很多城市要素的公园框架上建设城市；这是一个居民、建筑师、城市设计师、作为风景园林师的我们和所有提供公共服务的劳动者之间的大协作。

新技术在您的设计过程中起到了怎样的作用？

我们通过使用所有现有技术把手绘图转换为最先进的电脑绘图。我们办公室不用 CAD 技术而采用其他平面设计产品来呈现出更美丽的作品，因为我们认为 CAD 绘图不能真正传达空间的丰满。我们还使用 SketchUp，这是一个奇妙的工具，给人以大规模建筑物的理念和空间尺度感。然后，我们使用 Illustrator (图形软件) 进行手工绘制，并作出一张"丰满和茸密"的硬线条电脑绘图素描。现在我们开始制作三维动画。需要很多神奇的步骤把这些转化为电影，这样人们就可以在街上模拟驾驶，知道在公共空间或穿过广场是什么样的感觉。

您能给求职者提供一些建议么？

即使作为一名实习生来工作，你也要展示出自己的专业素质。这意味着你能够进行沟通，谦恭，能够呈现出你对工作的自信心和自豪感。我们喜欢求职者发给我们工作样本作为初步的观察。这有助于我们准备面试，并提出问题。在面试过程中，我们花更多的时间跟他们对话，和他们谈论他们的目标、雄心，在专业领域中所要达到的位置，以及为什么他们选择在这儿工作而不是其他地方。

居民享受着新建的 DuValle 公园社区，肯塔基州路易斯维尔；Paul Rocheleau 摄影

在让我们的世界变得更美好方面，风景园林师扮演了怎样的角色？

在我早期的职业生涯中，我曾在国内最大的一家风景园林公司为 Ed Stone 工作。他让我们明白，我们的工作是当我们不喜欢客户的想法时，永远都要给他一个选择。坚持引导客户了解如何才能把项目做得更好，因为你最终会成功。但是，一旦放弃，你便输了。他说，永远不要忘记职业的教育方面。

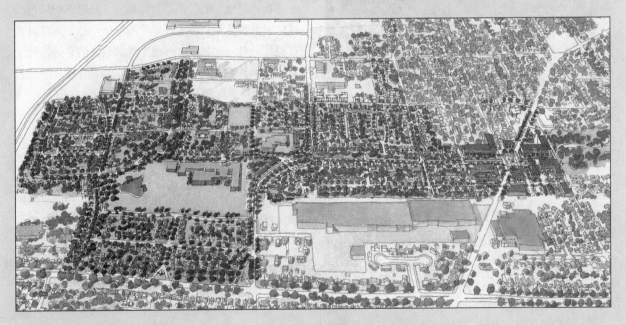

DuValle 公园社区设计鸟瞰图，肯塔基州路易斯维尔；城市设计联合有限公司绘制

访谈：设计与建设交织

Robert B.Tilson，FASLA
Tilson 集团主席
弗吉尼亚州维也纳

Robert Tilson 在他的办公室；Clark E.Tilson 摄影

您为什么决定以风景园林为职业？

我的邻居有一个苗圃，所以我问他我能否有一份暑期工作。第一个夏天就是在苗圃周围做些基础性的工作，但第二年的夏天，我从事细节性的工作，维护员工大楼墙体和种植植物。再后来一个夏天，我为一个设计／建造风景园林师工作，他曾在民间护林保土队接受过培训。有时候他会向我展示他当时做的公园设计。就是在那我了解了风景园林，于是我说："嗯，我要从事这一行业。"

您是怎样选择学校攻读您的学位的？为什么？

我的高中辅导老师订购了大学信息（当时必须邮寄），我要查看大约 20 本小册子。我看了伊利诺伊州，威斯康星州，艾奥瓦州和普渡大学。我认为理学学士学位更适合我。普渡大学有个合作项目：一年校外的办公室工作机会。我真的很喜欢这个想法，因此基于这个合作项目，我选择了普渡大学。

您所受的教育在哪方面对您的影响最大？

我和教授们的关系是很深厚的。我很喜欢风景园林的一点就是学科设置，学生的比例很低，你可以真正得到一对一的教导。其他专业的朋友们总是惊讶于我认识我的教授。在过去的 20 年里，仍有三四位教授与我保持着联系。

您如何描述您工作室作品的特征？

我的公司是一个设计／建造公司，但我们不仅仅设计／建造，我们是风景园林业内的建设管理者和风景园林师。我们没有铲子和卡车，但基于我们作为风景园林师的资质和经营建设实践的能力，我们创建了百万美元的资产。我们用业务设计方操纵施工方。一旦某个项目从设计的角度进入我们公司的领域，我们就会运用一切方式完成建设。我们的目标是不仅要设计它，而且也要建造它。

弗吉尼亚州麦克莱恩某住宅区的水池
和藤架；Robert B.Tilson 摄影

弗吉尼亚州麦克莱恩某住宅区的石墙和泡泡涌
泉；Robert B.Tilson 摄影

您的工作室规模有多大，您在其中扮演的角色是什么？

我们办公室只有两个人。我是风景园林师，我的妻子是财务总监。她负责所有的账目。我的角色是负责从设计工作到管理建设项目再到市场营销的一切。我们外包所有的细节设计工作。我做概念设计，然后扫描和电邮至艾奥瓦州的一家公司，他们进一步拓展，并把它制成CAD图纸。我们外包一切有关建设的部分，与风景园林承包商、采光承包商、灌溉承包商、混凝土承包商、木匠、喷泉专家以及游泳池建造商合作。在这些不同环节的每个领域我都有三四个替代商以应不时之需。

当初您是怎么想到您在设计／建造业务方面的独特方法的？

我希望看到我设计的东西可以建成，所以我去了一家大型风景园林承包公司工作。正是在那我学到了建筑业的营销业务。我看到我的销售额占公司总销售额的比例很大，我一定是让他们挣了很多钱。我喜欢控制设计和施工过程。在该公司，是建设驱动着设计。我开始思考，该如何创建一个公司，可以让我做设计来辅之以建设？建筑业是高度资本化的，我不想干毫无意义、令人头痛的事。这就是为什么我想出了这个理念，把重点放在营销、项目管理和设计上，而这基本上就是我公司所做的工作。

到目前为止，您最有价值的项目是什么？

华盛顿特区的韩国大使馆官邸。这个地方原来是第一次世界大战进行弹药测试的场所。当我们开始建花园，我们发现了一个倾倒有毒化学品的坑。我不得不和陆军工程兵团、韩国政府及风景园林师一起工作，因此在这个项目中我主要有三个不同的客户。这很有趣，因为我不得不和州政府官员，使馆工作人员、大使坐下来商谈，这非常具有挑战性，但很值得。最后，我们整合出一个世界级的花园，荣获多项国家级设计奖和国家级合约奖。

您说营销过程是您的工作最令人兴奋的方面，那么它涉及哪些方面？

我学会了设计过程，这是个一步一步使客户了解我们如何去解决他们问题的过程。但也需要一个获取客户签约的营销过程，标明你收取这些费用所要做的工作量。让客户做到这一点，是一个多步骤的过程。我上了几节营销课程，阅读了许多有关如何销售的书籍，营销是一门艺术。当客户真正喜欢我提出的设计理念时，我喜欢看他们的面部表情，也很享受引导他们签订合同的过程。

当聘请学生实习或聘请人员从事入门级工作时，您认为他们所受教育中的哪方面最为重要？

我期待在设计和建造过程中能把握好核心竞争力的人，他们可以在其个人简介中展示给我。因此，简介中包括设计工作是很重要的，然后是要很好地理解业务的技术方面，创造规模预案和施工细节。

在让我们的世界变得更美好方面，风景园林师扮演了怎样的角色？

我们的角色是把可持续性作为新社区建设的核心价值。我们可以成为世界环境的操纵者，看到其他国家的成长，帮助他们避免我们曾经在资源退化方面犯过的错误。

访谈：增加项目价值

Eddie George，ASLA
The Edge 集团创始人
俄亥俄州哥伦布，田纳西州纳什维尔

Eddie George 正在评议工作室的项目：由 The Edge 集团提供

您为什么决定以风景园林为职业？

刚到俄亥俄州立大学时，我想学建筑，但是这样我没办法同时成为一个运动员。我发现风景园林可以给我多一点灵活性。我记得大一在一个入门课上我做了几个模型，我自己想出来一些设计概念并用三维模型把它们呈现出来——我喜欢这样！我迷恋上了风景园林，所以坚持了下来。我了解这个行业的历史，并开始上设计类和施工

类的课程。完成繁重的学习任务的同时还要坚持运动员的责任，说实在话非常困难，尤其是在像俄亥俄州立大学这样的学校。

您工作中最令人兴奋的是什么？

最令人兴奋的方面就是人际关系。从事这行不仅仅是基于你的知识或你的专长，更要依靠你的人际关系。令我们引以为傲的是，我们要和形形色色的人打交道，从开发商到政府到大学和高中。我们为自己广泛的人际网络感到自豪，并努力扩展行业外的关系。由于能接触到不同的人和项目，所以我们的工作总是充满新鲜感。

到目前为止，您最有价值的项目是什么？

最有价值的是我的第一个项目，是俄亥俄州立大学的项目，为学校环绕运动场的入口做走廊研究。我

俄亥俄州代顿市格林镇的中心广场：由 The Edge 集团提供

俄亥俄州哥伦布 John Arena 大街 Jesse Owens 广场场地设计：由 The Edge 集团提供

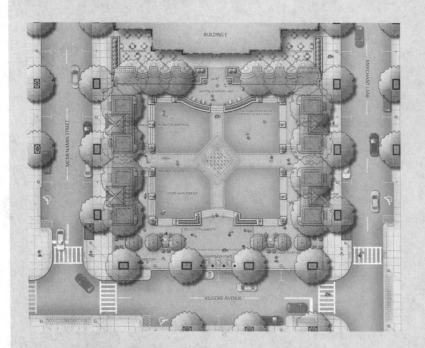

弗吉尼亚州汉普顿佩宁苏拉城镇中心广场设计：由 The Edge 集团提供

们准备了总体规划和重建远景，以及 Jesse Owens 广场的设计工作。尤其有意义的是我以前正是在这个体育馆为俄亥俄州立大学打球，毕业后我恰好获得这个机会回报母校。回报母校，让它变得更美，这真的是意义非凡。

您认为多数风景园林师具有什么样的才能、天资和技巧？

你必须有对设计的激情和寻找创造性解决方案的愿望。重要的是能接受创新的想法，不要将思维局限在条条框框内。风景园林师也需要了解土地的层级和人们在空间流动的形式，还有要热爱艺术。

在让我们的世界变得更美好方面，风景园林师扮演了怎样的角色？

随着绿色环保产品的兴起和对全球变暖的担忧，风景园林师有机会在设计中创造性地加入绿色环保的元素。随着开发商越来越多地投入绿色建筑，我们可以给他们的项目带来更多的价值：给出可持续性的解决方案，或者减少某些材料的使用等等。我认为作为风景园林师，负责任的建造是我们的义务。我们的口号是我们的工作是保护土地，而不是破坏土地。

访谈：进行紧密无间的合作

Ignacio Bunster—Ossa, ASLA, LEED AP
Wallace Roberts & Todd 有限公司负责人
宾夕法尼亚州费城

Ignacio Bunster-Ossa 在他的办公室；Dave Moser 摄影，©2006，
www.davemoser.com

您为什么决定以风景园林为职业？

非常偶然。建筑系毕业后，我得到的唯一工作是加入一个两人风景园林工作室，这两个人接受了我。之后我从来没有回过头。

您是怎样选择学校攻读您的学位的？为什么？

我的第一任雇主向我推荐了宾夕法尼亚州立大学的风景园林硕士（MLA）课程，他也是这个课程毕业的。这个课程的核心是以 Ian L. McHarg 教授为首的丰富的教师资源，他们将男女生一起置于一个广阔而复杂的社会、文化和自然环境中，这点对我影响甚深。

您如何描述您工作室作品的特征？

我们是由一群富有创造力的个体集合成的一个合作团队，宗旨是使世界变得更美好。我们这个 200 人左右的公司包括 Wallace、Roberts 和 Todd 等 50 位风景园林师，其他还有建筑师和规划师。我是公司的设计负责人，同时也是公司总部（位于费城）的管理者之一。

到目前为止，您最有价值的项目是什么？

圣莫尼卡的帕利塞兹公园（Palisades Park）和海滩步行道，这是一个海滨地区全面复兴的一部分。项目要求风景园林师和艺术家 Jody Pinto 之间亲密无间的合作。项目的成功在做最后陈述时重点阐述了出来，当时一个城市公共艺术委员会的成员令人沮丧地问道："艺术体现在哪里？"

在设计过程中，您是否经常与社区或者最终用户交流？何种方式？

我的工作大部分涉及公共资源。参与公众活动是我工作的核心部分，从游说社区领袖和利益相关者到举行公开演讲。

新技术在您的设计过程中起到了怎样的作用？

目前可持续发展技术已经取得长足进步，从可回收材料到生物工程和绿色能源系统。了解这些技术，使它们变成我们的基本工具，指导我们的项目和超过客户的预期目标。

您咨询哪些其他专业人士？他们在设计过程中起到了怎样的作用？

我与建筑师、规划师、艺术家、工程师、经济学家、生态学家、考古学家以及许多其他方面的专家一起合作。每个人都非常重要。我经常扮演"指挥家"的角色，指挥大家完成最终的"乐章"，这往往比每个人扮演的单个"音符"作用更大。

您认为多数风景园林师具有什么样的才能、天资和技巧？

天赋：创造性思维、不满足于固定的方式；
特征：对人类需求、行为举止和外界环境的好奇心；
技能：设计、沟通和领导能力，能将多个相关学科融会贯通。

加利福尼亚州圣莫尼卡，从港口到海湾大街（Bay Street）的海滨更新；©2001，David Zaitz 摄影

加利福尼亚州圣莫尼卡，海岸更新（Beach Improvement Group，B.I.G）
项目鸟瞰；Tim Street-Porter 摄影

加利福尼亚州圣莫尼卡的帕利塞兹公园的历史更新；由 WRT 提供

机会，因为实习是建立人际网络、毕业找工作的最有
效的方式。

您能给求职者提供一些建议么？

　　仔细浏览公司的网站，弄清楚他们从事的事情以
及他们如何管理整个设计过程。不论公司名气大小，
找到最适合自己的那家。与其试图联系繁忙的公司负
责人，还不如和人力资源部门联系。此外，申请实习

在让我们的世界变得更美好方面，风景园林师扮演了怎样的角色？

　　领导综合性的顾问团队，规划更美好的城市。

访谈：连接可持续设计和经济性设计的一个全球性机遇

Todd Kohli，RLA，ASLA
EDAW 旧金山公司联合任事股东，资深总监

Todd Kohli，EDAW 旧金山公司资深总监；©2006，Andreas Vogel

您为什么决定以风景园林为职业？

十年级时我们有一个从测试你的职业发展潜力开始的项目。我的结果是适合做生物学家、风景园林师和数学家。我曾经一直想做一个建筑师。数学和生物与风景园林有着内在的联系，我之所以选择风景园林是因为这里面有建筑的成分。在那个项目中我研究了这个专业，我发现作为一名风景园林师能比单方面地从事建筑工作产生更大的影响。

您是怎样选择学校攻读您的学位的？为什么？

由于我十年级的那个研究项目，我选择了宾夕法尼亚州立大学。我当时同时看好弗吉尼亚理工学院，但是我最终决定去宾夕法尼亚州立大学是因为它的学费更低，而且离我家很近。我当时也很热衷于去罗马学习一个学期。

您如何描述您工作室作品的特征？

EDAW 以一个叫 DEEP 的平台深感自豪，DEEP分别代表工作的四个方面：设计 (Design)、经济 (economics)、环境 (environment) 和规划 (planning)。在我们的设计室，我们从事小型和中型的项目，这些项目从 1 英亩到 100 英亩不等。我们的特点是，把设计的过程从建筑文件一直延伸到项目的开工。我们专注于设计工作，我们的规划和城市设计项目从 100 英亩到 200 万英亩。不管在不在工作室，我们都努力地寻找一些线索，使他们能最好地满足客户社会性、经济性和可持续性设计的要求。

您的工作室规模多大？您的角色是什么？

EDAW 的总部设在旧金山，同时它也是我工作的地方，在那里有 110 名专家。然而，EDAW 在全球拥有 34 间工作室和将近 1800 名员工。我是旧金山工作室 30 名风景园林师之一。自从加入 EDAW 以来，每年我都会从设计和给那些市场营销和管理人员的产品中增添更多的责任感。EDAW 于 1939 年成立，最近在进行一个范式转移：更早地培养和指导更年轻的领导，这也是我新角色的一部分。

▲假日酒店，东京中城项目；©2007，
EDAW，David Lloyd 摄影

▶东京中城竹林种植建筑模型；©2004，
EDAW

到目前为止，您最有价值的项目是什么？

东京中城，这个客户是日本第二大开发商。开始的时候，这是一个叫"在草地上"（on the green）的项目。而最终项目的结果是这 25 英亩的土地一半成了开放空间，这是典型的东京发展模式的巨大变化。它的成功在于帮助人们，特别是开发商认识到开敞空间是项目中很重要的一部分。它能吸引游客和买家到这些零售区来。它也是人们到这里工作和生活在附近的一个原因。

这是六本木地区的一个再建项目，以前这个地方晚上十分不安全。东京中城项目开工后，马上对它产生了影响。这个设计让人们走出家门在社区玩耍。一个公园，一个城市广场和街道景观能够提供给人们如此多的快乐和感兴趣的东西，这不仅仅对当地人，对其他的开发商和亚洲的其他城市而言也是一件令人惊奇的事。我为了这个项目去了日本超过20次。我沉浸在其中试图尽我所能地了解日本文化。这真是一件很值得去做的事。

您工作中最令人兴奋的是什么？

我热爱我的工作。我以制图谋生，解释我的制图作品，看着它们变成现实，然后人们真正地去使用和享受这份空间。我和别人谈及我的专业时，他们都会因为这份工作的创造性如何转化成为建设实体和它对社会有益的影响而感到兴奋不已。

您咨询哪些其他专业人士？他们在设计过程中起到了怎样的作用？

我们和土木工程师、建筑工程师、建筑师、美术设计员和灯光设计师——很多人一起工作。我们同时和环境律师一起工作，例如，找出对社区最好的方式。在多用途的项目中，我们和零售顾问一起工作。我们的目标是使收入更加可观，就像建造时互相补充一样。

阿联酋迪拜朱美拉花园大道三维透视图，©2008，EDAW，Shawn Jackson，Jeremy Siew

新技术在您的设计过程中起到了怎样的作用？

我们在工作中使用的最新技术包括 3D 技术，它能让我们营造一个空间，移动它、转移它、改变它的比例，并且可以及时看到我们的创意是什么样的——这样我们就能在工作室内部评判我们的设计了。3D 技术的强大在于它能把你的视野放到那个广场上，从不同角度观察它，就像你在直升机上有空间的角度一样。

当聘请学生实习或聘请人员从事入门级工作时，您认为他们所受教育中的哪方面最为重要？

野外实习和国外学习在理解空间和比例问题上显得十分宝贵。在一个你不熟悉的地方很能挑战人们的透视能力和理解新文化的能力。最后，我们在设计公用的设计室，参观全世界的类似建筑能帮助设计者把他们先前看到的方案融合进最新的方案。

在让我们的世界变得更美好方面，风景园林师扮演了怎样的角色？

我们的职业是把很多不同的专业混合成的一个职业，因为我们一直在思考土木工程师、雕塑、生物、水和人们如何使用我们的空间方面的问题。我们把所有的这些混合成一个天衣无缝的关于公共空间的综合系统。所有的这些使我们的设计最终能靠近可持续设计——一个能优化世界生态系统的设计。

项目档案

华盛顿码头村庄

在以前的棕地上拥有邻里生活

宾夕法尼亚州匹兹堡附近华盛顿码头的一个社区；由 LaQuatra Bonci 联合股份有限公司提供，Michael Haritan 摄影

▲从匹兹堡的地平线看河畔大厦；由 LaQuatra Bonci 联合股份有限公司提供，Michael Haritan 摄影

▶河畔大厦边的人行道设计细节和凉亭；由 LaQuatra Bonci 联合股份有限公司提供，Michael Haritan 摄影

项目简介

时间：1997 年

类型：棕地／社区设计

地点：宾夕法尼亚州匹兹堡

客户：Rubinoff 公司和匹兹堡城市发展机构

设计：宾夕法尼亚州匹兹堡 LaQuatra Bonci 联合股份有限公司

奖项：2001 年匹兹堡 AIA– 华盛顿码头和凉亭——风景园林大奖

项目网络链接：www.laquatrabonci.com/portfolio/portfolio_main.php?view=project&id=7&folder=2

这座曾经的荒岛被改造成一个高质量的，多用途的项目，包括商品房、办公楼和照明。它同时被打造成一个供游艇停泊的码头，一个划船中心和一个公园。

——匹兹堡城市发展机构[2]

这座岛的历史

"华盛顿登陆"（Washington's Landing）是一座阿利根尼河中心 42 英亩的小岛，在岬角北部 2 英里处。这座岛最初是用来进行农业生产的，随着匹兹堡 18 世纪中后期工业指数式地发展，这个岛成了一个进行牲畜贸易的商人中转休息的停靠点。随着正常的牲畜贸易的流入，这个岛逐渐发展肉类包装产业。不久后，"华盛顿登陆"，后来被称作亨利岛，因为它恶心的牲畜气味而"闻名"于这座城市。

当运输产业兴起时，岛再也不用作运输牲畜的停靠点了。20 世纪 60 年代后期，城市开始考虑这座荒岛未来的用途，它曾经随着牲畜产业发展起来，也曾经做过牲畜围栏生意、垃圾处理、铁路运行、锯木厂和很多废旧物处理厂。

鉴于这座岛屿特殊的位置和不太好的被废弃的条件，最终城市发展机构接管了这座岛屿，希望将这块棕地变成一个繁荣的社区。传说 George Washington 在 18 世纪中期时曾经在这个岛上借宿过一宿，因为他的木筏翻了。因为亨利岛臭名昭彰，在 20 世纪 80 年代后期这个岛被重新命名为"华盛顿登陆"。[3]

棕地更新

棕地是那些之前被人们利用而导致底层土壤被污染的土地。棕地之前多被用作垃圾场、工业废弃物排放场地、石油加工厂等类似场地。在最近几年，随着市中心土地资源的日益紧张，在很多城市对工业用地和棕地的复兴利用成为一个十分重要和紧迫的趋势。一些机构如美国环境保护局（EPA）和环境咨询机构、风景园林师等一同呼吁并帮助以一种创造性的方式来重新利用那些被污染了的棕地。[4] 然而，这并不是一个简单的任务。需要进行几轮的环境评价，以确定如何才能最好的移除或者清理场地。华盛顿岛这个例子，清理和更新工作持续了 20 年之久，花费了上百万美元。除了考虑环境问题，风景园林师还考虑了什么样的新的设施是必要的，各种发展形式的布局，以及新的发展涉及的交通问题等。

一个新社区

LaQuatra Bonci 联合股份有限公司是一家以匹兹堡当地风景园林师为主的公司，受雇于 Rubinoff 公司和匹兹堡的 URA，他们主要负责整个岛的总体规划战略的制定。在整个规划过程中，风景园林师还提供了设计和建设方面的文件。LaQuatra Bonci 公司知道，创建邻里关系可以整合自然系统和公共开放空间。风景园林师们为"华盛顿登陆村"（Village of Washington's Landing）进行的社区设计，包括一个可以共享的绿地系统和位于传统邻里街道空间的住宅建筑群。单元的后面面对河水，并且与河边小路比邻。河边小路提供了一个重要的步行环路系统，因为那里的植物、野生花卉和特意设置的几处观景点而被称为"看得见的杰作"。[5]在这条步行道的最西端，有一处观景的亭子，在那里可以看到市中心美丽的天际线。同时，岛的细部是新建的邻里社区，东部的一些地方是游艇停泊港和一些办公建筑。[6]目前，Three Rowing 合伙人公司和西宾夕法尼亚管理委员会已经将总部设置在了这座岛上。[7]

私人业务：尺度与结构

本章前面部分已经提到，私人风景园林工作室可以承担各个尺度的工作。最小的公司可能只有一个人——公司老板也是公司的唯一员工，这样的话，他将负责整个公司的所有工作。如果一家风景园林公司拥有25名员工，我们将它视为"小型公司"。这样的小型公司可以让他们的员工参与到公司项目的更多阶段和更多细节中去。

如果一家公司的员工在 30—70 人之间，那么它是一家中型公司，如果员工超过 75 人，就是大型公司了。大型公司倾向多人拥有或负责；一个粗略的估计是一个负责人管理 10 名员工。中型和大型的工作室也经常设有专门人员或一个部门来负责市场工作，以辅助整个公司的运营。

最大型的风景园林公司的业务通常是全球性的。有很多全球性的公司是包括多个行业的，他们有建筑师、规划师和／或工程师，同时有风景园林师。有全球性业务的公司也通常把总部设在美国，而在其他国家设置工作室。在美国工作的风景园林师经常有机会暂时到其他国家的工作室工作，从几个星期到几个月，甚至更长时间。

EDAW 在旧金山的工作室；©2008，EDAW；Christine Bolghand 摄影

访谈：小=效率

Ruben L. Valenzuela, RLA
Terrano 负责人
亚利桑那州坦佩

Ruben Valenzuela 在他的办公室；由 Terrano 提供

Saguaro Branch 图书馆，亚利桑那州菲尼克斯城市图书馆；由 Terrano 提供

您为什么决定以风景园林为职业？

我是带着学习建筑的目标在亚利桑那州立大学开始了我的设计学习的。但在我第二学期选择的选修课中，一门叫做"风景园林概论"的课程引起了我的兴趣，我意识到，这个领域正是我想要做的。

您是怎样选择学校攻读您的学位的？为什么？

我选择学校，最重要的原因是，它就在我家后院。这所学校的建筑学院在很长时间里都有着非常好的声誉。州内的学院总是很有帮助的。

您如何描述您工作室作品的特征？

应该说我们那是个小工作室。自从开始了我自己的业务，我就一直维持着两人以下的员工规模。这就是设计。我想让事情保持简单和高效。对于风景园林

Kensington Grove 公园，是亚利桑那州 Mesa 东北部一个 5 英亩的公园；由 Terrano 提供

师来说，幸运的是风景园林项目不是那种像建筑师或工程师那样个人工作密集型的项目。现在我这里是一个人的业务，所以，我自己做所有的事情。

您工作中最令人兴奋的是什么？

对我来说，是设计过程。一开始，其实你只有一块空地，然后逐渐变成人们和环境都能受益的场地。

盐河公园项目的信息服务中心建筑，亚利桑那州菲尼克斯一个包括了广场和开敞空间的 40 英亩项目的一部分；由 Terrano 提供

在设计过程中，您是否经常与社区或者最终用户交流？何种方式？

我做了大量公共项目，而且政府项目经常要求召开公众会议去搜集终端使用者的信息。设计过程中通常会召开公共会议。会议的目的是引起对项目的关注，并让项目得到改善。我发展了一个系统，张贴大型海报，在海报中向他们提出问题。例如：要增加树木么？增加滑板设施么？去除足球场么？每一个海报都在左边底部留下空白，如果人们愿意，他们可以写下自己关注的问题或者希望。与会者们可以在海报的每一个问题旁边的便签上写下"同意"或"不同意"。这样做的目的是针对每一个问题让大家达成共识。参与者也会就给出的问题留下一些评论，提供其他的可能的解决问题的途径，或者给出问题的优先性。这种搜集信息的方法为所有与会者提供了一个参与的途径，包括儿童，给大家为一个项目的付出提供一个随意、毫无压力的方式。这种方法比表了通常的公众会议的感觉，那些会议会要求人们口头提出建议，而往往只有一些善于表达的人才能为项目有所贡献。

您咨询哪些其他专业人士？他们在设计过程中起到了怎样的作用？

我经常与建筑师、土木工程师一起工作。这些相关学科在一个设计项目中的作用取决于建筑师和工程师。一些建筑师和工程师（尤其是建筑师）可能在设计过程中起到关键作用。然而，我的观点是最好的设计项目来自合作，在一个项目上有多个学科的努力。

您认为多数风景园林师具有什么样的才能、天资和技巧？

设计技能、对环境的敏感、对自然的热爱、处理人际关系的技能、耐心（植物达到成熟阶段要很长一段时间，因此一个真正的风景园林设计项目可能要花上几年时间才能看到成效）、懂人口统计、懂人们是怎么在空间中活动的。

在让我们的世界变得更美好方面，风景园林师扮演了怎样的角色？

设计质量出色的环境。还有一个重要的方面是参与城市委员会，或找到一个选举办公室，然后利用我们的技能来影响城市、城镇、开敞空间和荒野区域的发展和管理。

访谈：庆祝的地方

Jeffrey K.Carbo, FASLA
Jeffrey Carbo 风景园林与场地规划公司负责人
路易斯安那州亚历山德里亚

风景园林师 Jeffrey Carbo

您为什么决定以风景园林为职业？

当我在路易斯安那州立大学（LSU）注册时，我接受的是通识教育。我对风景园林一无所知。我在一次讨论课中知道了它，有一些风景园林师来到我们的课堂上，给我们讲了他们在做什么。之后，我很快就预约想会见他们。对课程和整个专业了解了更多，在我看来所有的事情都是那么吸引人，在那时，我知道了我要做什么。

您如何描述您工作室作品的特征？

我们倾向于庆祝我们周围什么是重要的。最好的设计作品是至少在它的文脉中——从那儿生长出来的，很微妙也很重要，在我们的工作中就是这样的。作为年轻的设计师，我们都想要去做我们学过的每一件事，而组合在一起，就太多了。在过去10年中我们开始告诉我们业主的多数是我们不能做什么，而不是我们可以做什么。这就是控制和全面考虑的观点。在最初的设计阶段，我们把所有事情都拿到桌面上来，然后来提取出什么是重要的和有意义的。我们相信这个过程可以让我们在保证项目质量、长久性和永续利用方面会做得更好。

您的工作室规模有多大，您在其中扮演的角色是什么？

我们的员工大概有10—12人；通常8或9位是风景园林师，有些是公司和合伙人。我是这家公司的拥有者和负责人。除了商业运行外，我的主要职责和影响是控制整个设计的方向。我喜欢在公司中接触所有的项目。随着公司的成长，这有些困难了。但是我希望每个人都能接触到项目的各个方面。我们认为如果有很多眼睛盯着，项目在结束时就会变得更好。

到目前为止，您最有价值的项目是什么？

我们刚在得克萨斯州东部完成了一个植物园和环境教育中心，这个项目已经在我们公司做了7年。有两个方面让这个项目变得十分有意义。第一，这是一个多学科成功合作得最好的例子。这是一个非常复杂的任务。第二，当我们准备好了开工建设的时候，不

柏树大门和用因为飓风丽塔而倒下的柏树树干制成的人行道。香格里拉植物园和自然中心，得克萨斯州；©2008，Marc Cramer

可想象的事情发生了。这个地方受到了飓风丽塔的重创。客户让我们视察风暴过后的遗址，我们以为项目结束了。会议结果却截然相反。他们说我们现在比任何时候都需要这个项目，而且告诉我们，对于在那看到的一切我们能做些什么。虽然我们失去了很多的树木，但是最终的结果却由于发生的这些事而变得更好。我们用了许多落在地上的材料，这种方法是依据大自然循环的知识。当你以这种方式去理解它，而不是把它看作大灾难的迹象——这就是自然和它可能会发生事情——并且这就是这块土地如何受到影响的，这样的话，这个项目就变得更有趣了。

您咨询哪些其他专业人士？他们在设计过程中起到了怎样的作用？

在过去的五年里，随着我们工作的演变，这些角色也发生了相应的变化。从一开始，我们总是和建筑师一起工作。工作关系的好坏是由和你一起工作的那个人是否知道成功合作的具体内涵来决定的。每个人都有他们首要的兴趣爱好，但是最成功合作的结果是他们让我们成了风景园林师。除此之外，最近我们越来越多地和室内设计师、生动的绘画家、表演展览的设计师的合作。

在最近的一个植物园的工程中，我们提出了一些关于雕刻艺术元素的概念，因此我们在全国范围内来寻找艺术家和我们一起工作。我们有40个提交的方案，从中选择了一个。和这位艺术家在一起工作很有趣，因为她接受了整个概念，但是又用自己的想法来进行改造。设计的合作就像一部交响乐曲，每个乐器都有它在最终作品中参与的部分。这样看来，这个植物园项目是很有趣的，因为每个人都知道他们自己的角色，做好自己的工作，但是在从自己的学科角度上如何为项目作出贡献的方面，有很大的灵活性，这样，这个项目更加有趣了。

您认为多数风景园林师具有什么样的才能、天资和技巧？

有一个或两个特征，或者综合了这些特征。既是对艺术感兴趣的一点倾向，也有一点点对科学，或者是对自然、对户外感兴趣的一些倾向。对我来说，最初是由于艺术的那部分，然后，在对这个专业研究更多之后，它开始变得更关于自然，变得更加想了解和认识自然中那些你想当然的事物了。

您能给求职者提供一些建议么？

找出一些你想要工作的地方。我知道薪水问题是重要的。但是更重要的是你还年轻，还有很多东西需要学习，要尽可能学到那些你最感兴趣的专业知识。这就是你如何对自己的能力进行培养。

在让我们的世界变得更美好方面，风景园林师扮演了怎样的角色？

我们正在意识到，风景园林师将被认为他们知道的和他们在做的是以一种比他们过去拥有的更好的方式。随着人类对环境的影响，之前所做事情的一系列结果已经发生了。在此之前没有多少人可以认识到，然后反思需要多久来补救这些事物。我们应该开始改变人们对这些事物的认识，风景园林师已经为奋战在这项研究的最前线做好了准备。

混凝土和镀锌金属等材料和构架制造的凉亭，采用这些材料是源于邻近的挺拔、洁净的植物，在路易斯安那拉皮德教区，四季花园提供了一些季节性的景色。©2005，Jeffrey Carbo Landscape Architects

访谈：文化专家工作在公共事业领域

Elizabeth Kennedy, ASLA
EKLA 工作室负责人
纽约布鲁克林

风景园林师 Elizabeth Kennedy；Jason Berger 摄影

您为什么决定以风景园林为职业？

我出生自一个建筑师的世家，我的父亲和叔叔都是建筑师。家里有很多材料的模型，因此我总是在这些模型旁边玩。我愿意设计一些房屋，但是，我设计的东西最后总会向流水倾泻一样塌倒。当我知道人们在设计一些风景园林时，我真正地被这种想法吸引了。

在我选择我的事业的早期，我去了印度西部的一所学校学习。在我早年，就在这个专业方面得到了很多支持和指引。

您是怎样选择学校攻读您的学位的？为什么？

我做了一个决定，不想以本科生的身份去研究风景园林。我在康奈尔大学得到了我的环境心理学的本科学位。我决定为了读研究生而留在那儿。我感到那里提供了很多机会，我在那儿也十分舒适。在我的整个学习生涯，我也是个奖学金获得者，康奈尔大学对研究生也很慷慨。我参加了康奈尔大学的为期三年的MLA 课程，然而，我没有完成我的论文。纽约州允许从业风景园林超过 12 年的申请者获得执照。这就意味着我要走很长的路来成为一名注册风景园林师。

您如何描述您工作室作品的特征？

我们是一个小工作室，我们已经有 14 名成员，现在有 2 位风景园林师，一个助手职员。这是一个少数的、属于女性拥有的公司，而且人员很稳定，我们做的设计大多数是公共事务的工作。我们已经在文化和历史恢复领域成了专家。我们在基础设施建设和保护之间寻求平衡。我们的设计作品百分之百建成了。我们以建筑文件的紧密和值得信赖而为人所知。我们在细部上尽可能比最多做到更多，更详尽，经常达到了商店图画作品的水平。

到目前为止，您最有价值的项目是什么？

在威克斯维尔遗产中心（Weeksville Heritage Center）是一系列项目。该中心是一个历史上 19 世

威克斯维尔遗产中心解说教育场地、新的教育中心和 Hunterfly 路历史建筑的照片仿真，纽约布鲁克林；Elizabeth Kennedy Landscape Architect 绘图

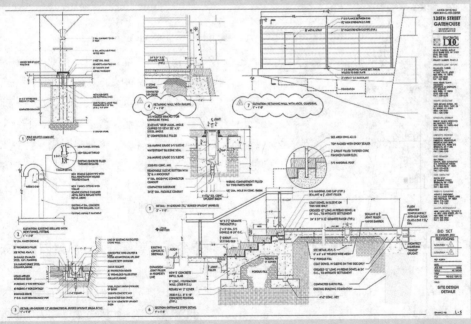

Harlem 台阶入口剧场的细部设计：由 Elizabeth Kennedy Landscape Architect 提供

纪美国黑人社区的重建，第一个项目是围绕 Hunterfly 路的房子的风景园林恢复，它们是历史场所国家登录（National Register of Historic Places）名单上的场所。随后而来的是大量解说教育场所，这几乎有一英亩，从一个新的教育中心，到房屋建设。这是有益的，因为我们的工作范围从历史恢复，到解说教育规划，发展和描述。

定制扶手的细部：Sigal Ben Shmuel 摄影

我们一直工作在考古学敏感的地点，我们也与人类学家和考古学家一起工作。通常，客户会保留他们的研究成果，我们会把这些研究成果整合，作为我们的分析和设计的一部分。

您能给求职者提供一些建议么？

告诉我你是怎样想的。这些东西可以在他们的手绘作品中看到，尤其是设计过程的手绘作品。我希望看到求职者比较厚实的设计基础，例如设计的基本组成。我希望看到在设计中概念和设计之间的强有力的联系。一本作品集应该可以展示这些内容。

您感觉，我们的专业是不是必要的？

我记得有一个教授兴奋地说，这个行业一直在增长。他说，我们需要有更多的风景园林师，举个例子，我们应该像医生和律师一样更加融入社会。如果行业是必然出现的，而不是奢侈品，我们只能够茁壮成长起来。因为我们接受的教育，大多数风景园林师认为我们是必要的。有一个现象可以证明这个信息，那就是有更多的风景园林师在做更多的事情；那么这个行业的多样性将能被公众所理解。

你们经常团队工作，你们经常一起工作的有哪些专业人士？

因为我们是少数，妇女拥有的企业，我们通常是团队的一部分。一般来说，我们与建筑师和工程师一起工作，我们有时候会担任场地建设的领导工作。需要更多的发生这样的情况。我们发现，如果是土木工程师领导场地的设计工作，我们的很多想法很有可能被忽略。

在让我们的世界变得更美好方面，风景园林师扮演了怎样的角色？

风景园林师必须让自己处在绿色科技的发展中，这是有意义的。我个人理解，如风力发电和太阳能农场可再生能源的发展，需要大片土地。我们需要控制对土地的影响和对资源的管理。这包括视觉方面，以及自然和人类习惯。风景园林师必须对这些专业的发展作出支持，我相信这是一个巨大的机会。

访谈：墨西哥的风景园林和城市化的实践

Mario Schjetnan, FASLA
墨西哥城市与环境设计事务所创始人
墨西哥 Colonia Condesa

风景园林师 Mario Schjetnan；Francisco Gomez Sosa 摄影

墨西哥 Chapultepec 公园里连接人类博物馆到 Tamayo 博物馆的大型公共场所；Francisco Gomez Sosa 摄影

您为什么决定以风景园林为职业？

作为一个建筑系学生，我想把设计理念扩展到开放空间和城市。

您在哪里获得了学位？

我在墨西哥国立大学(UNAM)学习建筑学(1968)。

1970 年，我在加利福尼亚州大学伯克利分校获得风景园林硕士学位，重点学习城市设计方向。1985 年，我被任命为哈佛大学设计研究生院（GSD）的高级环境研究室（Advanced Environmental Studies）的洛布研究员（Loeb Fellow）。

指引您的作品的核心价值是什么？

我们的设计理念是基于这样的信念，环境设计，无论是农村还是城市，必须经过一个创造性的转化过程。我们的目的就是针对我们的设计建议想出具有创

基石主题公园（Thematic Cornerstone Garden），
向移民农场致敬，加利福尼亚州索诺马；Richard
Barnes 摄影

新性的、时代性的解决方法。这些建
议必须是可实施的、有效的、不破坏
生态环境的和具有美学价值的。

到目前为止，您最有价值的项目
是什么？

在许多不同领域内，我们都有许
多有益的项目。一些有它们的社会欣
赏价值；一些有它们的经济性和历史
性的意义；还有一些有它们的美学和
艺术价值。

您认为多数风景园林师具有什么样的才能、天资
和技巧？

除了热爱自然和城市外，一个好的风景园林师必
须擅长设计和具备为人们、社会以及单位委托人工作
的能力。他们也必须能够团队合作，是理解和了解场
地方面的专家。和对历史一样也对自然地理学和地区
的自然状况感兴趣。最后，他或她一定是对艺术和文
化感兴趣的人。

在让我们的世界变得更美好方面，风景园林师扮
演了怎样的角色？

我们非常相信风景园林师在许多方面能提高人
们的生活质量。它是一个与社会和普通大众都有关系
的职业。当一个特定的项目被完成时，并且正在被人
们所享受时，就会感受到作为一个职业风景园林师的
激动。

访谈：在全球实践中定制度假村

Douglas C. Smith，ASLA
EDSA 运营总监
佛罗里达州劳德代尔堡

Douglas Smith（右）和他的同事们在多米尼加共和国进行场地分析；由 EDSA 提供

您为什么决定以风景园林为职业？

我是在通识教育课程中开始我的大学的，然后决定去考一个商学位。但是这些课程并不是我感兴趣的，所以我又重新评估我的选择。我小时候，我就表现出艺术天赋，我父母就把我引向与设计相关的方向。就这样，我发现了风景园林。从此我做了转换并且不断在进步。我选择艾奥瓦州立大学，因为它离我家近。

您的工作大都集中于度假胜地和休闲场所，为什么会选择这个作为职业方向呢？

我的 60% 左右的工作都深受度假胜地的影响。因为我们许多的度假地的设计任务不仅涉及典型的"高度设计的"胜地要素，还要结合最好社区规划和城市设计。大学毕业后，我接受了 EDSA 提供的工作。当我受任的时候，EDSA 就已经被认为是度假胜地的设计龙头。因此，我的事业也就被引导到这条路上了。

您的工作室规模多大？您在其中是什么角色？

EDSA 有 5 个工作室。4 个在美国，一个在中国。我们有 240 名员工，大约有 180 名是风景园林师。因为员工来自 32 个不同的国家，所以我们是一个多样体。我负责其中一个风景园林工作室。它是在各种各样的计划和设计项目上共同合作的一个团体。我在工作室中的任务是创造新业务、监督设计、负责合同和账目，保证质量和辅助工作室的其他成员。除此之外，我是 EDSA 的首席运营官。这个任务涉及协助管理负责人和监督公司的管理的许多方面。

到目前为止，您最有价值的项目是什么？

是佛罗里达自然和文化中心，它是一个在佛罗里达南部的一个占地 120 英亩的宗教休养地。它让人难以忘怀是因为这是我第一次面临着执行一项设计计划的所有复杂的事，从和委托人以及顾问团队的分歧到和在建设中总是出现的各种工地问题的承包商工作。完成工作后，委托人很满意，而我们也有很大的成就感。

您工作中最令人兴奋的是什么？

　　和一群人一起去完成一项设计任务，经历从最初的模糊概念到完工，每个人都贡献出自己最独特的东西，每个人都学会进步和团队合作。如果我们集体中的每个人把自己的工作做好，我们就会创造出一个成功的设计。一般来说，我们的工作产生一个能被具体实施的最终产品。完成了这些实践，满足感和巨大的自豪感随之而来。

您咨询哪些其他专业人士？他们在设计过程中起到了怎样的作用？

　　我们告诉我们的委托人集合一个最优秀的团队进行设计的重要性，然后我们就在团队协作上努力工作。毫无疑问，当所有的成员一起想出一个解决方法时，最后的结果就

▲埃及古老沙漠高尔夫度假区（Ancient Sands Golf Resort）山顶村的场地设计图；由 EDSA 提供

◀佛罗里达西部佛罗里达自然和文化中心内部的广场；由 EDSA 提供

多米尼加共和国一个 3000 英亩的度假区
和住宅发展的概念草图；由 EDSA 提供

出来了。尊重每个队员的角色，同时专业知识也起决
定性作用。我们通常和各种类型的工程师、建筑师、
室内设计师、经济学家、合同方以及其他设计成员合
作，去努力创造一个成功的、令人兴奋的地方。

**当聘请学生实习或聘请人员从事入门级工作时，
您认为他们所受教育中的哪方面最为重要？**

我们寻找对工作充满激情，而且不仅仅是在学校
对他们的风景园林课程很积极全面发展的人。我们发
现在联合专家组织中，那些将自己的职业范围扩充到

社区服务或者是领导地位的人，最后会变成公司里最
强的领导者。

**在让我们的世界变得更美好方面，风景园林师扮
演了怎样的角色？**

我们的职业在负责建成环境的发展中起着固有的
作用。作为一个风景园林师，无论我们具有怎样的经
验或是专门知识，我们都有一种尽可能用最高的水平
去实践的责任。因为我们所做的一切都影响着人们喜
欢去体验的有创意的和受保护的地方。

项目档案

El Conquistador
修补一处度假区

El Conquistador 度假区的主要水池，用雕塑和植物来强化氛围；由 EDSA 提供

El Conquistador 的高尔夫球场，地形起伏变化，旅游者可以在这里看到雨林和大海；由 EDSA 提供

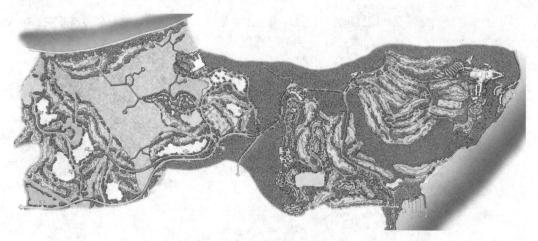

整个度假区的总体规划；由 EDSA 提供

项目简介

时间：1993 年

类型：度假区设计

地点：波多黎各，Fajardo

设计公司：EDSA，佛罗里达州劳德代尔堡

项目网络链接：www.edsaplan.com

El Conquistador 的 2.5 亿美元的重建是一个故事，这个故事关乎乐观、巨额投资、全球经济，精明管理，以及一种敏锐的关于 20 世纪 60 年代的追逐阳光的人和 90 年代复杂的旅游者的区别的觉醒。

——VERNON MAYS[8]

历史

在 20 世纪 60 年代，El Conquistador 是一个在海边度假的梦。由著名设计师 Morris Lapidus 设计，这个具有 400 间房的度假胜地是一个令人赞赏的位于波多黎各 Fajardo 的风景美丽的海滩边悬崖上的目的地。大约 20 年的经营后，这个度假胜地破产了。在 20 世纪 80 年代后期，当 EDSA 的 Joseph Lalli 参观这个被抛弃的胜地时，他不仅发现许多生长过大的植物，还发现这些巨大植物的潜在价值。在 1989 年的 Hugo 飓风的影响后，这个度假胜地和风景区急需修复。

领导角色

EDSA 受雇于这个项目作为最初的咨询方，负责这个曾经辉煌的地方的重新设计。对于当时的项目经理，也就是当时 EDSA 的首席执行官 Joseph Lalli 来说，第一步要做的就是联系和组成一个团队。对于 2.5 亿美元的项目资金和振兴波多黎各旅游业的机会来说，这不是一个小任务。

当挑选成员时，EDSA 考虑到地点、可信度、经验和工作关系。波多黎各 Condado 城外的 Jorge Rossello & Associates 被选做室内设计团队。来自纽约的 Edward Durell Stone Associates 因其之前与 EDSA 的合作经验而被选为首席建筑师团队。考虑到地理位置，EDSA 还选择了位于波多黎各 San Juan 的 Ray Melendez & Associates 作为建筑师团队。

风景园林师的领导地位也意味着他们对安排会议和指导全程设计，以及再发展的运作负责。这表明因为风景园林成为场地复兴的最主要动力而让很多方面受益。

复兴

在 EDSA 的领导下，EI Conquistador 从一个拥有 400 张床位的宾馆变成了拥有 924 张床位的度假区，吸引了 21 世纪来自加勒比的度假者。复兴的努力包括，建设会展中心、健康温泉 / 高尔夫和网球俱乐部。在考虑了现有风景园林要素的同时，对大部分风景园林进行了重新设计或改变。现有位于悬崖边缘的网球场地改变了原来的位置，因为原有场地经常有大风。现有 18 洞高尔夫球场地由高尔夫球场设计师 Arthur Hills 重新设计。另外，在现有的水池区域增加了棚架、栏杆、喷泉和花园等，以达到白天和夜间的美化效果。

复兴的概念和波多黎各旅游业的发展给度假区带来了新的拥有者和酒店群，就是 Las Casitas village。这一度假村拥有 200 组公寓式建筑，以及模仿欧洲山区城镇建设的步行道路和院落。EDSA 同时让 Las Casitas 对法国南部的另一个项目产生了热情。这在设计公司是非常常见的场景，因为一个工作室可能在同一时间进行着多个项目，一个项目的研究和信息可能为另一个项目提供帮助。

度假区环境

有些人可能会质疑风景园林师的度假区设计的伦理。这是一个环境敏感的设计还是一个在热带雨林中或者海岸进行的大规模的开发建设？对于专业人士来说，这是一个经常被问到的问题，进行度假区设计的公司在考虑项目的细节和接受这样的设计项目时应经常面对这样的压力。

EDSA，一个有了 50 年历史的充满激情的公司，在全球范围内已经创造了一些广受好评的度假区。利用其对于度假区设计的经验和热情，毫无疑问的，EI Conquistador 在很多方面都是一项环境敏感的设计。在项目开始阶段，公司为从场地上移出的树木建立了苗圃，另外，耐盐碱的树木被用于悬崖边和山坡上，以减少水土流失。除了这些措施，为了使这个一度废弃的场地重新得到利用并获得最好的效果，在调研了现有规划和基础设施的基础上，EDSA 让这里的环境得到了循环和复苏，还把游客带回到 Fajardo。[9]

公共事务

北美的许多公共部门都十分重视开敞空间和公园。一些重要的基础设施，如道路和水陆，也受到公共

明尼苏达州明尼阿波利斯绿道中常见的小径

部门的关注。因此，依照相关法律，风景园林师也可以在一些公共部门找到工作。约有6%的风景园林师会受雇于州政府或地方政府。[10] 公共事务的工作机会也包括国家层面的联邦政府的工作。风景园林师在地方层面公共事务方面的工作包括，在城镇公园和休闲部门工作，在城市的环境部门工作，或城镇规划部门。在进行社区规划和设计工作方面，在公共领域工作的风景园林师被视为建成环境、开敞空间和休闲设施等作出重要贡献的人。

　　风景园林师还有一些跨区域层面的工作，例如区域公园或交通部门。在各州层面，风景园林师可以受聘于很多不同的部门，如规划和经济发展部门、历史和博物馆委员会、州立公园和绿道或州高速公路部门等。多数情况下，风景园林师会和其他专业人员一同工作，在完成部门工作的时候贡献自己的设计经验。在联邦政府层面，风景园林师也有许多机会。在美国，一些可能聘用风景园林师的部门包括美国鱼类和野生动物管理局（U.S. Fish and Wildlife Service）、美国林务局、国家公园管理局，以及美国陆军工程公司，还有一些政府部门负责关于民众和资源事务的公共部门也同样会聘用风景园林师。

访谈：创造一个公园系统传奇

Gary Scott, FASLA
ASLA 2010 年度主席
西得梅因公园与娱乐管理局主任
艾奥瓦州西得梅因

风景园林师 Gary Scott；Todd Seaman 摄影

您为什么决定以风景园林为职业？

我在伊利诺伊大学开始了大学时光，我学的是工程，在我辍学前我还尝试了其他三个专业。在工厂工作了一段时间后，我意识到我还是应该回到大学去。我开始对环境设计感兴趣，但是不知道那真正意味着什么。我有机会拜访一位在波士顿的朋友，我就是在那儿知道了风景园林。我那时没有工作，也没有钱，所以我整天晃荡在 Emerald Necklace（一系列连接在一起的公园）到市中心或者博物馆等地方。我还从未见过像那样的公园系统。我的朋友，他是一位建筑师，给我讲了一些关于风景园林师的事情。我去波士顿公共图书馆读了 (John Ormsbee) Simon 的关于风景园林的书（《风景园林》，第四版，1961），并且，被它吸引了。

您如何描述您工作室作品的特征？

我们是市政府的公园与休闲部门。我们有 4 位风景园林师，负责不同的工作。负责公园的是一位风景园林师，另外还有 2 位。我们做的核心工作是规划、Acquire、设计、建设和管理公园系统。我们有一个历史的城市中心，所以我们也处理一些建筑场地、纪念场地、自然区域和道路等。

在复兴城市中心的工作中您的作用是什么？

当我开始在这里工作时，我是一名规划师，当时城市中心需要改善，这吸引了很多人的关注。我们编制了一部规划，并用了 4 年的时间去实施它。这部规划关注于加强道路、人行道、照明，并对城市建筑提出了一些建议。当我们完成时，投资者让建筑所有者看到了这座城市作出的承诺。通过提高了市中心的视觉效果，城市吸引了更多的客户和商业。

到目前为止，您最有价值的项目是什么？

Raccoon 河流公园是一个 700 英亩大的沙坑，城市想把它变成一座公园。我当时天真地认为，花上几年的时间就可以完成它。然而到第一阶段的建设开始，一共用了 10 年时间。在规划和资金方面涉及大量问题。我们为公园座了 15 年的规划。所以，公园建设用了几十年时间，然而，我们为我们的公园系统创造了一串

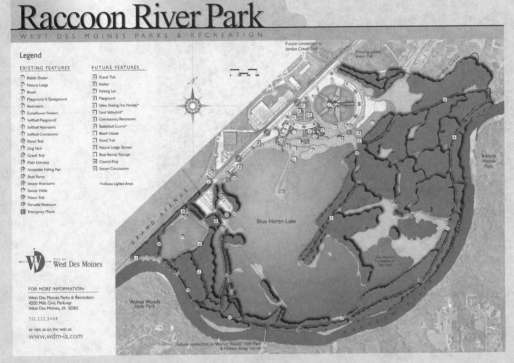

Raccoon River Park

WEST DES MOINES PARKS & RECREATION

Legend

EXISTING FEATURES
1. Riddle Shelter
2. Nature Lodge
3. Beach
4. Playground & Sprayground
5. Restrooms
6. Coneflower Shelters
7. Softball Playground
8. Softball Restrooms
9. Softball Concessions
10. Paved Trail
11. Dog Park
12. Gravel Trail
13. Main Entrance
14. Accessible Fishing Pier
15. Boat Ramp
16. Soccer Restrooms
17. Soccer Fields
18. Mown Trail
19. Portable Restroom
20. Emergency Phone

FUTURE FEATURES
1. Gravel Trail
2. Shelter
3. Parking Lot
4. Playground
5. Inline Skating/Ice Hockey*
6. Sand Volleyball*
7. Concessions/Restrooms
8. Basketball Courts*
9. Beach House
10. Paved Trail
11. Nature Lodge Terrace
12. Boat Rental/Storage
13. Council Ring
14. Soccer Concessions

*Indicates Lighted Areas

CITY OF West Des Moines

FOR MORE INFORMATION:
West Des Moines Parks & Recreation
4200 Mills Civic Parkway
West Des Moines, IA 50265

515.222.3444

or visit us on the web at:
www.wdm-ia.com

Raccoon 河流公园总体规划：由西得梅因市公园与娱乐管理局提供

珍珠。它包括 250 英亩的湖面和水岸，还有一些自然的区域；以及一些运动设施。我为这个混合功能的区域而感到自豪，人们喜欢这里，这是让我很欣慰的地方。

在为未来的公园保存土地方面，你们的作用是什么？

在过去的 25 年里，我们已经购买了这个城市建设公园所需的土地。这是一个快速发展的社区，所以赶在土地投机者之前是十分重要的。我想看看什么才是最好的规划。我们进行典型的可持续性分析——考察土壤、地形、土地利用特征。我喜欢查找报告，然后把人们叫来，告诉他们我们试图在城市增长的 10 到 20 年时间里找到 80 英亩土地。我试图找到自愿的

土地出售者——有些人希望看到他们的土地成为公园而不是开发区。我最近购买的一片用于公园建设的土地用了 4 年时间，而在找到一位自愿出售者之前找了 8 个人。我做了大量工作，但我十分高兴我完成了它，因为就在我买下那块土地的第二年，它旁边的土地就成了我们这个城镇中最大的商业开发用地。那样的话我们就买不起这块土地了。我希望公众为此感到高兴。

您经常让社区和／或终端使用者参与设计过程么？以什么方式？

我们在每一个邻里公园项目的总体规划阶段都要组织公众参与，或者当我们建设新的公园时也是如此。从项目已开始我们就让他们参与进来，也作为搜集信

Raccoon 河流公园海岸的鸟瞰
图；Todd Seaman 摄影

入口拱门是 Valley Junction 商
业区街景改善的一部分，历
史市中心更新的一部分；Gary
Scott 摄影

息的一个部分。在项目的中期，我们会再次让他们参与进来，以让他们知道我们的方案是怎样的。在最后阶段，我们会展示给他们我们将推荐什么，然后让他们也作出贡献。我们相信这样会让我们的设计更出色。如果出现了一些反对意见，我们会在项目结束之前解决掉。我们给人们机会告诉我们他们想要什么，因为我们就是为他们服务的。

您能给求职者提供一些建议么？

进行私人的接触。这会扩大你的人脉关系，让你接触到别人的关系网。保持开放的态度，多做一些工作以获得经验。我的前四年是在规划和工程公司度过的，这段经验是无价的。多接触一些不同的事情，因为关于设计和建设过程的每一件事都是有价值的。

在让我们世界变得更美好方面，风景园林师的作用是什么？

我们为世界创造价值。如果你看看风景园林的历史，早期的公园和公园系统在那些城市中创造了巨大

价值。风景园林师应该志愿服务于户外工作，以提高公众对这个职业的认识，也能让公众看到风景园林师与他们的社区息息相关。我们应该成为一种更强有力的声音，来获得规划委员会和城市委员会的支持。风景园林师应该站起来，大声说出我们的价值并争取我们的利益。

访谈：服务于公众和社区

Stephen Carter，ASLA
BRAC 国家环境政策法（NEPA）支持团队
美国陆军工程公司
亚拉巴马州莫比尔

您为什么决定以风景园林为职业？

我当时正站在一个十字路口，想要决定我要以什么为职业。我获得了美国历史学的学士学位，在孟菲斯做一名学校老师，但是我不想再从事这个工作了。后来我参军了，成为北卡罗来纳州布拉格堡图形数字商店的管理者。有一个年轻人看了我的艺术作品并告诉我说："您应该试试去做一名风景园林师。"他就是一位风景园林师和建筑师。他给了我一些信息，我很喜欢。

您是怎样选择学校攻读您的学位的？为什么？

我向伊利诺伊大学提出申请，并且和 Al Rutledge 进行了交流；他看起来对我来这所学校攻读我的硕士

Landscape architect of the year
Carter wins USACE landscape architect award

Stephen Carter，被评为 1995 年度风景园林师；由 Stephen Carter 提供

学位很感兴趣。我也向其他的大学提出了申请，但是由于当时我有一个兄弟在附近，而且我的妻子找到了一份好的工作，在一家当地医院担任物理疗法主任，这些因素促使我们作出了这样的决定。

您写了一篇很独特的毕业论文，请给我们讲讲。

我曾经有一个机会为一座综合公寓楼设计一个游乐场，我打算使用青少年作为劳动力。这个地点附近有一个娱乐大厦，但是在它的墙上已经有涂鸦了，不过没有受到保护。我所做的第一件事是和附近的孩子们见面，而且我雇用了大概 20 个小伙子和我一起工作。

我们一起讨论在游乐场里他们需要什么，以及他们年轻的兄弟姐妹可能喜欢什么。这样，他们得出了很多想法，我把这些想法描绘出来。自从他们参与了建设，我不得不教他们安全的使用这些费力的设备。他们都是可怜的孩子，不过他们对这个项目感到很兴奋。我们在画墙上涂鸦，并从社区里请来一个年轻的艺术家在墙上画上一幅漂亮的马丁·路德·金的画像。现在这座墙象征尊重，没有人会去破坏它。当孩子们在这里时，这就属于他们，他们拥有所有权。他们尊重并关注这个游乐场。

您如何描述您工作室作品的特征？

我在美国陆军工程公司里担任项目经理。我在 BRAC 团队，它负责军事基地的调整和关闭。同时我还在国家环境政策法（NEPA）支持团队工作。我们的职责是为环境评估和环境影响研究工作进行协调。事实上，这个工作非常适合我。我去参观了这个地方并检查了我的工作计划和范围，同时也参观了一个里程碑式的项目。早在 1997 年，我就做过很多设计工作，不过现在很少做设计工作了。

您为什么决定在美国陆军工程公司开展公共领域的业务？

我有一个朋友在部队里工作，他们的薪水很高。起初，我以为我在部队里会工作 3—4 年。我选择了亚拉巴马州的莫比尔，是因为那里的一个项目：

◀孩子们在由附近青少年帮助建设的游乐场里嬉戏；Stephen Carter 摄影

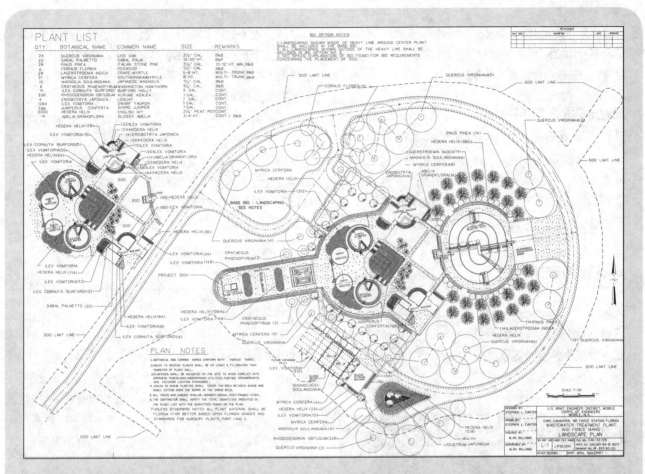

中水养殖植物区的植物配置平面图，佛罗里达州 Cape Canaveral 空军基地，由 Stephen Carter 提供

Tennessee-Tombigbee 水上廊道（Waterway Corridor）。我是四名员工之一，我们的工作是在两条河流之间建立一个 200 海里长的通道的建设过程中进行协调，当这个通道建成时，将形成一个从墨西哥海湾一直到北大陆的航线。在完成了 4 年工作计划后，我认识到我已经在莫比尔投入了很多，而我的妻子有一份好工作。我觉得我有机会参与一些设计工作，所以我决定待在部队里。

迄今为止，您在部队里做得最有意义得项目是哪一个？

真正使我们变成什么的——不是我，也不是建筑师和工程师，而是我们的一位客户——他是一位空军上校，虽然和他交流有点费劲，但是你能了解他需要什么。"我希望这个项目是一个获奖项目，在有限的期间内。"我们在想，为一个污水处理设备颁奖？他不想让事情露在外面，而是所有的设施都被掩盖起来。他想看到一件完美的作品。这确实是一个挑战，但是我们达到了他的期望。而且你猜结果如何？我们的项目获奖了。我们感激这位客户，因为他促成了这个积极的结果。

您在 ASLA 表现得很积极，您为什么决定进入这样的专业机构，您最大的成就是什么？

　　进入这样的专业机构你能获得你的专业之外的最好的东西，也就是你需要的和关注的。这就是我最初的原因。此外我还想和其他的专家建立关系网络。当我成为机构的一员时，我发现这里非裔美国人很少。为了获得晋升，我变得很积极，不断地收集信息。ASLA 总部在了解我的兴趣之后，我们成立了一个黑人风景园林师委员会。通过组织和游说，我们聚集了第一批黑人专家。之后，我要求在风景园林方面设立一个针对黑人风景园林师的政策，这个政策给我们提供了一些支持。我也在任命委员会任职，这个委员会通过到访学校来完成评审过程。之后，在 2000 年，我被选为这个协会的副主席，任期为两年。

访谈：为未来规划

Juanita D.Shearer—Swink，FASLA
三角区运输管理局项目经理
北卡罗来纳州三角区研究园（Research Triangle Park）

您为什么决定以风景园林为职业？

　　我在纽约出生，但在牙买加长大，所以我一直对自然很感兴趣。同时我对艺术和设计也很感兴趣。当我们的房子需要进行设计时，我能像建筑师那样做些工作。当涉及设计方面的事情时，我经常会和风景园林师进行交流。我开始对他所做的这些事情感到着迷。我喜欢这样的综合——集艺术、建筑学和自然平衡系统于一体。

您是怎样选择学校攻读您的学位的？为什么？

　　我发现佛罗里达大学的引人入胜之处在于它的地理环境。成长在一个热带国家，我想要了解风景园林师如何看待景观的全面背景——至少在我到达那里并发现他是如何平坦之前我是这样认为的。

您所受的教育在哪方面对您的影响最大？

　　我认为最重要的事情是学习如设计，以及政策的制定，是一个过程，而不是一个结果。这是一个收集

风景园林师 Juanita Shearer- Swink 在建设工地审阅图纸；由三角区运输管理局提供

要素和想法并把它们组合在一起，直到你达到一种状态的过程，在这种情况下这些东西能够和其他东西合并在一起，最后变成一个作品。

您如何描述您工作室作品的特征？

我在一个代理机构工作，三角区运输管理局，它的主要业务是在由三个县区组成的区域里，为其建设和提供区域的公共交通运输和设施。这是一个由自由发展占主导地位的区域。因此北卡罗来纳州政府在 1989 年的时候设立了这个组织，目的是为了形成一种不同的平衡，以及在这个区域提供一种不需要汽车的交通形式。

您在这个组织中的角色是什么？

我的职责随着时间在变化。早些年，我在社区工作，为他们开发一个在今后的20—30 年时间人们依然会很喜欢的景色。我们做了最新的趋势分析，分析如果我们继续建设高速公路并在风景园林中延伸得无处不在，那么这个地方可能会变成什么样子。然后我们决定了未来这里要有地铁系统。所以我的职责从建设一处风景园林到寻找合适的地方来建立过境车站。接下来，我进入到铁轨的设计领域工作，并且我成了这个车站的项目管理者。那时我的工作主要是和顾问进行交流，并制定车站的设计标准。而现在，我的工作主要是征求设计和设计方案，以及汇总社区的想法，建造一个未来人们喜欢居住的社区。

▲铁路车站规划大纲公共出版物的封面；由三角区运输管理局提供

您工作中最令人兴奋的是什么？

做一些人们在未来依旧很喜欢或欣赏的事情。我有让人们的生活在很长的时间里变得更美好的潜力——"美好"意味着他们的生活更加合理和平衡——而且保证生活在他们周围的动物也一样。

Towards More Livable Communities

An Executive Summary of the
Station Area Development Guidelines
for the Regional Transit Stations

* safe & walkable neighborhoods
* streets designed with people in mind
* shops, offices, restaurants & homes, all close by
* attractive surroundings & "welcoming buildings"
* better access to jobs & customers
* a great place to live, learn, work, & play
* more commuting options with trains, buses, bikes & legs,
  as well as cars
* room for parks, open space & farmlands
* healthy air & water
* more housing choices for families & singles, old & young,
  & different incomes, too
* lively & safe downtowns
* universal accessibility
* fewer trips to more places

The Triangle Region is a great place to live and work. To support more Livable Communities and sustain our Region's growth and prosperity, a Regional Transit Plan has been developed. The Plan includes rail service, expanded bus service, shuttles, park and ride, and enhanced pedestrian and bicycle access. The service will connect downtowns, major employment centers, housing, universities, the airport, medical facilities, sports, dining and entertainment centers and shopping. To encourage the compact, mixed-use, walkable development that forms the basis of Livable Communities and supports transit, TTA and its local government partners have prepared Station Area Development Guidelines which have been condensed in this Executive Summary.

关于区域车站发展纲要的执行摘要报
告的封面；由三角区运输管理局提供

您咨询哪些其他专业人士？他们在设计过程中起到了怎样的作用？

我经常和很多学科的设计团队一起工作。这些专业包括建筑师、工程师和其他的风景园林师、会计与财政顾问、平面设计师以及沟通交流方面的专家。你可以获得他们中每个人的最好的技术，因为他们都很乐意一起为同一个目标共同工作。

您能给求职者提供一些建议么？

在你还在学校的时候，和不同的风景园林师进行交流是很重要的。而且要和别人说你也不太确定你感兴趣的东西，因为你根本不知道将来会发生什么。这对于你先前想过而又不想做时可能是一个很好的机会。另外一个重要的方面是要在公司实习，不管是几周，还是整个夏季，还是寒假期间。这种影响别人和建立导师关系的机会将非常有助于理解一个专业职位能提供给你什么。

在让我们世界变得更美好方面，风景园林师起到了怎样的作用？

我们需要在公众面前承担领导者的角色。我们不得不在更多的社会组织中任职，做志愿者，以及我们不得不和政治家打交道，帮助理解我们所能理解的专业风景园林方面的事情；或者我们不得不选择自己来当管。风景园林师参与更高层次的决策工作中，尤其在政策的制定上，因为我们有能力使我们的街道、街区和整个世界变得更美好。

访谈：保护和保存好国宝

Joanne Cody，ASLA
美国国家公园管理局风景园林技术专家
丹佛服务中心
科罗拉多州莱克伍德

Joanne Cody 在国家公园管理局她的办公室；由国家公园管理局提供

您为什么决定以风景园林为职业？

我一直深爱着设计——小时候时从设计小镇、小路和火柴盒车子开始。后来，我经常在我的笔记本上乱写乱画以引起学校的注意。这些对绘画和自然的喜爱让我毫不犹豫地选择了风景园林。最重要的，我的父亲，威廉·哈特曼也是一位风景园林师，早年对这个专业的了解让我在高中时在这个专业方面进行了最好的入学教育。

您如何描述您工作室作品的特征？

丹佛服务中心（DSC）是国家公园管理局（NPS）的集中规划、设计和建筑项目办公室，提供环保的和经济效益好的项目给私人。风景园林师在国家公园管理局有很多角色。在丹佛服务中心，风景园林师在规划队伍中，他们同时是项目经理和项目规划专家。丹佛服务中心聘用了 240 名员工，其中大概有 45 名风景园林师。

您在工作室的角色是什么？

作为丹佛服务中心资深风景园林师，我和项目组的人一起工作，解决设计的问题、监督项目保证它们达到国家公园管理局的要求，为国家公园管理局提供指南。我在风景园林、通用设计、情景设计、可持续方面为设计团队提供指导。

到目前为止，您最有价值的项目是什么？

我认为最有意义的项目，被称作"美洲杉国家森林公园大森林恢复计划"的项目，花了 20 年时间完成。我从 1989 年开始在这个项目工作，当时担任野营地设计师，到了 2005 年担任总设计师，完成了项目最后的任务：拆除世界最大的树"谢尔曼将军"（General Sherman）旁边的道路和停车场。这个项目的目的就是移除巨杉林旁边的开发项目，以一个新的游客利用区来替代，并且提供恰当的、对环境负责任的游客利用。

最近重建的 Saugas Iron Works 国家历史场地的鸟瞰；由国家公园管理局提供

Saugas Iron Works 的场地三维可视地图，它可以帮助包括有视力障碍的游客在内的所有人理解这个场地；由国家公园管理局提供

这项移除项目被分为至少五个项目来分期进行。有 250 多座建筑和 100 万平方英尺的沥青地面。随着这些东西的移除，场地恢复了自然状态。游客停车后，公共交通系统可以将他们带到森林的每一个地方，他们可以在那里进行徒步游览，然后再由公交系统把他们带回自己停车的地方，这样公园中由机动车产生的影响就会降低。站在那个由曾经的停车场改建成的小数林里的时候，是我一生中一次最棒的经历。

您工作中最令人兴奋的是什么？

为 NPS 工作中，最令人兴奋的方面是在保护和维护方面能够贡献我的力量，并且也能为国家珍贵的遗产贡献力量。日复一日的政府工作会让人感到乏味，但总体来说，整个公园管理局的工作人员都会为他们的工作感到自豪。我的工作是比较容易的也是比较普遍的设计，也同样是非常令人兴奋的。通过提供一些视听设施，我们让公园的故事能在游客中分享。

您咨询哪些其他专业人士？他们在设计过程中起到了怎样的作用？

和其他人一样，我们和建筑师、工程师、成本预算师，还有其他一些专家（与环境和历史保护法相关的专家），以及承包商和管理局其他员工等合作。公园管理局有不同领域的工作人员，如本地植物材料、场地历史、考古学、维护，以及公园基本信息等，他们对设计来说都是很重要的。这个团队对设计出适合公园的场地，并不破坏环境和历史资源是很重要的。

您认为多数风景园林师具有什么样的才能、天资和技巧?

创造力、承诺和激情是风景园林师的重要特征。在艺术、数学和计算机图形和设计方面的技能也是很重要的,但这些可以学习。风景园林师具有观察和思考三维空间的能力,并且能在建设方面达成共识。同时,幽默感也挺重要的。

您所受的教育在哪方面对您的影响最大?

认识到建设课程和土木工程对我们这个专业是多么重要。我进入大学的时候认为我是一名设计师,也就是说我可以画出一个设计,然后其他人会去建设它。谢天谢地,宾夕法尼亚州立大学的工程教授 Don Leslie 让我明白了如果我不能让我的设计变成可以建起来的建设文件,那么很有可能我的设计是不现实的。在大学里学习将风景园林领域的艺术和科学联系起来是我学到的最好的东西。

您能给求职者提供一些建议么?

能到国家公园管理局的工作的最好办法是来参加学生实习项目和夏季员工招聘。在公园里有工作经历是非常有意义的,即使是作为一名志愿者也是如此。可以利用 www.usajobs.gov 网站来在上学期间寻找夏季和实习工作机会,另外,这个网站上也有一些招聘信息。如果为 NPS 工作对你来说是个有意思的职业,那么你最好应该聚焦于你的设计技能,同时还要在学校中关注其他的风景园林课程,例如交通系统的设计,雨洪管理的设计,以及可持续发展。

巨杉森林博物馆改造前后;当硬质铺装被移除后,场地上很快就长出了草;由 ASLA 提供,美国国家公园管理局摄影

项目档案

巨杉森林恢复
大尺度生态系统保护

草地环路（Round Meadow），之前与建筑平行的直线道路被改成了一条游客可进入的环路；由 ASLA 提供，美国国家公园管理局摄影

通往"谢尔曼将军"（"General Sherman"）树的小路景观，花岗石铺装地面为了防止人们留下脚印；由 ASLA 提供，美国国家公园管理局摄影

巨杉森林改造前后，重建包括恢复自然地形、植物和本地物种；由 ASLA 提供，美国国家公园管理局摄影

项目简介

时间：2006 年

类型：保护

地点：加利福尼亚州美洲杉国家公园

客户：美洲杉国家公园

设计单位：美国国家公园管理局

奖项：2007 年美国风景园林师协会专业总体设计奖

这显示了真正的领导，持续的愿景，坚实的承诺。这个项目有着完美的细部。他们应该赢得长时间的掌声。

——美国风景园林师协会 2007 年专业评委会 [11]

项目尺度

可以说，风景园林行业最好的一个方面就是可以灵活地在各个尺度上工作。巨杉森林项目向我们展示了一个大尺度的项目，涉及风景园林规划、与上百位设计师和科学家一起工作，去完成一个长远的计划。这个项目包括了移除上百万平方英尺的沥青地面和 282 幢建筑。这种移除可以为森林生长提供更多的空间，并为游客提供更有机的、更美妙的体验。[12]

恢复的需求

巨杉林，是在美国东北部现存的 75 处森林之一。美洲杉国家公园的建立（约 100 年前）保护了这片森林，之前这里的发展和管理导致森林的衰退。因为这片森林的稀有性和价值，国家公园管理局在时间和资金上都为它的恢复作出了很多努力。[13]

项目分期

所有的风景园林项目在某种程度上都需要分阶段进行。对于一些较大的项目来说，分期规划可能是整个设计的一部分。巨杉森林项目就是很好的案例，因为它有着清晰的一系列分期规划。这个过程开始于对游客中心、野营地和住宿区的选址重建，它们选择在了对环境影响较小的地方。之后，那些拆除了设施的区域被恢复为开发之前的健康的环境。伴随着设计和森林的恢复，最后一个阶段是设计环路和步行及机动车游赏的目的地，以及一个解说教育博物馆。一个风景园林项目可持续3—5年时间，而像巨杉森林这样的恢复项目，制订了深远的分析规划，那么可以持续20—50年时间。

设计

巨杉森林的重新设计聚焦于保护生态系统和为所有游客创造更为宜人和可进入的环境。过夜设施在森林外部的重建让这些成为可能，风景园林设施的重建和选择强调了步行游赏的重要性，而非机动车游赏。因此，设计要求移除建筑、减少森林内的停车场，以及更多的关注步行路和步行区域。考虑到之前的开发量和场地上的现存状况，一些环境设计策略依然十分必要。场地中的入侵物种被清除到其他健康环境中，土壤侵蚀控制和灌溉策略也制定并实施了。

保护

这个项目反映了风景园林行业的一个有趣的方面：在像国家公园管理局这样的联邦政府机构中在保护场地方面找到工作。在很多大尺度的土地规划和风景园林项目中，保护是十分重要的，但经常因为客户的经济利益而把发展战略置于保护之先。和典型的商业公司不同，国家公园管理局是一个完整的组织，也就是说设计公司和客户都是这同一个组织。这产生了一个独特的，一定程度上也很新鲜的工作环境和工作关系，也因此产生了特殊的项目，就像巨杉森林恢复项目一样。对巨杉森林之前环境的关心和关注，以及游客对它的兴趣，在这个为保护作出努力的复杂项目中都能看得出来。

非营利组织和教育机构

在非营利组织和教育机构中，风景园林师的实践在持续增长。美国最早的土地信托之一是波士顿的风景园林师 Charles Eliot 于 19 世纪成立的。Trustees of Reservation 的一个主要部分就是保证土地用于公共开放空间，并得到免税。这成为了之后非营利组织的一个范本。[14] 多数非营利组织并不像营利机构那样出售服务，而是寻找一些途径向人们提供信息和／或保护资源，这取决于它们的任务。如果一个非营利机构是联邦政府指定的机构，它的任务是必须直接为公众提供实惠。

一些类型的非营利组织——也被称做非政府组织（NGOs）——聘用风景园林师，包括进行土地信托的人或者管理机构、绿色建筑委员会、低影响发展中心，或者社区设计中心。有一些有风景园林师工作的著名的国际非政府组织，例如世界野生动物基金会（World Wildlife Fund）和国际保护组织（Conservation International）。对于这些非营利组织来说，风景园林师的训练中整体性的思维、创造性地解决问题的能力都是非常有吸引力的。

许多风景园林师会享受他们的学术生涯，因为他们能在这个领域内得到包括教学、研究和相关服务的机会。风景园林教师很欣赏他们学生的创造力，并且乐于帮助他们解决这个领域的各种问题。借以通过学生在一个真实的社区进行一个项目的形式实现服务性学习的理念，对于学生、市民和在整个学习过程中提供帮助的教授都是有益的。那些教师在学术界里另外一部分重要的工作是进行研究，包括以研究为基础的实践。教师们认为他们很享受那种依他们个人意愿去制订研究计划的自由。正如一位教授指出的那样，被大学所聘用就好像是自己拥有了几个小规模的产业——"你的教育业务，你的出版业务，你的科研业务和你的咨询业务" [15] 因为（风景园林）这个专业还在持续发展，将会有越来越多的需求让风景园林师进入学术界。

访谈：改善城市 "绿色基础设施"

Meredith Upchurch，ASLA
凯西树木捐赠基金会绿色基础设施设计师
华盛顿特区

您为什么决定以风景园林为职业？

获得工程学学士学位以后我在航空与航天工程这个领域工作了 11 年。后来我对环境问题的兴趣越来越大，而且我个人也很喜欢从事园艺活动。我发现我可以将我在这方面的兴趣投入到风景园林领域中。于是我在随后的职业生涯中开始接触风景园林，并且以一种先兼职学习后全职学习的方式获得了风景园林硕士学位。

Meredith Upchurch（右）在一个附近的展览会上对社区绿化进行宣传；Dan Smith 摄影；©2008，Casey Trees

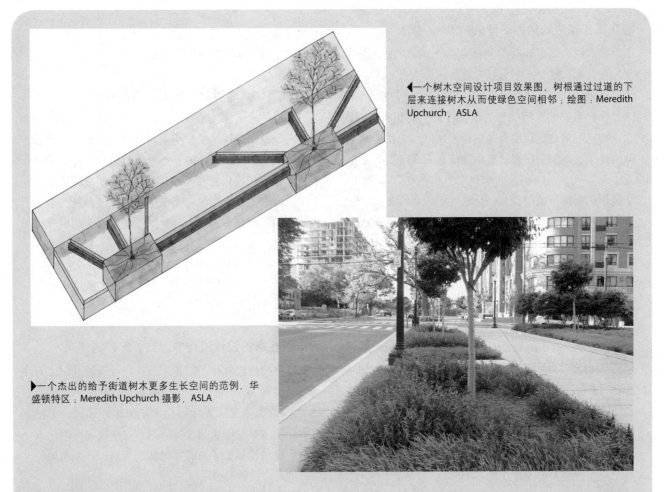

◀一个树木空间设计项目效果图,树根通过过道的下层来连接树木从而使绿色空间相邻;绘图:Meredith Upchurch,ASLA

▶一个杰出的给予街道树木更多生长空间的范例,华盛顿特区;Meredith Upchurch 摄影,ASLA

您是怎样选择学校攻读您的学位的?为什么?

在那时我选择一个离我住所不是很远的学校,因为这样我就不必搬来搬去。我也因为自己选择到了这样一所学校觉得自己十分幸运。弗吉尼亚理工大学刚刚在其位于亚历山大的卫星学校开办了一个风景园林硕士项目。

您如何描述您工作室作品的特征?

我所在的机构——凯西树木捐赠基金会——是一个通过捐赠获取资金的非营利组织。我们在同其他的非营利组织的比较之下可能显得有些独特,因为我们不必担心资金的筹集问题。我们的首要目标是重建、保护,以及增加华盛顿特区的树冠覆盖。我们通过社区建设在社区站住脚,并且告诉人们树木和其他绿色基础设施的重要性及其在环境中的作用。我们对公众、私人组织、开发商进行了大量宣传,并且强调他们为什么要将风景园林放在一个更高的位置上的重要性。

您在工作室中的角色是什么?

我们的机构主要有四个职能部门,我所在的是规划与设计部。这个部门包括我在内一共三人;其中两位是风景园林师。我在办公室的头衔是绿色基础设施设计师。我们的部门关注哥伦比亚地区的相关政策,以及如何利用这些政策来提高树木种植和绿色基础设施的建设。事实上在市政府中并没有人专门从事提升景观的事务,而这也是我们这个组织会在 2001 年开始运作的原因。我们受到一个私人捐助者的资助,使得我们可以将这个城市的树木重新栽种到城市的道路上。在最近的七年里,这个城市已经拥有了一个职能齐全的城市林业组织,而且这个组织做得非常好。我们会问他们"你们希望在哪方面获得帮助?"然后我们就能帮助促进并完善他们的工作。

我在过去两年参加的一个主要的项目叫做"道路树木空间设计——让树木长出那个盒子"。我们拥有一个包括了建筑师、树木研究者,以及政府工作人员在内的智囊团来帮助我们决定怎么样给街道树木创造更好的生长环境。我们将会制定出政策建议和建设图。我们正在尝试着接触那些不知道该怎么去做的人,并且给他们坚实的指导。同华盛顿特区的更大的风景园林师团体进行合作是一种令人兴奋的方式。通过让全部这些不同的、既有从私人企业也有从公共部门的工作人员那里得到的意见达成一致,得出结论,并得到每一个人的支持不是单单一个私人企业凭自己的力量所能实现的。

您工作中最令人兴奋的是什么?

我觉得在我的工作中最让人兴奋的应该是能和不同的组织、非营利性机构、各种政府组织和其他的设计师一起工作。想象一下,有那么多不同的人通过增加更多的绿色空间或者制定政策来鼓励这样的行为,来实现他们热衷于将风景园林作为城市一个重要部分的愿望;我个人觉得很让人兴奋。

到目前为止,您最有价值的项目是什么?

最近一个非常有意义的项目仍然在进行过程中,它是一个全市范围的关注于雨洪管理的专家组。尽管这是特区环境部门工作的一部分,但是他们还是邀请了非营利机构的代表和各种私人设计公司来完成这些工作。我们不但已经研究了雨洪管理法规以及怎么去征收费用,也考虑怎样包含对绿色基础设施的税收减免。在这个项目的背后有这么多的支持,它确实是一个让人兴奋的工作,能够和不同组织的人一起工作,来实现清理干净我们的河流,以及让我们的城市变得更好的共同的目标。

新技术在您的设计过程中起到了怎样的作用?

高科技是很有帮助的,因为我们可以通过它来对某一特定地方 20 年之后的描述更准确更生动。举个例子,3D 影像可以显示出树木是怎么样强化一个地方的环境,并且确实为之增值的。这些技术可以让人们对于这些东西在未来的状况恍然大悟,并且能给他们提供动力去做那些事情。

当聘请学生实习或聘请人员从事入门级工作时,您认为他们所受教育中的哪方面最为重要?

我会寻找一个拥有丰富植物知识和熟练电脑技巧的学生,因为那是真正能将他们从那些在我的组织中不是风景园林师的人中区分出来的素质。能够用设计软件进行图像描述,并知道怎么样把正确的植物放在风景园林中,特别是能够处理我们希望做得更自然、更本土植物化的可持续的风景园林。

在让我们世界变得更美好方面，风景园林师起到了怎样的作用？

风景园林师拥有一种让土地更好地与我们的生活及社区相适应的全局观。我们正在看到一处高质量的风景园林如何提高了孩子们的学习能力、大众的治愈能力，并为人们减轻了压力。因为我们生活在一个更加城市化的社会，这里有很多机会，因此我们的城市需要高质量的风景园林来提高我们的生活质量。我认为这就是一个风景园林师真正有价值的地方。

访谈：新的市中心公共公园

Stephanie Landregan，ASLA
山区休闲和保护机构风景园林首席设计师
加利福尼亚州洛杉矶

您为什么决定以风景园林为职业？

我具有艺术专业的背景，但是在我作为一个空中航拍摄影师时，学习了风景园林的相关知识。那时我在新墨西哥州飞越里奥格兰德山谷，当时与负责里奥格兰德休闲区总体规划的风景园林师们一起工作。和

Stephanie Landregan 在加利福尼亚州洛杉矶市的 Augustus F. Hawkins 公园的动工仪式上发表演讲，成堆的碎片（左）被堆积在一起作为公园中山地的地基；Deborah Deets MRCA 摄影

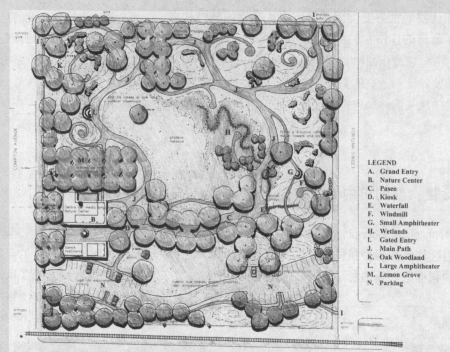

用于公共研讨会的自然公园的解说教育概念规划图；Stephanie Landregan 绘制

他们一起工作的时候，我意识到，这个专业中涉及的每一件事情我都知道该怎么做。回到加利福尼亚州以后，我的朋友建议我去参加一个风景园林师培训的夜校，而我最终也采纳了朋友的建议。我参加了加利福尼亚大学洛杉矶分校的一个扩展项目。这使得我能够在圣莫尼卡城市规划局找到一份全职工作。加利福尼亚大学洛杉矶分校的这个项目不是一个学位项目而是一个证书项目。这个证书被整个州所认可，而我也通过在那里的学习获得了风景园林师的从业执照。

一个瀑布喷泉是 Augustus F.Hawkins 公园的中心景观点；Stephanie Landregan 摄影

您如何描述您工作室作品的特征？

我们是一个靠拨款运营的小规模的本地政府机构。我们的资金不多，需要精打细算，我们还认为我们这个组织有些像慈善组织，不过有稍微多些的权利。我们一共有 70 名职员，其中包括公园管理员、操作员、保养员，以及一个建设部门。我们风景园林师组是规划部门的一部分。我与两名风景园林师和一名风景园林实习生一起工作。我们负责设计我们自己的任务，监督其他设计师的工作，并且遵照州立法规进行我们的工作。我们也同别的机构进行合作，因为我们受到政府的牵制比较少。我们也聘请其他的设计师来做那些对我们这个组织内部而言规模太大的项目。

您能讲讲您的工作中游憩与保护的关系么？

我们机构找到资产和有意愿的卖主，并且把资金积聚在一起去购买资产。尽管我没有牵涉到资产的获得，但是我会去检查要买的资产，假如我们将要购买它，我要确定这个资产对我们来说是合适的。我们购买这些资产以便于他们能够向公众开放并与公众共享。我们开拓可用的开放空间，并且在洛杉矶的市区进行改造，但是我们也会尝试着将自然的气息重新植入到城市中心区，那将很令人兴奋。

毗邻于东 57 街的由石柱和铁门构建的通向 Augustus F. Hawkins 自然公园的入口；Stephanie Landregan 摄影

您经常让社区和／或终端使用者参与设计过程么？以什么方式？

大众和我们的项目关系很紧密，包括招募周边的人们来帮助修建它。我们要求承包方雇用一定数量的周边的居民；假如社区的处境不好，那么不仅仅需要雇用年轻人；一些他们的家长也会被雇用。我们也雇用社区艺术家，并要求他们雇用当地儿童。通过聘用一个社区的全部成员，甚至包括那些"团伙成员"，你就能把整个社区投入到公园中，并且使得人们对于建造的公园有一种归属感，而非一种"被接管"的感觉。我们所修建的公园拥有整个洛杉矶同类公园中最低的移植率。我们拥有一个非常好的成功率，因为他们不仅仅是利益相关者；我把他们叫做"投资相关者"是因为他们已经真正投入到他们的公园里了。

到目前为止，您最有价值的项目是什么？

一个 8 英亩名为 Augustus F. Hawkins 的自然公园，在南洛杉矶这是一个有管道的院子，我们把一些管道用在了喷泉的设计中。对我来说，令人高兴的事是，这个公园让整个社区那么兴奋。整个过程我都和当地社区一起工作，并且告诉他们"我是你们的风景园林师"。很多来自社区的人和我一起工作，然后承包商来帮助建设。我想那天我对承包商大发雷霆的时候，他们一定都很诧异。承包商做了一些事情，但那是错的。他说："这只是南部的中心，谁在乎呢？它就是这样的。"我非常生气，我说："你必须依照设计来进行建设。我不在乎我们是在哪里施工，你出价就是为做这个的。"这些年轻人们正在种树……我觉得，他们并没有看到所有人似乎要流泪了，因为做得不够好。它是一个美丽的公园。当地社区很喜欢它，并且非常尊重它。如果你对社区做了有意义的事情，他们也会很珍重它。

您工作中最令人兴奋的是什么？

我们正在做一些应该留传给后代的事情。无论是购买一块土地用于将来的公园建设，还是设计一些让未来的人们值得感激的元素。对我来说，这是非常令人兴奋的。例如，当 Olmsted 设计了中央公园，他设计的排水系统直到 100 年后仍然在使用。

您认为多数风景园林师具有什么样的才能、天资和技巧？

我们有善于倾听的特点。风景园林师最大的成功在于我们成为关键的合作者。我们把不同的学科、不同的需求整合到了一起。我们为星星提供了背后的天空。我们是解决问题的人，我们是倾听者。

在让我们世界变得更美好方面，风景园林师起到了怎样的作用？

风景园林处在一种动态的状态中，是非常有潜力的。我们所拥有的技能涉及社会公正、环境公正、经济公正。我们所做的事情改变了公众的生活方式，也改变着经济状况。我们正在让世界变得更美好，但我们中的更多的人应该成为领导，去促进可持续发展和最好的管理实践。

访谈：带着环境正义处理工程

Kofi Boone，ASLA
北卡罗来纳州立大学风景园林系副教授
北卡罗来纳州罗利市

风景园林教授 Kofi Boone

您为什么决定以风景园林为职业？

我读的是艺术方面的高中；我想学习音乐，但是父母让我继续学习科学和数学。我还要去修一门科学方面的课程，就选了生态学，并且去咨询了所有环境方面的老师。幸亏我在 SAT 的数学考试中得了高分，我得到了密歇根大学请我去免费参观校园的邀请信。那时，我告诉一位老师我对环境很感兴趣，也喜欢画画，也还想做一些与数学相关的事情。他说，你应该去和风景园林系的系主任谈谈。我在 Ken Polakowski 的办公室和他见面，他提供了一份暑期的研究工作——在 Detroit 动物园绘制行为地图。一周之后我和 Ken 坐下来，然后告诉他我画了什么，他潜移默化地告诉我什么是风景园林。他说，"你可以做任何你想做的事，但我认为你会成为一名出色的风景园林师，所以，你应该仔细考虑一下。"密歇根大学没有风景园林的本科专业，但是我可以用三年时间，选修更多学分，然后进入硕士阶段学习，最后同时拿到本科和硕士学位；那样的话我就可以只花 2 年的时间学习硕士课程。他已经设想出了这一切——我的 6 年学习生涯。总的来说，是他俘获了我。他确实是一位非常有力的导师，让我开始了风景园林职业生涯。

您是怎么对环境公正感兴趣的？

当我在密歇根读书的时候，一些老师在促进环境公正运动中发挥了作用，我也选修了很多这方面的课程，参加了一些课外活动和社区活动等。应该说，我有迫切的愿望，希望那时以大学生的身份做点什么。我其实没有真正去想清楚那是什么，或者会产生什么样的影响，直到我后来决定在学院中开始我的职业生涯时才想清楚。

我的研究是关于环境正义和风景园林如何交叠的。环境正义阐述了被边缘化的人群的环境视角，其正式起源于 1982 年北卡罗来纳州一次阻止 PCB 的垃圾填埋场的抗议活动。在那次事件中，风景园林行业还没有正式参与进来，但是我们所做的事情却和那次运动的原则和目标是一致的。例如，我们关注于设计

W.E.B.DuBois 中心复兴的概念性规划图，北卡罗来纳州 Wake 森林，包括历史结构的重建；由北卡罗来纳州风景园林部门提供

的公众参与，以及如何让人们参与到社区设计中。我正在考虑如何让那些缺少话语权的人参与进来，一直在拿这些和环境公正理论进行衡量和比较，并且致力于如何修改我们的方法，让风景园林行业更多地参与进来。

您工作中最令人兴奋的是什么？

在大学里，最兴奋的方面应该是关于我的学生和我的同行。看到学生们的前途充满光明是很让人高兴的。我非常乐意看到他们身上设计的引擎已经启动，他们变得具有批判性、变得更聪明，变得更人性和更具责任心。说到我的同事，他们总是在做一些十分有趣的工作，一起开会、一起做项目、一起写论文——这是非常刺激智力的。

您经常让社区和／或终端使用者参与设计过程么？以什么方式？

对于社区设计来说，很难定义你对社区来说意味着什么。第一步是找出那些要素：谁是利益相关者，他们代表哪些兴趣，怎么能让他们在一开始就参与进来？在社区设计中，让他们来提出问题的所在也是非常重要的。通常，你提出来的问题，例如，"建设一个广场；这是人们所需要的。"但它是一个真正的问题么？下一步，就是让他们参与到分析和设计场地中来。社区可以提供对这个场地许多不同背景的、丰富的解读。

新技术在您的设计过程中起到了怎样的作用？

作为一名教授，我与学生和社区在设计的早期阶段就一起利用媒体，而不是设计结束之后才利用数字媒体来让设计看上去更漂亮。计算机三维模型技术十分强大，因为它能让你整合很多信息，能让人们了解更清晰。利用航拍影像，你可以把建筑拉起来，可以看到鸟瞰影像，也可以看到人视角度的影像——你可以很快地形成你的想法。我觉得三维影像和模拟技术是十分重要的。

您能给求职者提供一些建议么？

把你的优势和你的兴趣点真实地展示出来。在你的作品集中，不要试图去表现你能做好所有的事情。如果一个人试图在各个方面平均地展示自己，往往容易造成误解。这很容易让人失望。如果你刚毕业，那么还要参加一些实习。聘用你的人希望你能再得到一些培训；他们希望看到你现在能贡献些什么。你应该清楚你对什么事最有激情，然后也要在其他方面进行一些学习。

在让我们世界变得更美好方面，风景园林师起到了怎样的作用？

人们认识到他们周边的环境发生了变化，但是他们不知道为什么，也不知道这一系列变化的结果能如何影响他们。世界是如此复杂，只有一小部分专家可以适应这种复杂程度。风景园林师就是这一类人。我们必须让那些复杂的事务能被人们理解，并且让他们知道他们每个人的经历都是和整个世界相关的。

加纳库马西的 Asanteman 公园，与库马西的 KNUST 合作。北卡罗来纳州立大学的老师和学生领导了一个与邻里和孩子共同合作的设计小组；Kofi Boone 摄影

访谈：科技带来效率

Scott S.Weinberg, FASLA
佐治亚大学环境与设计学院教授、副院长
佐治亚州阿森斯

Scott Weinberg 教授在他的办公室

您为什么决定以风景园林为职业？

我在纽约市长大，当进入初中时，需要选择一个学校，而我的中学以园艺见长。从我还是小孩子开始，就在夏天里负责我们那个小小前院的种植工作。到我14岁时，在图书馆读到一份苗圃方面的杂志，里面有一些风景园林方面的内容。我把那文章给妈妈看，还说："风景园林师，比园艺师听起来强多了，对吧？"

您是怎样选择学校攻读您的学位的？为什么？

我在艾奥瓦州立大学获得了我的本科和硕士学位。因为我一直住在纽约，所以当时想离开东海岸，还向加利福尼亚州和亚利桑那州的大学提交了申请。但是当我看到艾奥瓦州立大学的主校区后，我就爱上它了。当时我还不知道，艾奥瓦州立大学的校园主要是由 Olmsted 设计的。7 年后，当我已经工作并成为注册风景园林师后，我又回到艾奥瓦州立大学攻读了硕士学位。同时我还可以当助教来进行一点兼职教学工作。因为我有艾奥瓦州的从业执照，所以在州立大学里可以做些工作以补贴学费。

您为什么决定进入风景园林的学术领域？

我一直想当老师，不过在进入学术研究领域之前，我先进入了职业领域。我在圣路易斯开了个公司，长达 7 年，承接设计和建造工作。我们一度陷入了危机，所以我想该是做一些改变的时候了。我卖掉了公司，去研究生院上学。我想教书有几个原因，不管我的教授教得是好是坏，我都受到了鼓舞，所以我想看看自己能做到多好；我现在担任副院长职位，但我依然坚持教学工作。我喜欢当老师，不会放弃。

您的研究重点是什么，为什么这对于风景园林专业很重要？

我过去 20 多年的研究重点是对科技手段的运用。我专注于尝试使人们工作得更有效率，使他们做事更快。这样你就能探索更多的选择，就能综合不同的想法，甚至提出全新的、更好的方案。我认为这样改进了设计工作。

新技术在你们的工作中扮演什么角色？

　　新技术至关重要，有了它们你才能更快地工作、发掘更多的可能性。另外，它们使你能够更好地与客户交流。你能绘制一个 CAD 图纸，将它转化为三维模型，再快速地输出透视图，加上一些颜色。交流手段的加强意味着你对自己的方案将有更好的理解。能够使委托人看到设计方案落成后的样子也是好事一桩，之后你还能向他们展示10—15 年后，风景园林"成熟"后的样子。

在学期中，学生们在 Villa Lante，当"水特技"（water tricks）打开的时候学生们开始逃跑；Scott Weinberg 摄影

学生为华盛顿特区一家精神康复中心设计的喷泉，模型用 SketchUp 完成；Elizabeth Brunelli 绘制

利用计算机实时软件制作的图像，是"穿行"视角的一部分；Scott Weinberg 绘制

对学生的教育中，您觉得哪个方面是最重要的？

　　永远坚持旅行。在旅途中，你还需要仔细观察各种事物。我会带上相机，不是因为爱好摄影，而是因为它能让我集中注意力观察事物。遇到好的设计，我会拍很多照片，当然不好的设计也很有教育意义。

您能给求职者提供一些建议么？

　　只要薪水能够为生，就接受你得到的第一个工作机会。不要为具体工作内容担心。我这样说的意思是，不管第一份工作是什么，你都会学到东西。如果你有了一份工作，想换工作就简单多了。从事一份工作要满 6 个月，才能弄清楚你做得顺不顺心，如果答案是否定的，那就开始寻找其他机会吧。这时你还能更清楚自己想要什么样的工作氛围、工作方法等，在寻找下一家公司时就能锁定范围。

访谈：以美洲原住民的视角工作

John Koepke
明尼苏达大学风景园林系副教授
明尼苏达州明尼阿波利斯市

John Koepke 教授（右）和他的同事 M.Christine Carlson 高级研究员，
明尼苏达大学风景园林系；Warren Bruland 摄影

您为什么决定以风景园林为职业？

我家的好友拥有一座苗圃，所以从孩提时代开始我就一直围绕着植物玩耍。他们认识一位风景园林师，当他们发现我对植物如此热爱，就建议我也从事和那位风景园林师相同的工作。另一个促使我进入风景园林行业的因素是我拥有美洲原住民的文化背景。我小时候有很多时间在和自然环境打交道，比如摘草莓、钓鱼和打猎。我带着对自然的崇敬之心长大，所以我也愿意做一些与自然相关的事情。

您是怎样选择学校攻读您的学位的？为什么？

我姐姐和我是家中最早去读大学的孩子。我们家离明尼苏达大学有 10 英里，所以我选择大学主要是根据地理位置及家里的财务状况决定的。幸运的是，他们正好有风景园林这个专业，这真是一个美妙的经历。当我进入研究生院后，我差一点获得了美术学学位，但是我经过慎重考虑，发现没有任何东西比风景园林更让我喜爱的。我曾在西雅图生活和工作，同时在华盛顿大学半脱产学习。华盛顿大学的风景园林学科很强，而且教职员工也非常优秀。这对于我来说还是负担得起的，因为经过了第一个学期之后我就获得了一个助教职位。由于我拥有专业学位，所以我有一定的灵活度，可以选修一些不同的非设计类的课程。

您所受的研究生教育在哪方面对您的影响最大？

我本科阶段所接受教育的重点之一是创造性思维方法和思维过程。当我进入研究生院时，我发现它的重点在于研究过程：怎样使用基本的资源；怎样明确地表达问题，同时将你的思考整合进某个特定题材的研究中。对我影响最大的课程中，包括两门同时学习的环境科学课程。我们学院有一系列的优秀讲座，例如美国国家公园管理局（NPS）的主管以及一位曾在高等法院为一桩环境案例辩护的律师等举办的讲座。此外我们还阅读了一些专门针对环境的书籍。一些科学家告诉我们他们的研究数据是怎样被应用和被误用的。我还学习了相当一部分政治、政策以及自然科学类的课程，并了解了它们是怎样被应用于风景园林中的。

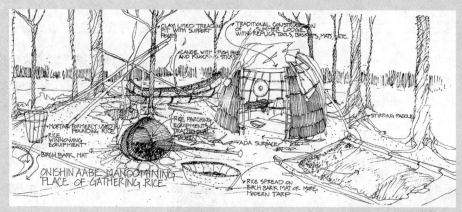

▲ "驻足的地方"解说教育草图,讲述关于奥吉布瓦人的生活。明尼苏达州利奇湖保留地 Battle Point 历史场地的一部分;John Koepke 摄影

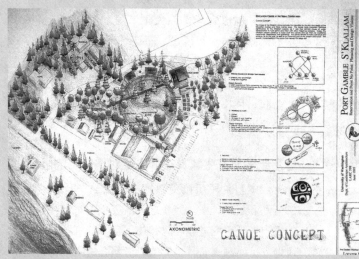

◀部落中心场地总体规划,由华盛顿大学学生在华盛顿州 Port Gamble S'Kallam 部落协助下完成

您为什么决定进入风景园林的学术领域?

我在西雅图的 Jones & Jones 公司工作时,被邀请在华盛顿大学讲授绘图课程。我发现自己其实是很喜欢讲课的。我决定攻读一个研究生学位,因为这样会让我的写作能力更强,更专业。进入大学以后,我发现教书能够让我因为帮助他人而更感充实——我会因帮助学生而感到激动。接着我发现,进入了学术领域,就跟你拥有自己的生意一样,有自己的教学、论文、

学术以及担任专职顾问的业务。这里有一大堆自主性的事情,我发现我乐在其中。

请您描述一下针对美洲原住民的研究,并说明为什么它对于风景园林专业非常重要。

我有几个研究课题与美洲原住民有关。我已经开始关注原始的美洲原住民居住地。由于我们是在这片大陆上工作的,因此可以从中学习到美洲原住民最初

是怎样利用本土的材料去安排、管理和组织他们的自然空间。最近，我一直在关注更晚的部落情况——他们的文化中心和博物馆——并理解风景园林怎样被作为文化阐释的媒介物。接着，我试图理解部落文化，从而去观察人与环境有着怎样的联系，以及这些联系是如何在风景园林中凸显出来的。这是很有意思的一件事情，因为你对文化符号的处理和使用是否恰当，以及你能在多大程度上传达当地文化，取决于人们想不想要透露那些内涵。

到目前为止，您最有价值的项目是什么？

我曾经做了一个奥吉布瓦族的利奇湖岸（Leech Lake Band of Ojibwe）项目。我自己属于那个部落，因此我知道我在和谁一起工作，同时我觉得能够回馈他们是一件非常美好的事情。那个项目是建造一个文化中心博物馆。我和我的一位建筑师朋友 Janis LaDouceur 以及另一位美洲原住民风景园林师 Ron Melchert 一起工作。我们的工作很愉快，因为我们与社区成员们一起近距离地工作，同时设计中包含了非常强烈的文化象征主义。这个项目的资金已经到位了，但目前还没有开建。

您认为多数风景园林师具有什么样的才能、天资和技巧？

风景园林师是一群相当有创造力的人；通常他们对环境负责，具有社会责任感，同时对各种问题有着广泛的兴趣。我任教的大学有一个研究生项目，我们招收的学生有着不同的专业背景——写作、心理学、生物学、生态学、艺术和会计——他们来自各个行业。所以我并不知道是否存在一个特定的特质。

Honolulu 非洲动物园稀疏草原总体规划 John Koepke 是首席风景园林师，与 Jones & Jones 员工和负责人进行了密切合作；Joan Gray，Jones & Jones 绘制

在让我们世界变得更美好方面，风景园林师起到了怎样的作用？

人类和整个世界面对的最大问题是气候变化。风景园林师在减轻和适应气候变化方面起着非常大的作用，这些取决于我们怎样去影响人们的活动，以及我们怎样设计和规划。在北部较高纬度地区，我们的确看到了明尼苏达州的气候变化，因为它太明显了。所以风景园林师承担起环境保护宣传的角色是非常重要的。

项目档案

小山项目

通过服务开展学习

利益相关者参与：不同的活动和
形式；由 ASLA 提供，肯塔基大学
风景园林系绘制

先期研究：学生们通过学习其他
案例进行的研究；由 ASLA 提供
绘图：肯塔基大学风景园林系

　　小山项目参照了经典文献以及其他社区山
坡的处理方法。

　　当试图理解山坡对于社区的功能时，经典
文献认为它具有三个中心主题：美学的、环境
的和具有危险因素的。项目组仔细调研了不同
社区的处理方法，并将肯塔基州卡温顿和肯顿
的社区与美国其他 9 个社区做了对比。这些处
理方法可以被归成五大类，评价的方法是看某
个社区是否采用某种处理方法，如果采用了，
是不是参照推荐方法或者严格按照规章制度实
施。附图中的表格表明，卡温顿和肯顿不会采
用和其他社区同样的处理山坡问题的方法。

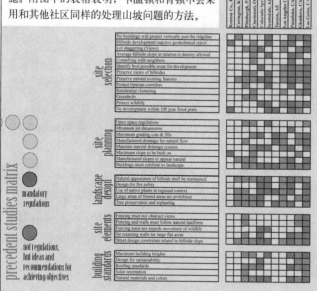

The Hills Project

　　在六个很有意思的案例中，利益相关者的投入是一个必不可少的因素。但是，我们需要通过结合其他的评价体系，去更充分地评估潜在项目开发能够带来的效益。这其中就包括了美国绿色建筑委员会领导下的，负责住宅区开发项目评估和 Hasse(2004) 评估的能源和环境设计组织（LEED）。LEED 对开发项目的评估是基于"精明增长"、城市化以及绿色建筑这几个原则，根据开发项目与基于这几个原则的标准的吻合情况打分。LEED 评估要求所有的绿色实践都必须在项目实际建设前完成。Hasse 评估为项目打分的标准是开发项目是否为城市乡村社区连续体，如果开发项目属于都市扩张给负分，属于精明增长则给正分。

　　来自最初利益相关者的建议，以及两个评估体系结果汇总的数据，初步形成了项目的最终方案。这个概念在会议 3（Meeting 3）中重新介绍一遍。设计方案通过三维实景模型展示出来，建筑物则是在肯顿县相应土地的使用区划图上染上不同的颜色。LEED 和 Hasse 分别给出的评价级别在模型中展示了出来，同时利益相关者的评价也标了出来，他们的评价通过不同的数字表示，从 1（表示喜欢）到 7（表示不喜欢）。

higher density model — LEED: 24 Hasse: 45

lower density model — LEED: 8 Hasse: 17

preservation model — LEED: 55 Hasse: 34

LEED model — LEED: 69 Hasse: 23

方案的三维实景模型与它们在两个评估体系中的得分；由 ASLA 提供，绘图：肯塔基大学风景园林系

项目简介

时间：2008 年

类型：本科课程 / 社区设计研讨课

地点：北肯塔基州

客户：北肯塔基州地区规划委员会

大学：肯塔基大学

项目经理：Brian Lee 博士，肯塔基大学风景园林学助理教授

奖项：2008 年度美国风景园林师协会学生奖项社区服务荣誉奖

这是个非常专业的项目。建筑场景建模非常简明易用。它是一个过程，而不仅仅是一个事件。

——2008 年度学生奖项评审委员会点评 [16]

长达一学期的作业

2008 年春季学期，14 名五年级学生和他们的风景园林学教授 Brian Lee 博士同北肯塔基州地区规划委员会开始着手"小山项目"（the Hills Project）的工作。项目的目标是分析北肯塔基州山地的保护与发展情况，并向社区提出可能的替代方案。[17]

关于北肯塔基州山地的发展问题已在媒体争论多年。此外，周围的许多地区也一直在这个话题之列。[18]这些问题，再加上现有的人口增长压力，构成了一个有趣的课程作业的基础。学生们花费了整个学期调查这些问题，形成他们对于这一主题的观点，并且提出他们的建议以供参考。[19]

过程与评估框架

学生们的进程很大程度依赖于研究、分析，以及利益相关者的参与。"利益相关者"是指在此问题中所有存在利益关系的人，例如当地居民、当选官员，以及企业所有者等。学生们组织并引导了三次公众会议。他们设计调查问卷并参与制定策略，以更好地理解研究的对象地区和利益相关者对该地区的意见。在会议中，出席者参与了非正式讨论、主题讨论小组、视觉偏好调查、风景园林价值调查和风景园林类型调查等。[20]在

第一次会议中，学生们讨论了他们对北肯塔基州的详细记录和分析，例如历史、人口、山坡问题、文脉和关键地点、物质特性、先例以及土地用途规划。在第二次会议中，风景园林学生展示了他们的概念设计；在最后的会议上，学生们提出了完善后的想法。这个学期课程的三次会议给予学生和利益相关者一个互相学习和建立理念的机会。[21] 北肯塔基州地区规划委员会执行理事、美国注册规划师协会会员 Dennis Andrew Gordon 说："我们很高兴有学生加入我们的工作……他们给我们的工作带来了极大的热情，并且帮助利益相关者关注那些最终成为新公共政策的基础问题。"[22]

基于详细记录、分析和初步概念，学生为其中六个地点制作了建设模型。参与此项目的利益相关者为学生们选择了示范点以供研究，这些示范点范围从农村到城市，大小约 100 英亩。六个地点中的每一个都进行了 4 种设计：一个高密度模型、一个低密度模型、一个绿色建筑模型和一个保护性设计模型。四种场地设计分别以美国绿色建筑委员会为邻里发展推荐的绿色建筑评估标准和风景园林专刊发表的城市扩张与精明增长框架为标准进行分析。[23] 学生们使用诸如 ArcGIS 9.2，AutoCAD 和 Vue 6 Infinite 等电脑程序来建立模型。[24]

成果

经过一学期物有所值的辛勤工作，学生们终于能够回报一路帮助他们的利益相关者与社区了。学生们制作了一系列用来分发的小册子，以努力推进直至落实他们的建议和想法。此外，小组撰写了长篇报告，记录了他们的工作过程和对社区的建议。[25]

但是，学生们的工作还远不止一个学期的期末作业。他们在社区的出现和他们具有专业水准的工作有助于宣传风景园林行业。这种类型的风景园林研讨课常被称作"从服务中学习"，只要有细致的分析研究，就能帮助社区充分认识土地固有的可能性。另外，学生们发起和促成了社区内所有利益相关者关于该地区的未来的对话，这当然会使环境和当地居民受益。[26]

营销：获得工作

营销一个人的专业工作与营销一件产品的过程很不一样。风景园林与许多职业一样，被认为是一种基于服务的业务——我们出售我们的知识、专长和技术。风景园林师的工作在它被彻底完成前是无形的，并非一种"产品"。因此，与购买一件衣服不同，衣服在决定购买前可以触摸和试穿，而风景园林作品不能用这种实际操作的方法来评价，因此有必要用一种不同的手段来营销它。

　　当考虑营销时，思考基于产品的业务与基于服务的业务之间的差别是很有启发意义的。两者之间有四个关键区别：

　　1. 服务业务出售专长和知识，因此一个工作室的主要资产是其雇员的才能和技巧。

　　2. 因为"产品"是知识，并且不可重复，所以在服务的选择和定价收费的方式上有独特的方式。

　　3. 除了用户定制的产品，服务业务通常与客户有更多的接触和互动。

　　4. 因为消费者在购买之前无法评估服务质量，所以大多数基于服务和公共利益的职业受到道德行为准则和相关法规的约束。这就是风景园林师必须注册才能进行专业实践的众多原因之一。

　　第一条谈到人力资源是主要资产，它突出了营销专业服务的一个关键方面：人际关系。与客户发展牢固的关系非常重要。与此相关的是建立相互信任的关系的理念。要使客户觉得委托你的公司是有保障的，客户

Civitas 公司的办公室，其中左边部分用于小组会议；由 Civitas 公司提供

就必须信任你，并且相信你的团队能完成所需的设计，进而达成或超出他们的目标。营销服务型业务的其他关键因素还包括声誉与洞察力，以上提到的关键点最终都可归结为刚才所说的人际关系——如果上一个客户不满意你的工作，你的公司就走不了多远。一个好的名誉要花费心思才能获得，而且在团队与雇员的所有活动中都必须被小心维护。营销设计公司的另一个因素是树立独特个性。你的特长是什么？你在竞争中如何脱颖而出？你能提供哪些新的技术、服务或专业知识？很多有一定历史的公司说它们并不经常进行营销，但是其实他们每次完成高品质的工作时便同时完成了营销。没有具备示范作用的工作成果以及对这些成果满意的客户，今后的工作将无从谈起。

您的公司如何进行营销？

这是个复杂的话题。在设计领域，我们的产品是无形的，不只是风景园林行业这样，而是所有设计职业都如此。你雇用我干活，而你并不知道我要做什么，我也不知道。这就意味着声誉是我们的主要资产，而员工是我们的第二资产，关键是寻找一种方法使我们的名誉与我们的员工相匹配。从内在了解你是谁，这是营销的开始，其次才是让外界了解你是谁和你代表了什么，这被称作定位。我们有两名全职员工来做营销。在日常工作中，我们寻找线索、维护我们的网络与合作者，当有机会得到业务时我们会进行调查，并针对对方的任务书（requests for proposals）作出回应。

Mark Johnson，FASLA
Civitas 股份有限公司创始人及董事长

我们的业务至少有一半来自我们客户的推荐，因此我们不需要做过去那么多的营销工作。他们找到我们，我们对他们的任务书作出回应。任务书常被直接送给我们，有时也会有认为我们合适的合作者联系我们。

Dawn Kroh，RLA
Green 3 有限公司主席

营销工作的作用被低估了，或者人们只抱着一种"做营销是为了使我们从某种类型的客户那里获得更多业务"的想法。实际上你可以在营销一个公司的同时，营销一个城市、一个项目。公共关系对于项目的重要性，等同于浮桥跟河流边缘如何接合这样的技术细节。

Chris Reed
StoSS 创始人

我们有许多种方法进行营销。起步时我们通过竞争获得，因为当时我们没有关系网络。我们也查看发送给我们的任务书与资质查询书。它们说明了项目内容、预算情况、日程安排、客户信息，以及项目目标。到了现在，我们与设计师、工程师和客户建立了很好的关系，他们邀请我们一同参与许多项目。这件事情很美妙，因为它使营销变得容易。

Jennifer Guthrie，RLA，ASLA
Gustafson Guthrie Nichol 有限公司经理

营销你的专业技术服务主要是一个培养关系的过程。借鉴 John Guare 的戏剧"六度分离"，一个做营销工作的人的目标，是将自己与潜在客户的距离减少到一到两步。这意味着建立一个强有力的人际关系网络。一个年轻的从业者如果认为公司的股东会带给自己工作，那么他将犯下严重的错误。维持你从大学、之前的工作或其他活动中结交的关系，因为从长远来看它们会为你的职业发展带来好处。广告、奖项、出版物、发言以及类似活动都有相应的作用，但它们都代替不了长期的人际关系与客户口碑。

Kurt Culbertson，FASLA
Design Workshop 董事会主席

　　从学术层面，我们努力推销自己的学院以期能在社区设计方面留下一些遗产。我们正与北卡罗来纳州的社区协作以帮助他们解决问题。当我们有关于这些方法的追踪纪录，并且还有支持记录内容的研究时，我们获得认可，同时推销自己，这使我们与众不同。

Kofi Boone，ASLA
北卡罗来纳州立大学风景园林系副教授

　　我们会被一些人推荐，这些人有工程师、设计师和客户，或是朋友的朋友，或是参观过我们过去工作的人。只要我有机会写作，我就会去写。在当地，我努力参与社区建设，并结识当地报纸、杂志的记者和出版者，这样当他们寻求专家意见或其他相关信息时就会来找你。这既是社区服务，也是营销。

Edward L Blake，Jr.
风景园林工作室创始人

　　写作是宣扬你的理念的非常重要的方法，并且有助于定义这个职业。看看当前的实践，从 Martha Schwartz、Michael Van Valkenburgh 和 George Hargreaves 到年轻一些的风景园林师、城市规划专家如 James Corner 和 Chris Reed——我们了解他们，主要因为他们从事写作。

Frederick R. Steiner，PhD，FASLA
得克萨斯大学建筑学院院长

　　公共机构不用做真正的营销来获得工作，但我们需要用其他的方式来推销自己。因为我们是公共服务，我们确保人们清晰地认识到我们能完成什么、为什么在那儿以及我们的任务是什么。它实际上是确保人们理解你所带来的价值，以及跟你共事能得到的好东西。

Juanita D. Shearer-Swink，FASLA
三角区运输管理局项目经理

　　我们 85% 的客户是重复合作的长期客户。但现在我们发现需要做更多的营销，因为这个职业随着绿色运动与全球变暖话题而变得多样化。我们看到实际的发展机会，因此我们当下的营销方法是展示综合全面的风景园林项目的意义——从设计研究到使用最新技术建设环境等一切应该展示的。我们试图呈现过程，以及这些过程如何独特地、直达核心地解决设计问题。

Frederick R. Bonci，RLA，ASLA
LaQuatra Bonci 联合股份有限公司创始人

　　我获得资助的方法是撰写拨款申请书。为了做好它，必须在社区发展合作关系和网络。我也为专业出版物写文章，为不同的理念寻求支持。所有的组织都有会议、网站与简报，因此若能出席他们的会议或为他们的刊物撰写文章，可以展示我们的机构与工作。对于风景园林师，写作、演说与交流是额外的技能，因为他们能更好地促进你的工作。

Robin Lee Gyorgyfalvy，ASLA
美国农业部林务局：德舒特国家森林公园 Interpretive Services & Scenic Byways 公司董事

作为慈善组织，我们提供公共福利，所以经常收到社区团体与市政府的请求，帮助他们保护土地。我们参照一定的标准来决定接手哪些项目。土地是组织与社区的纽带，如果社区不能获益，我们也就不会去做该项目。

Roy Kraynyk

Allegheny 地产信托公司首席执行官

为了营销，我们总是广泛宣传。我正在着手我的第5本书。我们还聘请顾问，每月一次从营销的角度引导我们朝正确的方向发展：她鼓励年轻的合伙人走出去进行社交——参加聚会、发表演说，以及宣传自己。

另一方面，客户可以简单地访问网站，这样他们就能在打电话给我们之前了解我们的工作。我们每个月有来自全球的 15000 次点击——沙特阿拉伯、韩国，你想得出的国家都有。但你必须要不断更新，因为网站上点击次数最多的部分是新的项目。

James van Sweden，FASLA

Oehme，van Sweden 联合投资公司创始人

关于建立关系网有一系列问题；你得与对方保持联系，并建立彼此信任的关系。你还必须会利用机会。例如，我们正在考虑如何有效地宣传我们去年赢得的四个奖项。我们是少数派，公司由女性掌管，因此这一点为我们在纽约市场获得了在公共部门工作的机会。

Elizabeth Kennedy，ASLA

EKLA 工作室负责人

我们的规模足够大，以至于名声使我们迈出了第一步，但那不足以赢得一个项目。从根本上赢得项目的关键在于委托人是否对你有信心，而这确实基于人际关系的好坏。有些人会认为"那不公平，EDAW 有如此大的优势"（我们的规模），但当我们介入项目，并开始走

访时，有些人会说，"你们会不会对我们而言太大了？我们不确定我们自己对你们来说是否有那么重要。"我们需要谨慎地寻找一种平衡；我们既希望人们了解我们的传统、历史和资源，同时也需要进行那种一对一的个人接触。

Jim Sipes，ASLA

EDAW 高级合伙人

我们向使用我们服务的消费者营销，分发传单与小册子，还会借助公共集会，以及尝试与邻里社区建立关系。我们希望对方能了解我们着眼于他们的利益，是通过做正确的事情来营销。自从我来到了这里，完成了从没有步道（trails）到拥有 46 英里步道（trails）的转变，而这里的人们喜爱步道。我们进行市场调研来确认人们需要什么，以及为什么需要；也有一系列的方法与客户交流，得到有关营销的信息。

Gary Scott，FASLA

西得梅因市公园与娱乐管理局主任

你可能会成为一名伟大的设计师，但如果你不能营销自己，你就挣不到钱。在过去树立口碑就是营销，我仍然喜爱那种营销方式。但大约三年前我雇用了一位营销总监，他的全职工作是推进我们的工作向最佳方向发展，并让人们注意到我们在做什么。我发现这对业务有利，对员工也有利，因为他们乐于见到自己的项目被宣传并获得认同。

Douglas Hoerr，FASLA

Hoerr Schaudt 风景园林事务所合伙人

我们的营销并不像传统意义上的私人工作室那样，某种意味上我们是处于城市中的公司。我们做了大量可以称为研究类型的工作或示范项目。实际上我们向其他

城市机构营销自己："你看我们可以为那个项目做这些"，或者"难道你们不想尝试一下这样做吗？"例如，在河源项目（Headwaters Project）中，我们与交通运输部协作，

拆除一条街道而建成一条小溪。

Tom Liptan，ASLA

波特兰环境服务局，可持续雨洪管理策划人

营销自己：寻找工作

很少有人认为找工作是件轻松的事；诚然，我们在推销自己这种想法让大多数人不舒服，但这正是事实：我们呈现自己最好的职业素养，以使这家公司或那个机构"购买"我们可提供的——我们的知识、技术、能力和经验。为了那样做，为了获得工作，我们必须尽可能有效地"包装"自己。这里的"包装"指的是你的简历、求职信，以及代表作，组织这些材料极其重要，这样你才能以最好的姿态"营销"自己。

思考这样一件事：当你考虑购买一件东西时，什么会影响到你的决定？质量？价值？它是否满足你的需要？它是否有独特的品质或与众不同的特征？可靠性？现在把以上问题与你作为年轻专业人才应有的素质结合起来：你有什么特殊技能与知识？你的基本指导原则是什么？你对自己做的事情和进一步的学习有激情吗？你前进的目标为何？所有这些都说明了组织你的包装有多么重要和多么具有挑战性。每个进入这个领域的人都是独一无二的，因此你要决定如何使用职业公认的"营销工具"最好地展示你的独特"卖点"。

你的简历

你只有一次机会来营造第一印象。你的简历和求职信经常威胁着这种第一印象。当你意识到这点，你就会开始明白使用这些工具来展现一幅能够描绘你可靠、积极的自己和你的能力写照有多么重要。要做好这点需要辛勤的工作。你要仔细思考如何在一份简洁而又精心写就的介绍里描述你所有的资质——如果你寻求的是入门级职位，这份介绍应最好是单页的。（那些更有经验或在进入风景园林之前曾在另一行业工作过的人，可以使用两页。）

如果一家公司、机构或组织在招人，很有可能意味着员工很忙；这也意味着潜在的雇主只有区区几分钟来阅读你的求职信和浏览你的简历。你怎样才能使你的两份文档区别于他们要看的其他所有文档呢？目标是凸显你自己，这可以通过删减求职信与简历以符合那家公司的需要与兴趣来做到。为此，在打造你的简历时要满足四个关键目标：

- 美观——视觉吸引力。
- 简洁——做到简短并使用高质量、有效的文字。
- 切题——只包含有助于塑造你和你的优点的积极形象的信息。
- 有效组织——让雇用方很容易找到他们要找的信息。

考虑美学吸引力

风景园林行业植根于创造性与设计，因此雇用方期望你的简历有强烈的视觉效果是很自然的。简而言之，外观很重要。潜在雇主甚至还没阅读你的简历，他们就会根据它的设计与排版迅速作出下意识的评价。[27] 幸运的是，我们的行业比公司业务领域允许更多地在简历版式上的创意；然而这并不是说欢迎古怪的或者疯狂奇异的简历。绝不要放弃基本的设计原则：虚实的平衡、层次的建立、易读的页面布局等。另外，使用易于阅读的字体（字体不要过多！），如果你需要寄送打印版简历的话，还要使用高品质的纸张。

简洁

如果你的简历简洁，就既能获得视觉吸引力又易读。使用短句，或者要点短语。精简你的想法，避免在一大篇长文本中丢失重要信息。确保选择合理的有意义的标题与副标题，将你的能力、资格组织到不同的类别。选择精确的描述性的词语，使用动作动词描述你所完成的事情，例如"实现了"、"创造了"、"发起了"；选择正面的修饰词，例如"积极地"、"有效地"、"准确地"等等，用以凸显你的成就。

简历的类别与要点

这张列表并不意味着每个类别只有一个标题才是适当的。举例来说，在"职业／工作"类别中，可能同时有"就业情况"和"研究经历"才可以最好地突出和解释你的背景。很可能在"其他"类别中，两个或更多的标题会被使用。这里的列表并不详尽，只是为了说明可能的情况，引发你的思考。

学校教育

　　教育背景；研究经历

可能的副标题

　　研究重点；相关课程；课程重点；海外留学经历；论文题目

荣誉／获奖情况

　　荣誉；学术荣誉；专业成就与获奖情况；荣誉和奖学金；特殊奖励

职业／工作

　　就业情况；专业办公室经历；工作经历；教学及相关经历；教学任务；研究经历

专业相关

　　专业活动；专业身份与奖励；学术组织（或社团）；注册（或许可证）

其他

　　个人特点；主要成绩；能力；电脑熟练程度；兴趣；个人爱好；语言技能；研究与创新项目；手稿；发表的文章与专业论文

课外活动

　　旅游经历；独立旅游经历；活动／组织；志愿工作；服务；各种组织的会员资格

切题

　　既然这份文件被要求如此之短，那么你该如何决定其中所包含的内容呢？第一个准则是要利用好每一个字，仔细地选择每一个字来达到你的目的——帮助潜在的雇主了解你是什么样的人。问自己：我写在这里的文字强调了我的优势吗？它能帮助别人洞察到我的兴趣吗？它能展示我愿意承担责任、积极主动吗？它能从最好的一面展示我的技能和能力吗？

　　也不要忘记留出空间来列举你的业余爱好和活动。企业寻找的是真实的人，而不只是一个设计好的无人驾驶飞机。所以他们想要对除了风景园林师之外的你有一个全面的了解。这不是建议你列出所有的业余爱好；只列出那些对你最重要的，或者那些可能和你的职业方向相关的。

有效组织

　　一旦你想好要介绍自己的所有美好的事情，你需要确定如何安排它们，以达到最好的效果。简历组织的第一个规则是使用倒序列表——即首先列出最新的信息。举例来说，比如在"就业情况"标题下，你想列出三个暑期实习。在这个情况下，你应该首先列出最近参加的一个。这种做法也使得将来更新简历变得很容易，你只需在底部的老条目不再适用时，简单地把它们删掉。例如，当我找第一份工作时，我的简历包括了我的餐厅工作经历，它用来证明在大学学习的同时我也可以应付一份工作职责。不用说，在我有了第一份全职的专业工作后，我从简历中删除了那个餐厅工作经历。

　　第二个组织规则是安排你的简历类别，使它们起到最大的作用。标准的做法是先列出你的教育背景。从这以后，你需要决定用什么样的顺序最好地突出你的经验和技能。一个好的方法是仔细回顾这个工作的描述是如何措辞的——看看它列出来内容的重要性——然后相应地打造你的简历。

求职信

　　你的求职信是重要的求职组合拳的第二部分，包含了你想给潜在雇主留下的第一印象。你已经花时间起草了一份坚实的简历，现在你还必须努力给这份简历制作一个有效的介绍。记住这一项必须表达出你对自己和自己能力的自信。

　　求职信就是一份精心编写的、一页纸的文档，用来为你的简历做好准备。在这里，你可以详述多一点关于你简历上的关键条目，也可以具体谈谈你对这个就业机会的兴趣。对于一份好的求职信，有三个关键的方面：

- 格式
- 内容
- 写作风格和语法

格式

你的求职信和简历将会同时到达，因而它们应该看上去属于同类——它们构成了一个整体。这两个文档应该在外观上和图示上相似。至少它们应该用同一种纸打印。还需要考虑两者有相同或相似的图形样式——相同的字体、页边距等。可能还应该使用相同的名字、图形"标志"或标题——就像公司会用的抬头一样。尽管如此，就像之前提到的那样，使用这类东西时不应该过于格式化或装饰化，而应该表达你的专业化和对设计的感觉。

内容

首先，做好功课。这意味着找到一个真实的人名，你将把信寄给她，同时要了解这个公司的业务。虽然这在接下来的面试中，会显得更加重要，但就算是只为了写出一份不平凡的求职信——这应该是你的目标，你也必须对那家公司有所了解。其次，你要认识到关于你在求职信中包含的内容，应该有一个预期的结构。它包括适当的、专业的书面称呼（开头和结尾），一个介绍段落，一到两段长度的主体部分，最后是结尾段。

第一段是相当重要的——它需要引起收信者的注意。因此，如果你有一个收信人可能知道或认识的人的名字，在头两句话中提起他——你知道的这个人，或者你如何找到的这份工作是很重要的。如果做得好的话，这不是"沾亲带故"（name dropping），而是你使用人际关系网络来制造职业关系网络。你的信已经比那些没有这方面关系的信多一点分量了。

由于第一段是关于你自己的介绍，你必须尽快解释清楚你是谁，你为什么对这一份职位或实习感兴趣（或者为什么你要求参观公司，如果在那时公司没有职位空缺，而你又想自我介绍）。然而，有一件事非常重要——确保你不要对他们说他们已经知道的事，而是整理措辞使得它读起来是你知道他们做什么，或者你会怎样的适合他们的企业文化（office setting）或设计方式。例如，不要说："XYZ 公司以他们的设计范围广而闻名，从湿地恢复到企业办公园区的设计都有涉及"。表明你对他们的了解的一个更好的方式是："通过阅读有关你们公司的材料，我被 XYZ 公司的设计范围深深吸引住了，从湿地恢复到企业办公园区的设计。"这是一个微妙但重要的区别。

信的主体部分是你引起读者对你简历的兴趣的地方。例如你可以提到你参与过的或已完成的与所申请职位相关的事情，或者这份职业需要的工作类型。这里你可以展开简历中的一个或两个关键条目，来证明你有胜任这份工作的能力。你也可以突出你的技能和资格——简而言之，这是吹响你自己号角的一个段落（或者最多两个段落）。诀窍是要做得专业些，不要让人听起来像是你在自夸。

在结尾段你必须要积极主动地要求面试，强调你对这个职位的兴趣，告知你什么时候可以与他们会面。学生们常常不能"达成协议"，需要积极要求面试或是要求参观公司。因此要用积极的方式结束你的信，写明你期待与收信人及他们的员工会面，或者期待亲自上门将你自己介绍给他们公司。

写作风格和语法

对于风景园林师而言，怎样强调好的写作技巧的重要性也不过分。这是你的第一份给公司看的文字样本，显而易见它必须是你这段时期内写的特别出色的一封信。请记住，公司会收到很多求职信，因而即使是一个最小的失误也会使你的信被扔到"印象不深"的那一堆中。

建议你考虑这些关于写作风格和质量的关键点：

■ 有一个值得信赖的朋友阅读和修改它——另一双眼睛是很有价值的。

■ 使用你自己的语言和风格，但是要确保它也是专业的。

■ 使用优秀的语法。

■ 确保没有拼写和排版错误。

最基本的要求是这封信和简历是关于你的。确保你是最好的，你对这个职位的理解是非常到位的，并证明你已经做好进入职场的准备了。

你的作品集

"作品集"的定义是多年来逐渐形成的。它最初指的是用来装人们的单页作品的真实的夹子，通常用来装活页的艺术作品。[28] 在今天，一个作品集通常更被认为是一个整体装帧，既包括内容也包括装内容的夹子——在这个数字时代可能是"虚拟"的，在屏幕上或网上可视。然而不管采用何种表现形式，在找实习或全职工作的时候你总会被要求展示你的作品集，里面须包括你的有代表性的作品。关于作品集有三个方面需要你仔细注意：展示什么，如何组织，以及如何进行最好的装帧。

展示什么

　　看着那些经历了相同课程并完成了相同作业的学生们，却交上来他们制作的完全不同的作品集，这始终是一件有趣的事。决定你的作品集应该包括什么总是具有挑战性的，但正是这些选择会将你的作品集与其他人的区分开来。你所做的决定也将体现你对风景园林专业的一些理解，以及你对设计的感觉。

　　像你的简历一样，你的作品集也必须阐明你的优势。同时，你会被期望证明你清楚一项设计的所有阶段，这意味着作品集必须包括从写生簿上快速勾勒的概念图，到施工图与细部设计的所有例子。因此，例如，尽管地形设计不是你的优势之一，你的作品集也必须包括那个技术的一个代表。不过可能你不会通过展示一个高程点的详细图片或提供几个不同的例子来"特写"它。然而一般来说，作品集一定包括那些你最自信的作品。有时候学生会在收到教授最后评论后，仍去重新渲染或重做他们的设计。这是很好的，特别是如果这意味着你感觉能更好地将它表现出来。在你的作品集中，小组合作的作品也是可以接受，并且是有价值的，只是要澄清它是小组合作的，并指出你所承担的部分。通常，小组合作会有一个报告或出版物，在这种情况下你可以在作品集中放入一两页你所写的或你有所贡献的部分。你也可以考虑带一份完整的出版物，在面试过程中分发给别人过目。

　　把你的作品存档是一件从来都不会太早的事。你的选择越多，就越容易制作一个全面而深刻的作品集。为了确保你有广泛的作品来选择，扫描或者拍摄描图纸上的初期设计概念草图是一个好主意，因为这些是当你需要汇总作品集时希望有，却可能已经遗失了的东西。

　　显然，数字化制作的作品更容易存档。数码相机使你可以毫不费力地拍摄实景实物。你也可以让你的朋友拍下你自己做报告的样子，特别是在一个公共场合的报告。为了安全起见，存档用的分辨率应该比你可能最终需要的分辨率更高。例如你决定作品集中最好只包括一个大的设计的一部分，但是如果分辨率太低，放大后可能会有太多颗粒而无法使用。

如何组织

　　结构组织不一定是准备作品集的"下一个"任务，因为这个过程的所有方面是一起进行的。这就是说，你需要给你的作品集设计一个结构、序列或"流"。这有一些可供参考的方法：

- 按照设计阶段或技术分组（例如，分析图、计算机绘图、施工详图，等等。）
- 独立展示每个设计作品
- 按时间顺序展示作品
- 使用前述方法的组合

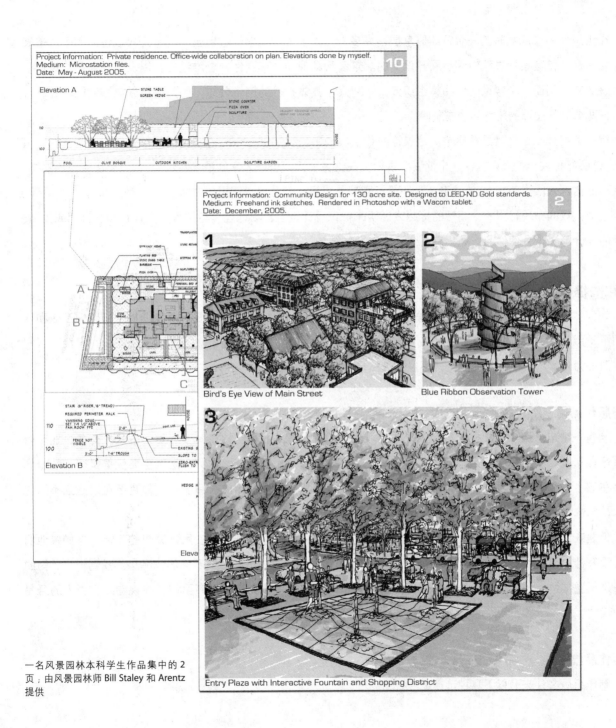

Project Information: Private residence. Office-wide collaboration on plan. Elevations done by myself.
Medium: Microstation files.
Date: May - August 2005.

10

Elevation A

Project Information: Community Design for 130 acre site. Designed to LEED-ND Gold standards.
Medium: Freehand ink sketches. Rendered in Photoshop with a Wacom tablet.
Date: December, 2005.

2

1

Bird's Eye View of Main Street

2

Blue Ribbon Observation Tower

3

Entry Plaza with Interactive Fountain and Shopping District

一名风景园林本科学生作品集中的 2
页；由风景园林师 Bill Staley 和 Arentz
提供

　　在组织你的作品集时的一个重要信息是，许多专业人士说他们希望看到至少有一个代表性的例子，来展示你如何在一整套设计过程中逐步展开设计的。这会帮助他们了解到你的思维过程，以及你在最后的设计中如何解决它。因而一个常见的作品集组织方式是将几个具体技术的例子分组，例如手绘或电脑制图，并结合展示一两个完整设计的所有部分或阶段。

　　组织的另外一个要素是贴标签。建议你在作品集的每一页加进一系列说明和标签，并将它们适当地组织起来，这会给你展示的东西提供一个简要的说明。在这方面需要告诫大家的是：像我们在讨论简历时说的那样，一定不能插入大段说明文本。（注意：这不是指那些作为设计部分里举例用的文本。）每一页（或者每个设计）按照一个一致的布局，用一个简短的标题或说明来标识设计类型、场地规模与位置、设计目标、日期或类别、使用的媒介等。这会使你的作品集有一个稳固的全局结构。

装帧选择

　　如何"装帧"你的作品是你制作作品集全过程中的最后一个决定了。主要有两种选择：打印的纸版和网上的电子版。如果你选择后者，你也应该制作一个相应的纸版，并带去面试。虽然现在一些公司已经可以提供以面试为目的的数字作品集展示，不过这仍然是少数。

电子版作品集

　　准备一个电子版作品集是相当令人兴奋的。现在的网上在线服务可以使其变得更加容易。商务企业可以提供这类帮助，一些学校和大学也给他们的学生提供电子作品集的选择。这种方法的主要优势是很容易给你的潜在雇主发送一个能看到你的电子版作品集的网络链接。根据你使用的在线服务，你甚至可以建立不同的版本，并选择最合适的版本发给每个特定的公司。

　　但是在你"选择电子版"之前，请记住不是每一个雇主都像你一样习惯使用计算机的（特别是如果他们是在没有计算机的时期受到教育和训练的），他们会倾向于用传统的纸版形式看你的作品集。找到一家公司的偏好是很重要的。当然，你需要确定你选择的在线格式在所有主流浏览器程序里都是在视觉上吸引人的且易于阅读的。

纸版作品集

　　制作纸版文件夹有以下几种选择：

■ 螺旋装订：你可以使用螺旋装订册来达到一种更有个性的外观，且它使得你的作品集很牢固。缺点是你不能轻易改变和更新内容。

■ 皮革或塑料的文件夹：典型的文件夹里有干净的塑料套用来插入你的作品。它们同样可以使得作品紧固，且可以通过交换页面顺序来改变你展示的顺序和焦点。

■ 文件夹或小盒子：这种选择使得每页是松散的，从而很容易更新。缺点是内容会更容易被打乱。

其他用来提高你作品集的专业程度的创造性方法是：加标签来确定你作品夹的不同部分（就像书里的章节一样）；使用一致的图形主题贯穿全集，这甚至可以结合到你的简历设计中；引入主题颜色、背景图像、边框或框架。

选择适合你的作品夹包装，权衡利弊，还要比较每种方法的成本。不管你选择什么样的选项，记住必须是很有视觉吸引力，并且可以形成一定图形格式的。

面试

面试是获得一份风景园林师工作的必要步骤。这是一个你和潜在雇主相互了解的宝贵机会。许多学生认为面试是一个单一的事件，而实际上，它是一个过程，一般包括三个步骤：（1）准备面试；（2）在面试过程中的互动；（3）后续事项。当你开始了这个过程后，记住这些重点，因为它们与风景园林职业有关：

■ 像本章开头所描述的，风景园林是一个以服务为基础的职业，这意味着员工是公司的关键资产。因而，你的能力、个性、兴趣等都会被仔细地评估来确定你是否"适合"公司。雇主想要的是你可以创造性地思考，勇于承担责任，并能依靠自己的能力独立工作。

■ 在风景园林行业中很少有人是完全独自工作的；因而在面试过程中，雇主会明确地查看你是否是一个团队工作者，以及你是否了解如何与他人一起有效率地工作。

■ 任何面试都是双向的：你被面试的时候，你同样也应该"面试"公司，来确定你是否认为你会很乐意在那里工作。你应该提一些问题，例如，你的角色将是什么，有哪些晋升的机会等。

准备面试

排练对任何成功的表演都是至关重要的，你可以把面试想象成一次表演，只不过它是针对非常特殊的、通常数量非常少的观众。考虑到这一点，你必须做的第一件事情是调查那些"观众"——即你将要求职面试的风景园林公司。幸运的是，多亏了网络，现在这种信息收集工作比原来更容易了。今天大多数公司都有网站，这是一个很好的入手点。不过不要仅停留在这里。找找是否有公司里的人发表的文章或出版的书籍；或者是否有关于公司的理念或作品的文章。他们有没有获奖？员工有没有做过公益活动或志愿工作？你也应该了解一下他们是否有一些希望通过引进新人来发展的技术或特殊的设计经验。有时候招聘公告会强调这些；如果没有，当安排你面试的时候，问问是否有一些东西他们是特别感兴趣的。

你对应聘公司的研究成果会对下一阶段的准备工作有所帮助：帮助你决定强调自己和作品集中的哪些方面。很多学生说到他们看到面试官很快地翻过他们的作品集时感到惊讶。你可以让他们慢下来，通过预先标出你想停下来并指出一些东西的地方——不要觉得这样做有什么不妥。标记一些（但不要太多）你想确保被注意到的关键的设计或技术。从面试官的角度来看，当你这么做的时候，你是在显示你的领导才能，并且表现了你的积极主动。同时，你必须准备好应对任何对你作品集的讨论，因为你不可能知道什么会引起面试官的注意。这就是为什么你需要对作品集每一页的内容作一个肯定、简洁的评价。

毫无疑问，面试是令人紧张的，但是你可以想办法缓解紧张情绪。例如在面试之前设想自己可能被问到的问题，然后再考虑详细的答案。这个办法能为你增加对面试的信心，并且减少被问个措手不及而用了不恰当的词汇，显得对自己没信心的概率。下面是一些典型的在面试之前需要准备答案的问题，这样你就可以在介绍自己和自己的目标时显得镇定和有自信。

- 为什么申请这项工作？或者，为什么对这项工作感兴趣？
- 你认为你对公司将会有怎样的贡献？
- 你的职业目标是什么？在未来的3—5年你的规划如何？
- 同一个团队中的队友或者同事会对你有怎样的评价？
- 至今为止，你最满意和最有挑战性的工程是什么？最不满意的是什么？
- 你对薪水有什么样的要求？
- 你什么时间可以开始工作？
- [如果你试图换工作]你为什么寻找另外一个工作？（可以回答希望有更好的晋升和发展的机会等，但是千万不要抱怨你目前的工作！）

请不要忘记，面试不仅仅针对你，你也在面试这家公司。如果你想对工作做一个正确的选择，你需要对工作的地方有一个全面了解。而且，你关于这家公司的提问将会激发重要的对话，这些对话对于整个面试是很有好处的。关于这点，这里有一些问题，如果在面试过程中没有提到，你或许可以提。

- 办公室的组织结构是什么样的？

- 你们会同外面的顾问一起工作吗？什么样的类型，多久一次？

- 你们的设计项目建成百分率是多少？

- 出差的频率如何？

- 办公室使用数字媒体的程度如何？（比如 CAD，多媒体，三维可视化等）。能力如何？在设计的什么阶段会用到这些？

- 你们一般会进行现场监理（field/construction observations）吗？

- 对于参加注册考试的员工，公司会提供哪些帮助？

- 你认为你们工作中最有益的是哪个方面？

- 请描述一下招聘职位：我的职责有哪些？

- 招聘的结果什么时候出来？

准备面试的最后一个阶段就是穿着的选择。为了与面试的氛围一致，你需要考虑好自己的"道具服"。为了使自己看起来像一个专业的风景园林师，你需要像工作室里的其他人一样着装。所以，你得研究一下这个工作室的着装有多随意，或者多正规，并且选择同那个程度相符的着装。如果你弄不清楚，那么最好还是穿得正式、传统一点。不过现在可以说大多数的工作室没有严格要求正式的着装，比如男士很少穿着三件套。目标是穿着合适，舒服，同时展现自己的风格。

面试过程中

在面试的当天，提早一些到达，但是不要在你预定的时间之前进去。同按照预定时间到达相比，早到15—20分钟会让你显得更加从容。这样也能避免因路上遇到意外情况而迟到。在这十几二十分钟里，你可以在附近的咖啡馆或者车内，回顾一下你的台词和文件，整理一下你的思路。这样的话，在面试中你会显得更加镇定，并且准备充足。

以有力的握手和微笑来同你的面试官打招呼。有力的握手是展示你对自己专业素养的自信的好办法。在自我介绍的过程中，你可以向面试官询问你面试的时间长短。这样你可以对面试的进程有更好的预估。当然，最终还是由面试官来决定面试的进度，但是，正如前面提到的一样，如果你觉得面试进行得太快，尤其是感到能够体现你能力的时机就要溜走，那么不要犹豫，马上发表观点或者向面试官提问。

在整个面试的过程中，对于你的工作和能力要表现得积极、自信，同时要简洁。如果你的表达或者解释唠唠叨叨，面试官很容易失去注意力。如果面试官需要更多的信息，他将会提出更多的问题。在手边准备速记本并简要地做一些笔记是显示你专业素养的好方法。你也可以用这个本子提示自己想要问面试官的问题。

不要忘记展现对这个公司或者工作室的兴趣。可以请求对工作室进行简要的参观。如果面试官没有时间，可以请另外的工作人员来陪同你。对工作环境和员工进行简要的观察是很重要的一件事，可以看看这里的员工看上去是否满意、兴奋，还是疲于奔命。看看他们之间是否会交流，工作的空间如何。许多工作室都为有一个能激发创意的工作环境而感到骄傲。观察的工作室越多，你对于什么样的工作环境会让你最舒服就会有一个更好的判断。

面试后

在面试刚刚结束之后，回顾你的笔记，同时增加一些内容。记下你见过人的名字，所见到的工程，什么是你喜欢的，什么是你不喜欢的，还有观察到的其他的一些重要事情。这些对于即将面试的工作室与其他工作室进行比较，以及准备接下来的面试都很有价值。保存这些笔记作为将来找工作的参考。在此时此地，或许你还没有找到一份工作，但是你或许会有另一个机会，所以保留这些有意义的信息，迟早会有用。

很不幸，在实际情况中，虽然给面试你的人写感谢信是一种礼貌，但是还是很少见的。所以，建议你把这个专业的礼貌作为面试过程的最后一步。在面试结束之后只需花几分钟的时间完成一封感谢信。在感谢信中，如果你对这份工作感兴趣，可以再次陈述并说明原因。为了使感谢信个性化，可以提到你见到人的名字，还有说明你对所见到的工程哪些方面感兴趣。尽管当今的信件都是通过电子邮件来发送，但是，如果方便的话，你可以通过手写邮件来从大众中脱颖而出。许多专业人士都说他们非常欣赏手写信件背后的真诚和努力。

如果你很幸运地得到了这份工作，一定得要求看关于工作细节、工作组织方式的文件。这也是专业人士的做法之一。这会使你更加清楚这项工作的要求，同时通过官方文件中的内容证实一下个人电话中双方的承诺。拥有纸质文件会使得比较不同工作变得更加容易。

当你有关于工作的纸质文件后，一定要确定你知道薪水和奖金是分开的。记住，健康福利和退休金可以为这份工作提供不少的价值，所以不要只关注薪水。

最后，确认你得到这份工作是因为他们认为你会是团队中有价值的一员。这意味着你需要满意对方提供的待遇，另外对一些条款进行讨价还价是理所应当的。例如，如果你希望获得一份高薪工作，可以争取提高薪水，或者工作室可以在三个或者六个月之后再重新确定薪水。另外一个讨价还价的技巧是可以申请交通补助，或者让工作室来负担两年内专业资格考试的费用——这些费用如果由自己负担还是挺可观的。

您认为对于从事风景园林的公司来说，最大的商业挑战是什么？

最大的挑战是，我们是否能营销好自己，在市场中赢得我们应有的地位；确保我们在项目早期就加入工作团队，而不是晚期。我们必须尽快介入，进行正确的反馈，并且按照商业规则工作。

Douglas Hoerr，FASLA

Hoerr Schaudt 风景园林事务所合伙人

最大的挑战是多元化。我们接手不同规模、形状、目标的项目，这样才能避免事业在高峰和低谷之间震荡。因此，即使我们从外表看起来像一个针对狭窄的细分市场的"利基"公司，但在我们的市场领域中，我们是非常多样的。

Patricia O'Donnell，FASLA，AICP

传统景观、风景园林设计和规划保护组织负责人

能否作出你想要的研究和思考，从容地进行创新，同时仍然有利可图，使你的盈利模式正常运行——我认为这是很大的挑战。也就是说在不断地推进新东西的同时还能正常地赚钱。

Julia Czerniak

CLEAR 负责人，锡拉丘兹大学建筑系副教授

我们正处在一个关键点上。作为小企业会被综合性的公司吞并，每个公司都说他们什么都能做，我们需要非常努力工作，才能达到外界对这个行业的要求。我们行业的利润在被不断侵蚀。所以我们必须夯实基础，成为一个非常强大的行业。

Gary Scott，FASLA

西得梅因市公园与娱乐管理局主任

风景园林公司（即便是最大的）与其他行业相比往往是相当小的经济实体；因此，关于如何成立和经营一个成功公司的知识是有限的。为了这个行业着想，我们需要找到一种方式来记录和传播这些知识。公司首席执行官的年薪调查使他们在圆桌会议上已经意识到这方面的问题，但仍然有很多工作要做。

Kurt Culbertson，FASLA

Design Workshop 董事会主席

领导问题。风景园林师必须具备领导复杂的项目和团队的资格，能够在公共和私人部门中建立预期中的相互信任。

Kofi Boone，ASLA

北卡罗来纳州立大学风景园林系副教授

你的工作量是在比以前更大的情况下，如何发展一个公司，而又不会丢掉那些影响到最终成果的微妙的东西。保持自己优势的完整性的同时，又能够运行业务是很难做到的。对我来说，这个职业中的商业因素是最无趣的，但又是无法回避的。

Jeffrey K. Carbo，FASLA

Jeffrey Carbo 风景园林与场地规划公司负责人

从历史上看，如果一个项目的预算超支，风景园林方面的开支是首当其冲被削减的。我们一直在努力达成的解决方案是，在每一个项目开始时，就将风景园林开支单独列出预算。例如，一个项目中的风景园林预算可能是 500 万美元，我们努力地进行设计，并且在投标时确保专门的风景园林预算资金到位。这样就不太可能被

削减；这一直是我们所做的最聪明的事情之一。
Jennifer Guthrie，RLA，ASLA
Gustafson Guthrie Nichol 有限公司经理

得到那些能够帮助增强和巩固你的实力的工作。有些风景园林师什么工作都接，如果拿药来打比方，可以叫他们"万金油"。但是无论你是专注于某个领域，还是广泛地接项目，都得寻找那些有利于公司营销，提高公司知名度和公信力的工作——这些方面都必须兼顾到。
Elizabeth Kennedy，ASLA
EKLA 工作室负责人

风景园林公司必须保持在时代的前列，保持可持续性。换句话说，不能着眼于过去。一些工作过去做过，但是它是否适应未来？挑战总是存在，我们要一直努力地理解热点问题、新鲜事物，想办法在方案中体现自己的想法。
Tom Liptan，ASLA
波特兰环境服务局，可持续雨洪管理策划人

人们总是看到结果，但是他们没有意识到在这之前需要一个过程，需要一段时间，因此，需要资金去实现这个"结果"。找到愿意为一个正在运作的大项目付钱的人是最大的商业挑战。
Nancy D. Rottle，RLA，ASLA
华盛顿大学风景园林系副教授

维持支出在预算范围内，同时保持设计作品的完整性；当遇到不适合的项目时，能下决心拒绝它。
Mikyoung Kim
mikyoung kim 设计事务所负责人

找到自己的定位是一个挑战。有许多其他公司也可以做这样的工作，那么，在市场上你如何区分你的公司？这就是为什么营销是非常重要的。
Eddie George，ASLA
The Edge 集团创始人

最大的商业挑战是帮助大众了解我们提供的是智力服务。我们的行业发展已经被家居频道（HGTV）此类网站或传媒阻碍了，在这里大家对风景园林的印象是有人平整一块地出来，然后一群人就开始种树了。这些案例并没有真正揭示出风景园林师是如何工作的。我们最大的挑战是让民众了解我们提供的是服务，而不是产品。我们可以给你一个计划，但这一计划只能在我们的头脑中捕捉到。
JACOB BLUE，MS，RLA，ASLA
应用生态服务公司风景园林师 / 生态设计师

与社会各界的商务人士建立良好的关系——例如银行家、房地产经纪人、当地居民。我认识到银行家真的是我最好的朋友，因为他们希望看到我成功。我曾经向银行家借贷，就像问父母要零花钱那样。但现在我明白，他们知道如何经营企业。你可以拜访他们，和他们就自己的发展方向进行真诚的讨论，同时让他们成为帮助你实现理想的力量之一。
Edward L. Blake，Jr.
风景园林工作室创始人

现在我们如何面向世界？工程师和建筑师在国际市场上已经站稳了脚跟，因为他们有了历史积淀，做了很多工作。我们需要在国际上为我们的行业地位而奋斗。
Robert B. Tilson，FASLA
Tilson 集团主席

一个巨大的挑战是风景园林公司如何向客户展示其价值——让客户知道风景园林公司与建筑和民用工程公司之间的不同。在很多项目中，我看到那些本应由风景园林公司完成的工作，却交给了这些公司。有些建筑公司接手城市设计的工作，但他们却没有任何风景园林的经验。因此，风景园林师的作用是存在的，但他们并不总是在做他们应该做的。

Meredith Upchurch，ASLA
凯西树木捐赠基金会绿色基础设施设计师

风景园林行业并没有积极地追求新的机会，但其实我们必须这样做。对企业的挑战之一是不仅维持行业生存，还要让人们知道我们有能力做更多，然后能够推向市场，完成任务，并得到报酬。

Jim Sipes，ASLA
亚特兰大 EDAW 高级合伙人

通过数字看行业

根据美国劳动部下属的劳动统计局最近一年的统计数据[29]，2006 年，有近 28000 名风景园林师在美国执业。该局估计本行业到 2016 年的增长速度将略高于 16%。这种扩张速度被认为比所有其他行业的平均值要快。[30] 得出这个增长预期的原因在将第 4 章进行更详细分析，但总体上可以归因于大众对绿色和可持续的设计的兴趣与日俱增，现在越来越多的人住在城市地区，气候的变化使人们越来越认识到环境对人类健康和福祉的作用。另外，随着老一代的风景园林师渐渐退休[31]，将开辟更多的就业机会。

近 10 年来，有报道注意到，风景园林行业的从业人数将会无法满足不断增长的项目需求。获得风景园林学位的毕业生在过去十多年间只有轻微增长，平均每年约 2.5%。2004 年，只有不到 1500 个风景园林专业毕业生拿到学位。[32] 据估计，毕业生的人数增长速度必须达到每年 6%，这样才够替代退休的风景园林师，以及满足不断增长的需求。这中间近 4 个百分点的差距将为年轻人开启风景园林师的职业生涯提供很多机会。

2008 年的应届毕业生调查发现，风景园林系的学生在他们的最后一学期已经平均参加了 3 场面试，并且最后平均得到两个工作机会。大学生的起薪略低于 41000 美元；具有硕士研究生学位的起薪为约 44000 美元。[33] 同样根据劳动统计局的统计，2006 年中等收入的风景园林师年薪为 55140 美元。占总数 50% 的中等收入从 24720 美元到 73240 美元。收入最高的 10% 为 95420 美元以上。[34] 自 1998 年以来，风景园林师工资增长幅度平均每年在 7.4% 左右。[35]

除了美国的一个州和加拿大的两个省，在其他地方一个人如果没有有效的职业资格证，就不能合法地作为风景园林师。（有关取得执照和注册的程序和要求将在第 5 章详细说明。）因为存在国家级和省级两级注册制度，所以注册风景园林师的总数不得而知，但据估计，在美国为 17000—18000 人之间。[36]

　　风景园林行业一直面临一个重要问题，就是从业人员的多样性。多年来，业界在性别比例方面已经有了相当良好的纪录。2007 年和 2008 年的应届毕业生调查结果表明，大约一半的学生是女生（2007 年为 55%，2008 年为 45%）。[37] 但种族多样性就不同了，2008 年的应届毕业生调查和美国风景园林师协会（ASLA）全国薪酬调查表明，非裔美国人分别只占毕业生总数的 2.0% 和薪酬总数的 1.5%。不过针对亚洲、太平洋区域和西班牙裔的应届毕业生调查结果比全国薪酬调查结果更令人鼓舞。应届毕业生调查结果显示，毕业生中有 8% 的亚太裔和 5% 的西班牙裔美国人，而全国薪酬调查结果显示这两类族裔的薪酬只占总数的 2.9% 和 1.8%。所以说最近的调查似乎表明，风景园林从业者的多样性可能会改变，但非常缓慢。在针对目前的从业人员的全国薪酬调查结果显示，92% 的人认为自己是高加索人[38]，但在应届毕业生调查结果中，只有 81% 的受访者这样认为。[39] 随着新的毕业生进入这个行业，从业者的种族构成多样性将受到影响。虽然这似乎表明本行业的多样化趋势正走向正确的方向，但是这些数字也告诉我们还有很多改善的余地。

专业协会

　　成立于 1899 年的美国风景园林师协会（ASLA）是主要的专业组织，代表美国风景园林师的利益。而加拿大风景园林师协会（CSLA）成立于 1934 年。ASLA 成员人数约为 18000[40]，而 CSLA 成员超过 1300 人。[41] 除了全国一级的组织和机构，这两个协会同时也包括州、省或地区一级的成员。和大多数这样的组织一样，主要目标是为专业人士服务，满足他们的需求，增加公众对风景园林行业的认识，通过支持专业教育和研究，帮助整个行业向前发展。这两个组织还加入了认证机构（美国的风景园林认证管理委员会 [LAAB] 和加拿大的风景园林认证管理委员会 [LAAC]）和颁发风景园林学位的高校之间的对话。

　　ASLA 包括从学生到企业的 8 类成员[42]。CSLA 有两类成员：普通会员和永久会员[43]。这两个组织还向对行业有特殊贡献的个人颁发荣誉会员称号。在 ASLA，个人先成为国家级组织的成员，然后选择想要去的下级组织。而在加拿大则是相反的。专业人士先加入适当的省级组织，然后成为国家级的 CSLA 的成员。ASLA 和 CSLA 都要求其成员遵守协会的章程和职业道德规范。

相关专业

　　随着场地和项目的复杂性越来越高，风景园林师提供服务的时候就必须与相关专业人士进行合作与磋商。

风景园林师通常具备有关设计、施工和保护等广泛领域的知识，不过，就算如此，也有许多项目需要风景园林师学习更多的专业知识来补充自己的技能和知识基础。最有可能与风景园林师一起完成有关规划设计工作的专业人士包括建筑师、规划师、工程师和地理信息专家。

一个项目小组的结构组成，通常是一个专家被指定为首席顾问。根据项目类型和重点，这个专家可能是建筑师、工程师，现在越来越多的情况下是风景园林师。不管谁是领导。最成功的合作是咨询和尊重所有团队成员的意见，当专家团队密切合作时，地区、客户以及社会都会获益，都能在最终成果中分享到专家的改善建议。

而对于与环境有关的问题，风景园林师可以咨询的相关专业人士包括生态学家、林业学家、湿地科学家、渔业专家、土壤科学家，水力工程师和树木学专家。建筑行业的专家越来越多地参与设计和实施阶段的工作。这些专家包括风景园林承包商、苗圃学专家、喷泉和水池设计师、水利专家和成本估算师。

根据项目的位置和范围不同，还可能需要某些专业人员提供咨询和意见，其中包括环境、土地使用或合同法方面的律师，房地产估价师和房地产经纪人，零售顾问和营销专家，商业和金融专业人士，交通工程师，社会学家，医护人员，艺术家和美术设计人员。

以上这些并不是详尽无遗的清单。所谓风景园林师参与的项目固有的多样性，是指他们为了扩充知识、增强对项目的理解，而必须咨询的相当广泛的专业人士。在附录 A：资源中有一个相关专业组织的名单。

职业道德标准

在个人意义上，道德属于一个人的道德责任和义务；在行业意义上，道德更多的指关乎行业发展的原则和规则。只有建立职业道德标准，从业者才能以此为依据，在职业实践中判断对错。

在美国风景园林师协会章程中，既有职业道德规范也有环境伦理守则。职业道德规范适用于所有专业级会员（即不是学生）的人。它规定了会员对于客户、雇主、雇员和其他社会成员应负的责任。该规范分为两种，职业责任和会员责任，这两种规范都有一系列道德标准，是每个会员都应该努力达到的目标。其中一些标准下面还有更细的分项规定。违反规定的成员可能会被投诉。[44]美国风景园林师协会的环境伦理守则也包含一系列道德标准。

第4章 风景园林的未来

风景园林始终在发生着变化，这里变化的方面不仅是生物的或滑雪的，还有越来越多的社会方面的变化。经济上的转变，社区结构的变化，政治力量的加强或削弱都在风景园林作品中得到反映，而实际上，风景园林也影响着这些变化……在内部或者外部。不是所有的这些变化都会让人感到舒服，风景园林未来期望能够朝多个方向发生变化。

——D.M. Johnston and J.L. Wescoat，Jr.，Political Economies of Landscape Change [1]

趋势与机会

今天有很多趋势正在发生，国内的和国际的，这为风景园林行业提供了一些潜在的机会。这些趋势根植于人口增长、几十年来人们生活方式的一系列变化，对环境问题的关注，以及社会的偏好。很多趋势与人有关，也与我们如何与环境相互作用相关，这表明，它们为风景园林未来的发展提供了很好的环境。这一章简要讨论一些展现在风景园林师面前的趋势和机会。

孩子们在亚特兰大儿童乐园保健区的瀑布下解暑纳凉，美国佐治亚州，亚特兰大植物园；Geoffrey L. Rausch 摄影

绿化进行时

　　引用美棉公司最近的广告标语，"美棉服饰，环保先行"[2]，风景园林师在这个职业盛行前就已经是一份注重环保的工作了，有些人认为其本质就是与环保设计相关的职业。考虑到人们对这场所谓绿色运动持续增长的兴趣，风景园林师们将会成为这场运动的领袖。

　　不管个人和公司都需要那些节能的、对人和环境都有好处的产品和服务。如今，节能意味着创新。风景园林设计不仅尊重自然而且还能改善其环境和空间。设计师们曾多次阐述风景园林的益处，除了使环境更优美外，它还尊重生物的多样性，并且对当地的生态系统有帮助。有时比起与自然对抗，园林设计所付出的代价更少。

James Clarkson 环境发展探索中心，密歇根州怀特莱克镇区完美整合了 Kettle 湖的设计，前景是淡水湿地和议会环广场 *。设计者：MSI 设计事务所，由 ASLA 提供，Justin Maconochie 摄影

*Council Ring 在国外设计中很流行，一般是以石材围城一个圆圈座椅，中间留有行走通道，人们一般在其中开会、聊天或者讨论商议事情，象征着人们平等的交流的权利，所以叫做"议会环"。——译者注

屋顶绿化是披绿的一种途径。风景园林师与园艺师、工程师共同设计节能并且漂亮的屋顶。覆盖的植被降低了屋顶建筑温度，同时还可以收集雨水，减少水体流失。

城市化

最近，风景园林基金会组织了一系列的座谈会，主题为"未来风景园林"，阐述风景园林演变的进程，以及这一过程对人文、环境和专业的影响。很多导致风景园林变化的关键性因素已明确，其中首要因素便是城市化。[3]

起初，居住在城镇的人口较多。联合国在 1999 年时预测，至 2030 年将有超过 60% 的世界人口居住在城市里。[4] 人口剧增的城市将如何保障人们的健康、生活质量和环境健康？风景园林师们被召集起来去修复先前的工业废弃地（也称棕地），使它们能够安全地被重新使用起来。随着工业区所在地与工业类型的不断转变，对于风景园林师这一工作的需求将会持续增长。

风景园林师在城市绿化中扮演着重要的角色，如有意义、有价值的开放空间系统。在越来越拥挤和复杂的城市中，人们对陶冶情操的空间、生物多样性的保护、净化雨水和废水的处理、停车场的使用、娱乐休闲廊道的需求将会与日俱增。所有的这些要求根据不同的背景和多样的使用人群都必须在设计中得到满足。尊重城市发展、恢复自然环境、还原文化历史，这些因素也是十分重要的。设计一个精致的作品，给人以根深蒂固的归属感，这也是风景园林师所擅长的。

气候变化

越来越多的证据表明全球气候正在发生改变。普遍认为我们将面临更猛烈的暴风雨、上升的海平面和地区性气候模式的改变，有些地方还会遭遇更炎热的天气。积雪的变化会导致溪水流动和洪水泛滥，上升的气温意味着植物和动物会受到影响。美国超半数以上的人口生活在沿海地带，他们将首先面临怎样去应对更强烈的风暴、飓风和上升的海平线。[5] 在解决和处理这些问题时，风景园林师和工程师、规划师、生态学家等专家一起合作，他们的能力和专业素养使他们能够成为小组的核心成员。

温室气体的排放是全球变暖的一个主要因素，这其中二氧化碳是元凶。[6] 有鉴于此，碳分离越来越受关注。要实现碳分离，必须将二氧化碳储存在封闭的容器中永久保存。这其中只有两种方式能完成这一过程：通过碳剥离技术注入地质层中储存起来，或通过生态学的方法利用植被进行碳固定。[7] 特定的植物和土壤可以进行碳固定这一过程。碳元素先被植物的根吸收再降解在土壤之中。利用自然循环本身从大气中移除二氧化碳被

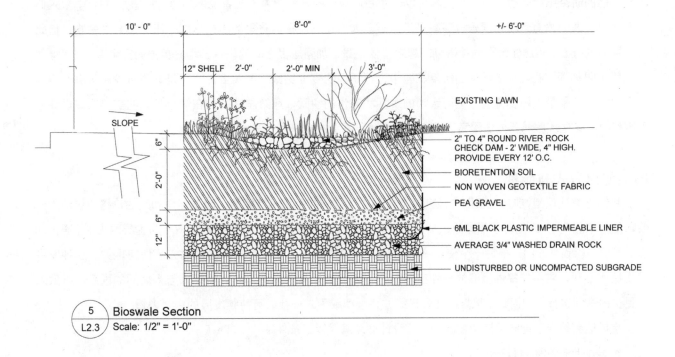

10' - 0"   8'-0"   +/- 6'-0"

12" SHELF   2'-0"   2'-0" MIN   3'-0"

SLOPE

EXISTING LAWN

2" TO 4" ROUND RIVER ROCK
CHECK DAM - 2' WIDE, 4" HIGH.
PROVIDE EVERY 12' O.C.

BIORETENTION SOIL

NON WOVEN GEOTEXTILE FABRIC

PEA GRAVEL

6ML BLACK PLASTIC IMPERMEABLE LINER

AVERAGE 3/4" WASHED DRAIN ROCK

UNDISTURBED OR UNCOMPACTED SUBGRADE

5   **Bioswale Section**
L2.3   Scale: 1/2" = 1'-0"

生物沼泽地的剖面构造；风景园林师 Lager Raabe Skafte 提供

视为减少温室气体最有效的方法。[8] 植物和生态系统（如森林、湿地）在碳分离上起到至关重要的作用，风景园林师应不断努力，通过管理、恢复和保护的手段来实现碳固定。

人类健康

对室外环境如何有益身心健康的研究，是 150 年前风景园林专业在美国成立的主旨目标。现如今越来越多的研究发现人类生活质量的提高与大量接触自然环境有着紧密的联系。得出这种研究成果后，它的重要性引起了人们的重视。风景园林师将成为改善人类健康居所，提高幸福指数这个前沿领域的专家。

例如，研究发现，在自然环境下学习能提高儿童的表达能力；经常在户外活动的儿童比平均每天花 6 个小时看电视或坐在电脑前的小孩要健康。[9] 通过这些案例的研究得出了这些孩子均患有"大自然缺失症"。人类远离自然容易导致注意力不易集中、反应力下降、儿童肥胖和心理疾病等问题。[10]

其他的研究结果表明，与自然接触可以改善我们身体的自愈能力（或者说是加速了痊愈的过程）。[11] 人们广泛认同适量的体育运动和娱乐能够减轻压力感。人们还喜欢在树林里散步或是瞟一眼自然野生生物，借此来恢复愉悦身心。[12] 居住区里的种植可以起到降低犯罪、加强居民之间的联系、培养更强的安全感的作用。[13]

风景园林师们在儿童娱乐区、康复花园中进行了多次专业实践。事实上，不管是必不可少、可供行走的邻里空间，还是最大限度营造自然而亲切的生活和工作的空间，风景园林师们在健康社区的前沿领域设计中不懈努力。这些实践和新方法提高了人们的健康水平并会在未来发扬光大。

场地使用方式与能量

我们逐渐认识到，前几十年西方国家城市化的生活方式并不是可持续的。随着能源和汽油价格的波动（一般都是越来越高），人们对节能家庭、节能商业和节能社区更感兴趣。20 世纪末以汽车为主导的生活 [通常称为"扩张"（sprawl）]，把每一个使用者都与其他人隔离开来，你可以开车去你想去的任何地方。这种发展模式极为不利，它不能提供足够的户外空间，阻止人们选择其他交通工具，隔绝人与人之间的联系，导致人们更少的生活选择。[14] 因此，风景园林师已经并将继续成为未来社区可持续发展的中坚力量。

想要达到绿色节能和可持续发展，环境设计必须满足以下条件：

- 鼓励步行和骑自行车出行；
- 提供方便的公共交通条件；
- 提供多种住房选择；
- 利用绿色基础设施加强对雨洪排放的管理；
- 提供舒适自然的、励志的、游憩的户外空间。

当通过改进现有设施能使之更节能，或通过新途径、新方法能减少能源的使用时，风景园林师将带领规划师和工程师们不断努力着以期达到目标。

自然的价值

自然生态系统，如果让它单独存在或恢复原貌，那将对世界提供无尽的益处：树木和植被可净化空气、摆脱污染；植被和土壤可净化水体；湿地可减轻洪涝灾害；植被可平衡温度、调节湿度；正如前面提到的，植物的根和土壤可以固碳——当然这只是其中的一点点好处。这些益处被统称作生态系统服务。[15] 以一棵树提供的服务为例：50 年内它可产生价值 3 万美元的氧气，净化价值 3.5 万美元的水体，消除价值 6 万美元的

俄勒冈州格雷舍姆市 Hogan Butte 自然公园；GreenWorks，PC 提供

空气污染。[16] 由于缺少一个可衡量的"市场"，这些服务价值直到它们消失时才会为人们意识到。例如，湿地的日益破坏才导致了洪水频繁地泛滥。

　　设计者、开发者、规划者以及各级政府都逐渐在寻找能代替机械的、技术的、硬质的生态解决途径。风景园林师敏锐地意识到自然系统的价值，并极力主张应用更多生物的、自然的方法。随着人们对生态服务系统作用和价值认识的提高，风景园林师和科学家们将一起引导人们敬畏和恢复生态系统环境。

　　ASLA 制定的可持续设计导则（Sustainable Sites Initiative ，SSI）首创地开发了新的指南，这个评估系统将建立一个有等级的系统和框架，去帮助设计者和开发商把自然系统因素考虑到设计中去。这意味着 SSI 设计规范将成为 LEED 设计导则的一部分，并最终将合并到美国绿色建筑协会的绿色建筑标准体系（LEED）中。[17]

概念时代，创新时代

有很多人认为以左脑能力为主导的信息时代正在消逝，而以右脑能力为主的新兴世界即将到来，富有创造力的人们将大行其道。新时代——即 Daniel Pink 2005 年在《全新思维》(*A Whole New Mind*) 一书中提到的"概念时代"——来临的判断是基于世界的复杂性和预见性，未来将属于那些"具有创新、信心和驾驭全局能力等全新思维的人。"[18] 人们把这转变的时期叫做"创新时代"。[19] 无论如何，我们已经进入了一个崭新的时代。这时代的人才想要获得成功，需要具备以下的素质：强有力的设计意识，能够多角度看待问题的高情商，以及将复杂多样的信息提炼整合、为自己开拓视野的高超能力。风景园林师通常具备这些能力，并且通过训练强加了技能。

Pink 在书中提到，你对以下三个问题的回答将会影响你的未来：

1. 这份工作外包给海外的工人做成本会不会更低？

2. 使用电脑，你的工作效率会更高吗？

3. 在这个物资充足的时代，我所做的能否满足非物质的精神需要？ [20]

幸运的是风景园林师的回答分别为"否，否和是"。风景园林师解决某一特定的问题，不同地点用不同方法，没有既定的解决办法。他们创造空间不只考虑功能性，还要设计出美观、有意义、时常能激发人们灵感和情感参与的空间。如果 Pink 的推断是正确的，那么风景园林师的未来将是前途无量的。

专业需求增长

正如上文所诉的趋势，过去几年中的很多调查和就业排行均显示了风景园林这个专业令人激动的趋势，其中列出了新纪年排名前十[21] 和前三十[22] 的职业选择。美国新闻与世界报道 (*U.S. News and World Report*) 评估了决定职业排行的五个因素：(1) 工作满意度——劳有所得并且工作开心；(2) 培训难度——培训所需时间长短, 理科和科学所涉及程度的多少;(3) 声誉——从受过大学教育成人的角度看;(4) 职业市场前景——包括美国本土劳动部门的数据分析以及海外拓展业务的可能性；(5) 待遇——包括员工津贴。[23]

美国劳动部门预测，接下来的几十年内，风景园林职业的增长率将会稳定在 16%，比其他所有职业的平均值都高[24]。需要补充的是，目前很多风景园林师都已临近退休年龄，从事风景园林专业的机会要比公布的数据还要乐观。然而，时下学习这个专业的学生却非常少，无法满足从业的增长需求[25]。甚至是在经济不景气时，由于要加大内需，也会促进这个专业需求的增长。

访谈：挑战常规

Chris Reed
StoSS 创始人
马萨诸塞州，波士顿

Chris Reed 正参观某地；StoSS 提供

您为什么决定以风景园林为职业？

当我在哈佛学习城市设计时，对城市的发展很好奇，同时也被 Fredrich Law Olmsted 的作品所吸引。尤其是对他为城市建设作出的努力和对城市基础设施的运作方式产生了浓厚的兴趣。对城市系统运作的好奇促使我从事了这个专业。

为什么要读风景园林硕士？

大学毕业后，我在 Michael Van Valkenburgh 公司工作了一年，主要是为了了解工作室的情况。Michael 给了我一个很好的机会。恰恰是这一段经验，促使我决定从事风景园林行业。之后，在宾夕法尼亚州立大学，师从 James Corner 教授，开始了研究生学习。这是我形成工作观与思想观的重要时期。

您认为首次工作经验的价值何在？

我在 Hargreaves 事务所剑桥工作室工作了 6 年。George Hargreaves 给了我巨大的帮助，不仅培养我成为一个设计师，更教会了我如何将项目建成、组织团队工作、处理大量复杂的工作。我学会了签合同、工程管理，也学会了如何应对咨询者、客户和公众。他给了我大量的机会并让我懂得什么是责任感，这些都帮助我成长起来。

您是如何开始自己的事业的？

我发现有很多问题我想要自己去处理，于是就离开了 Hargreaves 事务所，成立了自己的工作室。最开始在一个刚毕业的年轻人的帮助下，我把公司运作了起来，但我经常会成为光杆司令。我们决定抛开现有的领域，去寻找一个新的工作领域。我们找到了一些小项目，虽然报酬不高，但在设计上竞争压力很小。

我同时也兼职做教师，教授我研究领域的知识。我经常写作，也常在不同的场所演讲。这对我的语言功底和应变能力要求很高，迫使我更独立思考。口语表达也是完成工作的一项重要内容。这种设计结合研究的方法，经过 8 年的努力取得了一定成效。

威斯康星州格林贝的效果图，冬夜里的滨水地区；StoSS 提供

孩子游戏的"安全区域"。加拿大魁北克 Grand-Métis 花园节入口；Louise Tanguey 摄影，StoSS 提供

您如何描述您工作室作品的特征?

这是一个很小的工作室，长期稳定在 4—10 人左右的规模。我们的工作往往会在对城市环境及风景园林问题处理进程方面挑战传统的方式。我们在了解工程后，帮助客户改造并延展这个项目。我们专注于公共领域，设计手法多样化。我们的项目国际化，不仅遍布全美，而且在迪拜、以色列和多伦多也都有项目建成。

河边地区木栈道"折叠"了三个维度：创造了眺望点、城市海滩，以及一系列混合的长凳和躺椅，可供人们以各种方式利用；由 Stoss 提供

到目前为止，您最有价值的项目是什么？

是加拿大魁北克 Grand-Métis 的游戏花园。这是一个国际性的花园节，邀请到了很多的设计师来做临时展园的设计。我们对游戏的概念很感兴趣，并想通过这个项目检测一下这些创意是否为公众接受，毕竟这种设计是以前没有做过的。我们一直对操场的软橡胶表面材料很感兴趣，这些材料从未被应用到操场和公寓地板以外的地方。它是已经存在很久却未被开发使用的材料，它的使用价值很有潜力。正因此，我们设计了橡胶材料的起伏地形。这个创意十分吸引人，因为它黄黑相间的色彩，在树林里非常醒目。参观者在自然环境中突然偶遇这个花园，无不惊喜。这个场地完全是由安全材料制作而成。每当看见人们被它吸引时，我们都很骄傲、自豪。

您工作中最令人兴奋的是什么？

与公众合作是非常富有挑战性的工作。但这种付出是值得的，因为我们能够改变一个场地的环境使人们获益、令环境受益、让城市受益，同时也可以促进经济的发展。这个工作另一个优点是我们可以去很多的地方。我们今天可以在威斯康星州的格林贝，而过几天后就在迪拜。你可以接触不同的环境和不同的人，以及世界上你不了解的事。这点是很具有诱惑力的。

在设计过程中，您是否经常与社区或者最终用户交流？何种方式？

我们一直在公共环境里工作——公共演讲展示、开放的工作室、调查采访和关注群体需要等。公众是最具想象力的顾问团，他们具有能量和热情，而且热心关注所生存的环境。项目的短期成功和长期成功都很重要，公众的意见我们都会严肃对待。

您能给求职者提供一些建议么？

你必须要有战略性的思考并诚实地表现自己。你应该通过某种方式给人们留下强烈的印象。与我沟通的最好的方式是发电子邮件，写上三四句话表达出你在找工作、在哪读大学或工作，然后再告诉我一些关于你的趣事就可以了。这不应该是四段式的八股文，况且我也没时间看那些，而应该是一些有价值的信息。最后再附上简历和一些展示设计能力的作品。这样才是最关键、最有效的。

访谈：跨学科的实践

Julia Czerniak
研究与地产设计中心
CLEAR 负责人，锡拉丘兹大学建筑系副教授

您为什么决定以风景园林为职业？

我在还没上大学时，就知道自己想要成为一个风景园林师。记得有次和朋友吃饭，他告诉我他是学风景园林专业的。他说这是一个包含各种不同类型项目的户外设计工作。这点真的吸引了我，因为我对山水风景和设计都非常感兴趣。

为了获得风景园林和建筑学学位您都读了哪些学校？

当我发现有风景园林这个专业时我已是宾夕法尼亚州立大学的一名学生了。我获得了苏格兰格拉斯哥艺术学院建筑学的研究硕士学位和普林斯顿的建筑学硕士学位。我更愿意把自己定位为一个风景园林师，因为那才是我所工作的领域。本科土壤学、植物学和

Julia Czerniak 教授正在评论学生的作品

Large Parks examines an increasingly hard-to-define landscape type: the urban park. By viewing such landscapes through the lens of size, the essays contained here cut across conventional binary categories of classification—historic or contemporary, built or unbuilt, competition-sponsored or commissioned—and enables us to analyze landscapes not usually considered collectively. From a discussion of historic parks such as New York's Central Park and Paris's Bois de Boulogne, to intriguing new projects such as the Orange County Great Park in California, Large Parks highlights the complexities that go into designing these massive and culturally significant works. Editors Julia Czerniak and George Hargreaves present writings by leading academics and practitioners, along with original graphics and photographs, foregrounding a set of preoccupations in landscape discourse that relate in complex ways, such as ecology, public space, process, place, site, and the city.

ESSAYS BY

John Beardsley   George Hargreaves
Anita Berrizbeitia   Nina-Marie Lister
James Corner   Elizabeth K. Meyer
Julia Czerniak   Linda Pollak

PRINCETON ARCHITECTURAL PRESS
www.papress.com

EDITED BY
JULIA CZERNIAK and GEORGE HARGREAVES
FOREWORD BY JAMES CORNER

《大型公园》（*Large Parks*）的封面，作者由 Julia Czerniak 和 George Hargreaves 共同编写，由普林斯顿建筑出版社重新印刷出版

地质学方面的学习为我打下了坚实的基础，我会同时考虑小范围和区域性的问题。在普林斯顿的建筑学教育带给我不同的思考角度——批判性的理论和历史性的观点。这种批判性的思想从建筑学投射到风景园林领域，并成就了我个人的思想理论。所以我所接受的这些课程训练都是十分重要的。

您的职业有很多个舞台，您在里面的角色分别是什么？

通过教书、搞研究、写作和讲座使我的职业更加学术化。我的个人实践由此而生。在锡拉丘兹大学建筑系，我是 UPSTATE 智能团的主席。同时，我自己的设计工作室和另外两个伙伴共同完成一些小型学术实践，他们分别是我的丈夫和合伙人 Mark Linder 先生。Linder 先生也是一个学者、建筑系研究生部的主任。我在工作室里的角色基本上包揽了全部的工作——创立者、负责人、设计师和会计。

您如何描述您工作室作品的特点？

2005 年，入围托莱多艺术竞赛（Toledo ArtsNET competition）让我们有了第一桶金，于是 CLEAR 公司正式成立。我们的设计有两大特色。第一，是对大

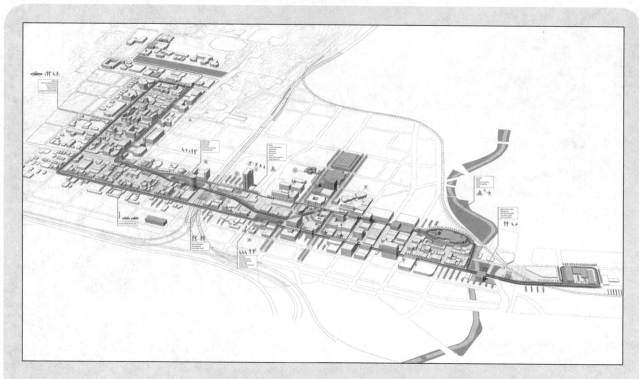

轴测图，锡拉丘兹 L 形作为运输环路，城市重建图；项目团队：Field Operations and CLEAR. Field Operations and CLEAR 绘制

型城市风景园林的研究，我们将研究内容刊登在图书或公共出版物上，如《多伦多唐斯维尔公园设计案例》（CASE:Downsview Park Toronto）和《大型公园》（Large Parks），《大型公园》是我和 George Hargreaves 最近合著的书。第二个特色是，我们在被称为"锈带城"*（Rust Belt City）* 的地方做城市设计。我们的项目成功在多伦多、匹兹堡和锡拉丘兹赢得竞标，设计中强调了我们的反思，并通过设计处理手段将活力重新注入锈蚀的城市中去。

您写了两本关于公园的书，简述一下对公共空间价值的认知。

这是关于珍惜生命的认知，这超出了自我的境界，它在你的电脑、电视甚至花园之外。这建立在相信人们仍愿意和其他生物互动的基础上。那么问题就变成了怎么能让公园提供那些在当代迷失了的东西呢？现在公园扮演的角色和在 19 世纪的作用完全不同。比如现在公园的作用是集会功能，而不是提供信念的场所。

* "锈带城"，即衰退地带，指美国中西部诸州。这些地区曾经是美国传统制造业中心，现在衰退了，所以叫生锈地带。——译者注

您觉得目前为止最有价值的成果是什么？

我的出版物。《多伦多唐斯维尔公园设计案例》一书曾有一段时间脱销，《大型公园》在出版后的几个月内进行了第二次的印刷。似乎人们渴望了解公园建造的准则。不管是在设计和维护中融入了创新性的生态理论，还是关于公共空间在当今文化中的挑战，都在《大型公园》一书中有所提及。我想这就是人们觉得它有价值并阅读的原因。

您工作中最令人兴奋的是什么？

以喜爱的工作谋生。我能把我的兴趣与风景园林、建筑、城市规划和设计文化结合起来。这让我很激动。

匹兹堡矩形广场，从北大街看铺地；CLEAR 公司绘制

公众、使用者的参与程度有多频繁？以什么样的方式参与进来？

由于我们的工作性质和规模，与公众互动经常是设计的一部分。公众参与的方式有两种，一种是建议反馈，一种是宣传教育。在项目开始阶段成立专家顾问团。每一个阶段结束后，我们都会收到意见反馈。在有些项目中，会采用更加传统的公共咨询会议的方式。邻里公众会给我们意见反馈。但有的时候会有更多的教育成分在里面，不管怎样，大众都会知道发生了什么。

新技术在您的设计过程中起到怎样的作用？

两种角色。首先是材料系统的研究。一种新的透水再生材料，或一种新的合成材料可能会达到用更少的资源作出更多的设计方案的目的。每一个城市级的项目都会涉及绿色基础设施的处理策略，材料技术在快速发展中。我们同时也在反思工作的流程，该如何处理多样化的数字科技在工作中的应用。

您一般会向哪些相关专家进行咨询？

生态学家、房地产开发商、照明和平面设计师。在经济衰退地区工作，房地产的因素便显得十分重要。我们应该去了解空置的土地和拖欠税的土地，学习如何去收购物业和使用税收信贷。我们的策略和经济、政治可行性是相关的。

您认为多数风景园林师具有什么样的才能、天资和技巧？

很强的分析能力、组织能力、领导力和创造力。大多数的风景园林设计师对环境都有一种热情，不管是人工的还是自然的。

访谈：应用研究的新途径

Nancy D.Rottle，RLA，ASLA
华盛顿大学风景园林系副教授
绿色发展研究设计实验室主任
华盛顿州西雅图市

您为什么决定以风景园林为职业？

那时候我还是一名老师，我在带小孩去公园和水族馆玩的时候，开始意识到风景园林教育的意义。我逐渐明白风景园林师在做些什么，大范围的水土保持、风景园林教育等。这些是我从事风景园林事业的动力。

您是怎样选择学校攻读您的学位的？为什么？

当我准备换职业时，我的丈夫正要去俄勒冈大学，这样我也顺其自然去那儿读书了。俄勒冈是以设计闻名的大学，它在设计思想、概念和历史方面都很强，同时还有一个很好的植物项目，这些都为我日后的学习打下了基础。

您如何描述您以前的工作室 Jones & Jones 的作品特色？

Grant Jones 专注于三个方向的研究。第一是要充分了解场地；第二是处理好场地与周围的关系，加强场地的可识别性，增强生物生态的完整性，促进场地

在哥本哈根，Nancy Rottle 教授带着学生进行为期两周的实习，学习区域可持续风景园林设计；Liz Stenning 摄影

们会更紧密地与社区合作，并且，我们会进行一些研究来提出一些新的方法。

作为一个学者，我们会教学、研究，并且提供服务。我主要教授理论课和专业课。我教授的设计课程通常处于基础设施规划层面。

我指导了一个关于绿色基础设施的研究项目。绿色发展研究设计实验室通过设计的手法来研究绿色基础设施的潜在效应，旨在一个更加绿化的环境。[26] 我聘请了很多研究生来参与其中。有时，这些研究会与工作室的工作重复。这个研究着眼于2100年的西雅图，当地的专家们完成了一个100年的绿色基础设施愿景规划。

风景园林专业的学生 Rochelle Hohlfeld 在西雅图奥林匹克雕塑公园做调查问卷，这是绿色发展研究设计实验室与 Gehl 建筑师事务所合作的项目"公共空间，公共生活"研究的一部分；Nancy Rottle 摄影

到目前为止，您最有价值的项目是什么？

"锡达河流域环境教育中心"项目。这是一个涉时很长的项目，从规划、设计到建设阶段，我都全程

学生和设计专家们一起工作，有关西雅图开放空间未来100年的项目规划，学生们帮助领导23个队伍在城市不同的地方工作；Nancy Rottle 摄影

的文化交流；第三，设计能促进人与自然的联系。总之，不管是对本地、公共机构还是私人客户，这是最重要的三个方面。

您能谈一谈作为一位专业学者的经验吗？您在大学里的角色是什么？

我们采用传统的教学方法去指导学生。学生应先了解设计是什么，培养一些技能，例如图形方面的。然后还要参加一些高级的设计课程，在这些课程中我

西雅图 2100 愿景规划中，学生建议用机械装置处理污水，然后用处理过干净的水灌溉街上的农田；Vanessa Lee 绘制

参与。我们有一个很好的甲方，他的想法和我们如出一辙。在我教书后，我会经常采访人们对该项目的使用感受，我们称之为"使用后评价"。使用者很感谢我们的设计，而这些也都让我们觉得很欣慰。

您工作中最令人兴奋的是什么？

从事风景园林最让人兴奋的是工作的多样性——总是让人有新鲜感。你就像一个侦探，不仅要去解决问题，更要创造新的、神奇的事物。要将很多东西拼凑在一起，这对我来说太刺激了。我想这是我喜欢教书的理由——看见学生们成长，发现他们的能力，把握他们的机遇。

您的课常常涉及大众意见，请解释一下原因和做法。

每个项目中的大众意见都是很重要的，至少是在比较好的工作室里是这样的。到了第二年，几乎每个工作室都有公众意见这一部分的参与。这样做常常会有很多惊喜。以前你会猜想终端用户的需求，可到最后才知道那些并不是他们想要的。与此同时，有的时候你还要考虑社区中的其他一些人，还有一些可能与项目并不直接相关的人，也都要请他们参与进来。有些用户可能是以后的几代人；当然，也有可能有些用户是不能开口的。Grant Jones 过去常说，土地是我们的客户，我们必须为土地说话。

您能给求职者提供一些建议么？

第一个建议就是要明确自己想在哪里工作，不管是私人公司还是公共部门，做设计还是施工，要先搞清楚这个公司的发展领域；充分了解自己的兴趣，就能锁定更好的公司。最后，做一本漂亮的作品集。如果想确定能得到这份工作，可以展示一下 CAD 技术。与此同时，还要让招聘者知道你是一个很好的团队合作者。

在让我们世界变得更美好方面，风景园林师起到了怎样的作用？

开辟新视野：风景园林师的一个重要任务就是让人们看到未来的前景，引领并帮助后者使这些景象成为现实。从高于设计层面的角度来说，对风景园林师的更高要求是：能够调动并应用一流的科技与知识，来开创新方法用于我们的设计、用于塑造我们的世界——使其从局部到整体都向着更美好的环境发展。为了能够创造这些新方法，需要风景园林师去应对方方面面的问题。

您认为风景园林专业的前景怎么样？

风景园林是未来必不可少的专业，它能解决 21 世纪的重要环境问题：资源、城市化、社会公平和生活质量等问题。
Mario Schjetnan，FASLA
墨西哥城市与环境设计事务所创始人

我认为在未来风景园林将会日益重要，它对提高社区环境质量是至关重要的。风景园林师了解城市、公园和我们居住环境的构成因素，了解自然环境的重要性。人与环境是共生的关系。设计师有多重视这个专业，多大程度上与专家、客户和公众分享，决定了这个行业未来发展前景。
Nathan Scott
Mahan Rykiel 联合事务所风景园林师

这个专业的需求会在未来不断地增长。在对于土地资源的利用和保护及场地规划设计等领域，公众对我们所扮演的塑造者角色予以越来越多的承认。这是被从业者和相关增长的数据所证实了的。
Douglas C. Smith，ASLA
EDSA 运营总监

发展的天空是无限广阔的，特别是由于环保运动的兴起——如果没有风景园林师，我们的居住环境很难改善。这个行业的薪酬水平在不断提高。我们想吸引最好的和最有潜力的孩子来我们专业学习。我很看好这个有长期效益的专业。
Douglas Hoerr，FASLA
Hoerr Schaudt 风景园林师事务所合伙人

这个专业将继续扩张，机会也会越来越多，这是由于城市设计中建筑规划绿色一体化的需要。

Mikyoung Kim

mikyoung kim 设计事务所负责人

满足经营要求是未来职业发展的趋势。有很多设计、工业改造的案例表明了很多保护策略并不能满足当地的经济模式需求，所以被搁置了。在未来这些将不会成为问题。我们要找到更有效的途径让保护策略更加合理。风景园林应该是一个兼顾环保事业与经济效益的专业。

Kevin Campion，ASLA

Graham 风景园林师事务所项目经理

可持续策略、节能材料的使用和社会经济的责任三者结合起来的设计，是未来风景园林发展的主要实践方向。

Todd Kohli，RLA，ASLA

EDAW 旧金山公司联合任事股东、资深总监

这个专业是当今的，也是未来的。没有比维护我们的家园、保护地球资源更重要的专业了。

Ignacio Bunster-Ossa，ASLA，LEED AP

Wallace Roberts & Todd 有限公司负责人

专业的多样化程度将会越来越高。我们要适应这种多变性，而不是异样地去看它。并不是每个风景园林师都能兼顾好各个方面。我坚信未来人们会看到更多的风景园林师与其他的设计师一起合作。当项目变得越来越复杂时，各行业的专家们在一个团队里合作将是很平常的。

Jeffrey K. Carbo，FASLA

Jeffrey Carbo 风景园林与场地规划公司负责人

我认为风景园林专业即将拆分了。未来将有生态师，传统的风景园林师。我认为未来甚至将会面临专门的生态恢复设计的认证许可程序。

Jacob Blue，MS，RLA，ASLA

生态应用公司风景园林师 / 生态设计师

未来的行业发展可以拿法律行业来做比喻。人们拥有自己的"诉讼人"——法庭上实际的辩论者和对抗者；同时还有"律师"——事件的简述者和执笔者。尽管同样参与法律事务，"律师"并不实际地去操作法律，他们更多地在政府里工作，他们接受法律培训并将法律应用到行业的方方面面中去。同样，风景园林师以影响世界为目的，他们看待这个世界的方式将渗透到其他的专业中去——无论是在人们的实际工作领域、还是在人们接受与风景园林行业相关的教育领域。时代即将到达一个临界点，这之后的人们相对于在西方世界学习和实践风景园林专业，将会更多地走出这个圈子。专业全球化将是不可逆转的大前景。

Kofi Boone，ASLA

北卡罗来纳州立大学风景园林系副教授

风景园林专业如果能同时教授人们学习基础知识、掌握设计技巧，以及设计思想，那它的未来发展将是非常好的。

Mark Johnson，FASLA

Civitas 股份有限公司主要创立人及董事长

只要能让公众了解风景园林的价值，这个专业将会前途无量。在解决环境问题时，我们应更有自信，因为通过我们的努力可以达到设计与美的展示、科学与生态的结合。这些是其他专业所不具有的能力。如果我们真的能做到这些，就可以确定这个行业将会有一个美好的

明天。

Meredith Upchurch，ASLA

凯西树木捐赠基金会绿色基础设施设计师

当我们在更广阔的天地中听到更多自己的声音时，这个专业真正的潜力才发挥出来。我们有许多东西要向人们阐述，并学会用心聆听。我们要更自信、大声说出风景园林的重要性。

Kurt Culbertson，FASLA

Design Workshop 董事会主席

一些出版的书籍对社会有很大的影响力，如《寂静的春天》（Silent Spring）[*]和《沙乡年鉴》（Sand County Almanac）[**]。如果能写一本著作有如此大的影响力是非常令人兴奋的，而且它真的能让世界变得越来越美好。改变公众对这个专业所关注焦点问题的印象是非常重要的。

Jim Sipes，ASLA

亚特兰大 EDAW 高级合伙人

我们要成为说客。要公开地阐述我们的观点为大众所知，并对法规法令产生一定影响。我认为这在未来将是一件重要的任务。

James van Sweden，FASLA

Oehme，van Sweden 联合投资公司创始人

未来专业发展是强大而有活力的，但我们必须牢固掌握已有的独门技巧，因为别的专业正在虎视眈眈，他们也想成为我们其中的一部分。不能说他们完全可以做到这些，但很可能会收购我们。商场如战场，风景园林正在被吸纳到一个大型的多学科中去。我认为我们有必要保留自身的特质，而不仅仅只是辅助风景设计。

Gary Scott，FASLA

西得梅因市公园与娱乐管理局主任

未来的挑战将会越来越严峻。21 世纪，大约一半的世界人口居住在城市地区，风景园林师开始不得不参与到城市环境里了。

Frederick R. Steiner，PhD，FASLA

得克萨斯大学建筑学院院长

我们将继续探索、发展城市管理、生态系统的战略。

Gerdo Aquino，ASLA

SWA 集团执行董事

在绿色运动里，我们必须处于领先的地位。风景园林师要成为城市规划专家。只有理解什么是真正的城市化才能了解风景园林的保护与发展形势。如果我们能做城市规划，就能从农业和自然的角度保护好环境。我们以好的设计正面出击，思考如何解决全球变暖以及其他相关问题。

Frederick R. Bonci，RLA，ASLA

LaQuatra Bonci 联合股份有限公司创始人

公园运动这令人难以相信的飞跃，几乎在 20 世纪

---

[*]《寂静的春天》是美国学者 Carson Rachel 1962 年所著，第一部世界环境保护经典名著，推动了世界地球日和联合国人类环境会议的召开。——译者注

[**]《沙乡年鉴》是美国学者 Aldo Leopold 1949 年出版的，关于土地伦理学的开山之作，是生态环保思想的里程碑式作品。它首次指出了人类企图征服自然的严重后果。——译者注

是不可能发生的。全世界都在盛行公园和大型的露天场所的设计，这是很好的现象。这对于风景园林专业来说，是一个非常有趣的时期。这种现象不只发生在美国，全世界都如此。我们的工作遍及越南、朝鲜以及中国。对我来说，这是非常愉悦的事。

Thomas Oslund，FASLA，FAAR
oslund. and. assoc. 负责人

在可持续的场地设计及规划中，风景园林师将继续扮演重要的角色。我们将在全球领域中与其他国家合作，建立并管理国家自然公园和国家历史公园。

Joanne Cody，ASLA
美国国家公园管理局风景园林技术专家

乐观的发展。我认为这个行业整体呈上升趋势。在国际风景园林师联合会（IFLA）我们有很大的优先权把这个专业带到非洲，帮他们建立新的学科体系。

Patricia O'Donnell，FASLA，AICP
传统景观、风景园林和规划保护组织负责人

风景园林行业是大规模地关乎于社会文化问题和政治事务的，并且需要从头至尾的解决项目的经济问题。风景园林师需要做一名领路人、一名阶段性政策的制定者及项目实施区域的建造者。它需要充分的个人能动性，在整个建设过程中将自己扮演的角色从项目的绝对第一概念，一直扩展至项目的长期维护中。我认为这就是这个专业最有潜质的地方。

Chris Reed
StoSS 创始人

风景园林师扮演的角色，不应该是咨询师，而应该是主导者。也就是说风景园林师应该是跨专业合作团队

的领导者，而不仅仅是其中一员。将生物多样性带入城市——在这一越来越高的呼声中，风景园林师的技术和能力使他们不得不成为整个项目的领军人。

Julia Czerniak
CLEAR 负责人，锡拉丘兹大学建筑系副教授

这个领域将会继续蓬勃发展。社会上"向往绿色"的思想转变，将直接转化为对风景园林师工作的需求。这种转变正在发生着——项目的最初介入者是我们，雇用建筑师，雇用土木工程师，基本上是由我们负责者整个项目的运行。

Devin Hefferon
Michael Van Valkenburgh 联合公司风景园林师

未来应专注于遗址项目，这些人们希望能时不时回顾过去的项目。我们不能仅仅因为形态上的美观去设计一个场地，而应该设计那种让人流连忘返、治疗心灵、难以忘却的场所。

Eddie George，ASLA
The Edge 集团创始人

我看到环境中的"绿色"越来越多。对于一些专业我认为有必要进行提升，而我们就是那一批要做这些事的人。我们既不是技术员，也不是建筑师，我们是把控环境全局的人。从学生毕业和就职情况来看，我们已经超越了建筑师。所以我认为人们已经意识到了风景园林师所具有的能力了。

Scott S. Weinberg，FASLA
佐治亚大学环境设计学院副院长、教授

随着土地和资源的匮乏，风景园林如何能使这些有限的资源得到很好的利用，这将会像风景园林师设计外

部环境和作决定时一样受到热议。

Ruben L.Valenzuela，RLA

Terrano 负责人

作为有巨大影响力的专业我们可以在四个领域里发展：碳固定、雨洪管理、低能源社区管理，以及生态设计。我们与科学家合作需要了解方案的可行性。对此，我感觉很兴奋。

John Koepke

明尼苏达大学风景园林系副教授

风景园林师必须了解更多的区域。我们能做到的，其他人却做不到。专业技能使我们的介入变得更加重要。

Elizabeth Kennedy，RLA

EKLA 工作室负责人

我们的专业对城市、国家乃至世界的健康发展都有着至关重要的作用。我们应该回到可持续发展的项目中去（如农耕、水土保持、限制缺水地区发展等）。作为这个专业的我们，应该权衡利弊，去帮助世界进行转变。

Cindy Tyler

Terra 设计工作室负责人

风景园林师将越来越关注自然和自然过程中有利于可持续发展的设计，会很少强调设计元素。而最让人欣慰的风景园林并不是人们所设计的，而是大自然本身的鬼斧神工。

Emmanuel Thingue，RLA

纽约市公园局资深风景园林师

风景园林的未来发展将是稳固的、平稳上升的。我希望有越来越多不同类型背景的人们加入到这个行业。风景园林师已经准备好去处理更多更复杂类似于全球变暖的问题。

Robin Lee Gyorgyfalvy，ASLA

美国农业部林务局：德舒特国家森林公园，Interpretive Services& Scenic Byway 公司董事

这是显而易见的，现在出发开始把握它！让这一切成为现实吧，这会是一个发展越来越快的专业，因为现在正是需要这个专业的时候。

Barbara Deutsch，ASLA，ISA

北美生物保护区副主任

第 5 章 设计教育

在北美，大多数州和省（美国的 49 个州，加拿大的 2 个省，1 个美国特区）从事风景园林行业或者被称为"风景园林师"是需要执照的。[1] 这让风景园林行业与相关的建筑、设计和工程设计等行业平行。除了一些少数案例，要想得到风景园林师执照必须先在具有资质的学校获得相应的学位。因此，正式的教育是成为风景园林师的第一步。另一个重要步骤，在这章将要讨论，是要参加并通过风景园林师注册考试。这章还简要介绍通过继续教育来进阶的需求，并提供一些风景园林学生对于这些教育机会的深度观察。

俄勒冈州波特兰市，河东中心（River East Center）水文设计图；项目团队：GreenWorks，PC 和麦肯锡设计集团

您会给那些想成为风景园林师的人一些什么建议？

认识你自己。是什么吸引你想要成为一名风景园林师？然后找到与你的那份激情能产生共鸣的学校、研究生院或者公司。我想这就是成功的关键。接下来的几十年里，机遇将会呈指数级增长。那将会是一个令风景园林师兴奋的时代。

Thomas Oslund，FASLA，FAAR

oslund. and. assoc. 负责人

这是我做过的最好的工作，这个专业很棒。我们可以主动地把世界改造得更好。如果你愿意和人们打交道、愿意去户外、愿意把世界变得更美好，那么风景园林师是一个不错的选择。

Stephanie Landregan，ASLA

山区休闲和保护机构风景园林首席设计师

去参观 19、20 和 21 世纪重要的风景园林设计项目，去参观那些称得上卓越的历史遗迹。
Mario Schjetnan，FASLA
Grupo de Diseno Urbano 创始人

阅读——读书能了解世界。如果想成为风景园林师，应多读书去加深对世界的理解。
Julia Czerniak
CLEAR 负责人；锡拉丘兹大学建筑系副教授

这是一个神奇的领域，它为终身学习和珍贵体验打开了一扇门。如果你想进入商界，我认为风景园林行业也有些许商业的因素；但是在每一天、每一年结束的时候你会发现，通过这个专业你已经为世界作出了很多的贡献。
Patricia O'Donnell，FASLA，AICP
传统景观、风景园林和规划保护组织负责人

我有工程师的背景并且擅长数学和科学，但是我不擅长画画和艺术展示。当你其他技能很突出时，不要为你的弱项而苦恼。如果想学一些感兴趣的东西，把怎样学习的细节写出来，没准你会成为这方面的专家。开放的面对各种事业选择，找到你最擅长的技能并且找到最适合的发展路径。
Meredith Upchurch，ASLA
凯西树木捐赠基金会绿色基础设施设计师

不管在这里还是欧洲，尽可能多去户外空间，向专家们学习取经。"边看边想"是一位艺术教师教给我的一句格言，我永远不会忘记。多注意空间的尺度、硬质景观的细节、种植设计的搭配——这是一个无穷尽的清单。
Cindy Tyler
Terra 设计工作室负责人

丰富的阅历和知识可以用来借鉴。在高中，除了必修的核心课程，可以多注重具有创造性的课程，如生物和绘画等。不管是学习新的一种语言，或者是学习其他国家的历史、素描、水彩以及摄影等，所有的这些都会拓宽你的视野，帮助你成为一个设计者。
Todd Kohli，RLA，ASLA
EDAW 旧金山公司联合任事股东、资深总监

坚持使用速写本。电脑绘图并不能替代手绘培养出的观察力和创造力。
Mike Faha，ASLA，LEED AP
GreenWorks，PC 负责人

很多人认为，"如果我成为一名风景园林师，我必须去学会这些技能。"但是我想让人们知道，作为一个独立的个体，你们能给这个专业带来什么。你有什么样独特的思考方式？有什么样不同的观点？有没有将激情投入设计？
Robin Lee Gyorgyfalvy，ASLA
美国农业部林务局；德舒特国家森林公园，Interpretive Services & Scenic Byways 公司董事

因为喜欢才会认真地去做。
Ignacio Bunster-Ossa，ASLA，LEED AP
Wallace Roberts & Todd 有限公司负责人

我不认为那是一份朝八晚五的工作，因为我们一直都有要学习的东西。成为一名风景园林师和你是否被认证、实践了多久无关；关键在于你如何看待这个世界。你在度假，途经一个景点然后意识到，"噢，这儿太酷了；我喜欢这儿的设计，我喜欢这个地标。"
Jim Sipes，ASLA
亚特兰大 EDAW 高级合伙人

放开你的视野去探索这个专业一切的可能。如果你想到一个狂野的、疯狂的设计概念，或者是对一个项目不同的表达方式，不要害怕，把它们挖掘出来，你会惊讶于你所得到的结果。相信你的选择，因为这份工作已经根植在你心里；所以尽情地释放那些想法。我还想说风景园林这份工作是很酷的。

Eddie George，ASLA
The Edge 集团创始人

如果你是为了赚钱，那还是去找一个更有利可图的职业吧。然而，每天三分之一的时间都在工作，还是应该做自己喜欢做的事吧。我热爱工作，因为我在做我喜欢的事情；过一种有意义的生活而又有相应的回报。我觉得我的人生很有价值。

Emmanuel Thingue，RLA
纽约市公园局资深风景园林师

这份工作容许个体在不同的环境规模和客户集团里拥有独特的领地。定位你的专业并且把这个专业当成是终身努力奋斗的方向，对进入这个专业的人来说十分重要。

Mikyoung Kim
mikyoung kim 设计事务所负责人

这个专业回报率很高，但它并不是一个简单的专业。你在出售一个复杂的、变化的、动态的作品。你必须具备把不同的知识背景融合到一件设计作品里去的能力。那绝非易事，但收获颇丰。

Kevin Campion，ASLA
Graham 风景园林事务所项目经理

像海绵一样，尽可能多地吸收艺术、科学、自然和音乐。所有的这些都会对提升能力、成为一个出色的风景园林师产生极大的影响。

Jeffrey K. Carbo，FASLA
Jeffrey Carbo 风景园林与场地规划公司负责人

尽可能多地发觉你的专业：研究美国风景园林学会的网站；查找不同的公司，看他们都在做些什么；阅读风景园林杂志、一些学术出版物，比如风景园林之旅。第二件事就是学会画画。我经常告诫人们去上美术课，去训练他们的创造力。

Nancy D. Rottle，RLA，ASLA
华盛顿大学风景园林系副教授

这不是网络公司，你不能过分地对金钱感兴趣，但你可以过上舒适的生活。这是一份劳心的工作，可却有很多乐趣在里面。你会为这个专业的创造力而满足。还有什么比看自己建成作品更好的事吗？就像二战纪念碑前，总是人山人海。

James van Sweden，FASLA
Oehme，van Sweden 联合投资公司创始人

为大学做准备

高中课程

在高中上的大学预科课程对大学学习风景园林是非常有必要的，如果你有艺术或自然科学的兴趣或背景就更好了。如果你及时发现了风景园林专业，上一些有目标的课程、制订一个高中学习计划，这样对大学的学习非常有好处。如果你没有准备好这些，向高中老师咨询，去补修一些选修课和相关的课程。

很多高中课程对风景园林专业的学习是很有帮助的。如自然科学方面的生物学、生态学、化学和环境科学等；数学方面的代数学、几何学和三角函数；为了获得更广阔的视野，社会科学，人文科学，艺术史和外国语言学习都不无裨益；为了提高构图能力，美术课程中的绘画、油画、雕刻都是强烈建议学习的；计算机辅助设计也很有用，很多大学都会开设计算机软件课程的学习。但是设计方面的兴趣很可能是由建筑设计所引发的，尤其是视觉基础和与艺术相关的技能比计算机辅助设计更有效。

课程以外如在剧院或辩论俱乐部的活动也是十分值得提倡的，因为风景园林的学生为自己的设计工作做展示，从同龄人开始逐渐发展到独立团体，甚至是社会大众。

探索

作为学生，可以从多种方式来了解风景园林这个专业。这一系列途径从"童子军职业探索"开始到参观风景园林设计工作室。

在美国，不管是男童子军还是女童子军，都会提供风景园林的项目训练和奖励徽章。比如，要获得男童子军风景园林设计奖章，就需要调研风景园林和其他相关行业的不同之处，如城市规划和土木工程，同时还要完成一个项目，要么去参观设计工作室，要么去参观一个建成项目，或者完成其他的要求。[2] 美国女童子军有一个"趣味项目奖"，即风景园林和环境设计奖。女童子军和当局的自然资源机构合作，成立"连接大地的女孩"（Linking Girls to the Land）* 这一组织，这个项目的目标是鼓励女童子军去调查户外环境和与自然科学相关的领域。[3]

---

* "连接大地的女孩"（Linking Girls to the Land，LGTTL）这一组织是女童子军与美国联邦自然资源机构合作的项目，目的是通过项目训练帮助女孩儿们建立勇气、信心，完善其性格，发展领导能力，在实践中合作、学习。——译者注

有少量大学开设了诸如设计训练营、职业发现之旅等为想在风景园林领域学到更多知识的学生提供职业规划的项目。这些项目持续的时间从几天、一星期到几星期不等，通常会邀请专业的嘉宾，带领学生参观设计公司、工程施工现场，还会参观工作室里正在进行的项目。哈佛大学开设了一个著名的六周高强度训练的夏令营。在冬季，华盛顿大学将开设一系列"事业发现周"的夜晚讲座。奥本大学、北卡罗来纳州立大学、宾夕法尼亚州立大学以及得克萨斯 A&M 大学都会开设为期一周的夏令设计营。夏令营以风景园林设计为主，同时还会涉及其他设计和艺术领域。这些只是学校提供的一些学习机会。

参观不同类型的设计公司是了解风景园林专业另一种很好的方式。设计师的联系方式会在电话簿里公布；美国风景园林师协会已将设计公司列在网站"公司查找"的版块上；大学也通常乐意把学生推荐给它的校友们。大多数公司都欢迎风景园林专业的学生来参观。参观不同规模的公司，斟酌不同的设计作品，包括城市的、州立的，或者国家机关的，这样做一个全面了解是非常明智的。

风景园林项目

这本书一个重要的主题就是风景园林固有的多样性；因此，各个学校给出完全不同的学位就不是很惊奇的事了。因为这个专业发源于艺术和自然科学，所以在大学的设置中要么在艺术相关的学科中，要么在自然相关的学科中。如果这是一个经过认证的学位，那么各种学校开设的课程就应该是相同的；然而，学生研究课题很可能完全不同，这取决于学校的研究方向及其地理位置。

因为风景园林被看作关乎公共利益的职业，而大部分学生获得的学位只是一个专业学位。这就意味着为取得学位所修的课程必须达到一定的专业标准，并且通过专门机构的认证。每个学校都会经历一些严格的审查，每五年必须重新认证一次。在美国，风景园林专业认证由风景园林认证管理委员会（LAAB）负责。在加拿大，认证机构是由风景园林认证代表会（LAAC）负责。一个重要的互惠原则保证了取得了管理委员会/代表会认证的人不管在哪个州、省都能获得从事风景园林的资格（更详细的专业许可将会在之后的章节中讨论）。

通常人们所认为的认证学位为"第一专业学位"。第一专业学位主要有三种：风景园林学士学位（BLA），风景园林理学学士学位（BSLA）和风景园林硕士学位（MLA）；后者是拥有硕士学位的研究生。由于认证标准的需要，本科学士学位并没有很大的区别，名字上的区别可能只是认证机构命名的一种偏好。美国和加拿大的认证学校名单将在本章节最后列出。美国风景园林学会将在网上更新这些名单。

堪萨斯州立大学的专业工作室；Ian Scherling 摄影

其他的高级学位也是很有必要的。但是，这些却不能确保毕业生获得专业的许可。通常是那些已经拥有了第一学历，或者想继续在某一课题深造，抑或想在大学教书不需要专业许可的人，会选择继续攻读硕士、博士学位。这些学位分别为风景园林硕士学位、风景园林理学硕士学位（MSLA）和风景园林博士学位。

第一专业学位

风景园林专业本科的第一专业学位，学制通常为四年或者五年。五年的学制要求至少一学期海外学习或者校外的实习经历。研究生级别的第一专业学位通常是三年的学制。一般，在前一年半，研究生将会学习大学本科的一些课程。这些课程包括视觉交流、建筑技能和基本设计工作室课程。本科生和研究生的第一专业学位最大的不同就是风景园林硕士在准备论文或项目时会把研究和设计结合在一起。

美国宾夕法尼亚州立大学"Stuckeman 夫妇建筑教学楼"（Stuckeman Family Building）的第二年的风景园林工作室

　　风景园林教学中会经常提到"工作室"这个术语。只要是在高中上过艺术课的人都会对工作室学习的环境非常熟悉。工作室中通常会有很多供人们工作的大桌子，桌子的大小取决于图纸和模型的大小，此外还有一对一的教授与学生之间的互动。这种互相分享的合作性学习模式是值得鼓励的。设计没有绝对的正确或错误的答案，这些分享帮助学生更快成长并加深理解。学生们通常会和工作室的伙伴建立起深厚的友谊，由于这种密切的关系使这种学习方式就像家庭一样充满温馨的气氛。这和传统的大学课堂里学生们坐在海洋似的座位上听课相比，是一种完全不同的体验。由于工作室这种互动和一对一的教学方式，教员和学生们都彼此熟知对方。

　　大部分本科生的课程安排得很紧凑以此来保证掌握必需的技能。学生们会很明智地选些选修课或研究相关话题来增强对这个领域的兴趣。通常学生们喜欢的选修课有美术、油画、雕塑、艺术史、建筑史、自然文化地理学、园艺和生态学。如果你认为自己将来会致力于开一家自己的公司，那么就要考虑选修一些商业或市场营销的课程。

　　风景园林硕士在课程选择上有更多的灵活性。他们会选择那些能深入其研究的领域或者支持其研究方向的课程。教员会随时为你提供学习的建议，而这些建议是为你的学习目标量身定做的。

北卡罗来纳州韦克福里斯特大学（Wake Forest），风景园林本科生和研究生参与杜波依斯纪念中心（WEB DuBois Center）设计工作：Kofi Boone 摄影

专业学位后（postprofessional）和相关研究学位

很多大学提供风景园林的高级学习课程，但这些课程还未被正式认证，只是一个研究学位。那些已经拥有了专业学位或者并不打算从事风景园林行业、不需要认证学位的人们，非常适合这个项目的学习。这些高级学位（包括硕士和博士研究生学位）能使人们的专业化水平更加深入。通常这些学位会提高个人专业水平，促进人们去研究这个领域的新方向。因为每个学校的研究领域不同、专长不同，所以这些未认证学位的专业课程设置也大相径庭。

要考虑是否进修高级学位前一定要进行仔细调研，以确保个人的研究领域和该学校擅长的方向相匹配。

在提供学士学位的学校，拥有本科学位的学生同样可以获得研究生教学帮助。对于一个大学来说这些资源是很有必要的，它能带来研究帮助或奖学金。助教奖学金或奖学金，包括学费减免、定期津贴、健康保障费，这样可以减轻就读学生的经济压力。

第 4 章概述了风景园林专业的增长趋势。能够保证这种理想的增长最重要的因素是要有足够的新教授去从事新生教育工作。教授没有必要一定是终身职位的教师，也可以是临时聘用的教师。那些愿意教书的人是未被认证学位教师的最佳人选。当他们要申请终身职位的时候，通过研究工作获得的研究成果能提供给他们更好的机会。

访谈：在实际工作中获得经验

Mallory Richardson
风景园林与规划专业本科生
克莱姆森大学
南卡罗来纳州克莱姆森

▲ Mallory Richardson 正在户外写生
Patrice Powell 摄影

▶第一年工作室课程地形模型制作，建
于纸板上；Mallory Richardson 摄影

您为什么决定以风景园林为职业？

在上大学前我参加了职业选择培训。在初步了解
我之前选择的专业后，发现并不适合我。我的父母陪
我花了整整一天时间试着去了解其他专业。当看到风
景园林时，父亲建议我去尝试一下。在和风景园林系
主任交谈后，我对这个专业产生了疯狂的兴趣。我选
择了克莱姆森大学，因为离家比较近，而且有亲戚就
读于这所学校。

在您的专业学习中最令您满意的是什么？

学习风景园林对我们的历史产生的影响程度是
很有趣的。到目前为止，最让我感到满意的是我在
这个专业中的成功。我总是担心在大学里无法成功，
但是我已经走得很远了，我为我的成绩感到骄傲。

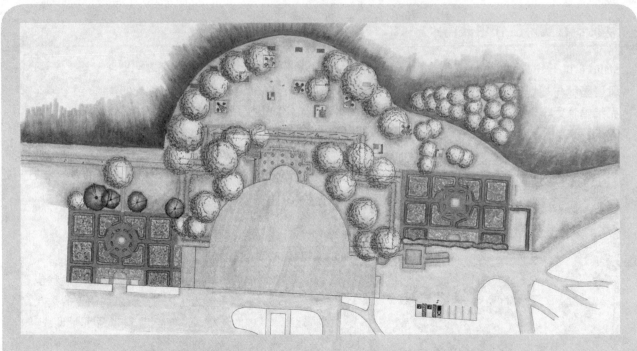

弗曼大学户外用餐礼堂的平面设计，第二年的工作室课程作业；Mallory Richardson，Kyle Goebel，Patrice Powell 绘制

作为一名风景园林专业的学生，您认为什么是最大的挑战？

　　时间管理。风景园林专业的学生把我们大量的时间用在了设计教室里，那里是我们完成作业的地方——尽管，现在我最喜欢的地方是 GIS 实验室，在实验室里我们利用计算机软件进行地图的绘制和区域尺度的设计。我在这里花了大量时间，同时我也在做一些其他事情，有的时候，时间很难管理。幸运的是，这个学期我做得还不错。

作为一名本科生，最主要的课程和任务是什么？

　　首先要学习基本技能，其中包括手绘能力。这是绘出准确、专业水准的方案最基本的技能。我们还要掌握从不同方面展示方案的设计手法，如效果图、剖面图，这些都片段式地展现了场地的高度变化。之后，我们学习如何渲染。渲染是另外一个基本技巧，可以通过上色、绘制阴影达到目的。另一个与手绘、渲染紧密相关的基本技术就是如何应用设计语汇去完成作品。通过课程我们掌握了这些语言，学习了不同空间形式的价值和含义，以及设计中能带来情感活力主题的应用。任何一个设计作品都应该产生相应的影响，使它的存在与环境相得益彰。

　　此外，我们还学习模型制作，基本都是亲手或使用电脑软件（如 AutoCAD、SketchUp）制作的。竖向设计也是学习的一部分。场地通过高程的改变来适应环境的需要，从而解决排水的问题。同时，我们也学习一些理论课，如园林史、风景园林理论和植物学。看起来似乎要学的内容很多，然而通过这些训练真的能使我们有一个质的飞跃。

您有参加过课外的实践么？如果有，这些经历对您的学习有何价值？

大部分我参与的都是实际项目，与群众互动，听取他们的意见，了解他们想要的设计。我正在修一门区域设计的课程。我被指派到一个跨越弗吉尼亚州两个县的项目中去。我们用了五天的时间来开会，探讨关于场地分析、文化调研的问题。我们很努力地想帮助人们提高对场地的认知和生态的保护。这是极富有挑战的工作，同时又是很有趣的、可贵的经历。毕业后我们将会面对真正的实际问题。

在您毕业后未来的5—10年内想从事什么样的工作？

我认为我将从事风景园林的工作，或许是历史保护方面的，因为我对这方面的研究很感兴趣。也许那个时候我已经是一个小有成就的风景园林师了，住在南卡罗来纳州的查尔斯顿，着手于某处风景园林，从事着改变我们国家的工作。

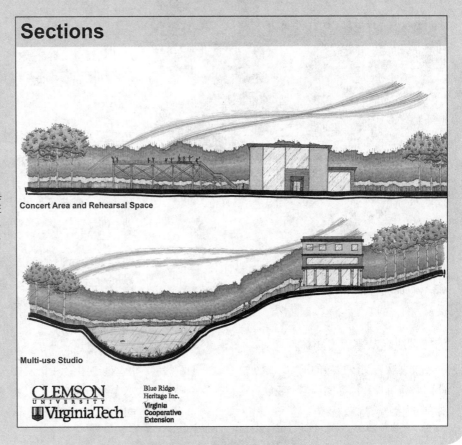

弗吉尼亚州弗洛伊德和帕特里克县区域规划项目中的一段剖面图，工匠中心（Artisan Center）；Kyle Goebel，Mallory Richardson，Zac Wigington，Mike Leckie 和 Taylor Critcher 绘制

访谈：享受需要技能的实习

Nick Meldrum
风景园林与环境规划系本科生
犹他州州立大学
犹他州洛根

Nick Meldrum 在犹他州州立大学的工作室里

为什么决定从事风景园林？

我喜欢有交流技巧的工作，如解决难题、创意设计、平面设计和沟通交流等。我欣赏这个专业广阔的潜在可能性，这将是我毕生追求的职业。

您是如何选择这个学校就读的？

老实地说，选择这所学校是因为它是我家乡唯一有这个专业的学校，我想享受"州内学费减免"的政策。很幸运的是，这个专业非常好，我很高兴我的决定。工作室的环境可以提供一对一的辅导互动，教授也比传统报告式讲座的教授更有个性。

您设计的首要任务是什么？

项目伊始通常要进行实地考察，评估场地价值和制约因素。接下来就是把最初的想法用草图勾画出来并进行头脑风暴。之后绘出一张概念性平面方案，满足项目目标及客户需求。所有这些最后合并提炼为一张详细平面图，再配以其他图纸分析以便更好地传达设计意图。

在您受教育过程中什么让您感到最满意？

我不是一个传统的学生（28 岁，已婚并育有两子）。因为风景园林专业本身的性质，当我决定读这个专业时，很多朋友都劝我再考虑一下其他的专业。最让我满意的是我完成了学业，并且克服了这些困难。

您有参加过课外的实践么？如果有，这些经历对您的学习有何价值？

风景园林专业每周举办一次专家研讨会，每年选择一个不同的城市来探讨。这些经验有助于理解实际中人们多样的需求，和怎样去解决困难。一个关于解决不断恶化的市中心和汽车交通问题的案例，我们举办了多次的会议，以获得当地政府官员、公民的意见和见解。通过会议的讨论我们开阔解决这个问题的视

犹他州南部度假社区整体设计蓝图中部分街巷方案　Nick Meldrum 绘制

野。专家研讨会是一个强有力的部门——对解决短期问题非常有效。当我们完成这次讨论，将办法公之于众后，当地政府官员和市民们都对此结果表示非常满意和感谢。

在学习中实习有什么作用？

我很幸运在盐湖城一个很好的公司实习。实习的经历让我更明确了以后的学习目标。这对增长知识、熟练技能和开阔视野也是非常有帮助的。尤其是，我已开始能驾驭一个项目的某一方面的复杂问题了。我和顾问、老板的工作很密切。这是一段非常宝贵的经历，它让我体会到了自身的价值。

犹他州制糖厂中两个城市街区的重新开发，城市设计课作业；绘图：Nick Meldrum

在您毕业后未来的 5—10 年内想从事什么样的工作？

我希望自己能取得专业执照并拥有自己的公司，或者已经在运营自己的公司了。我希望第一份工作是一个小型或者中型的公司。我对那种做多种类型项目（如城市设计，区域规划以及公园设计）的公司很感兴趣。我认为接触多样化项目的经验将有助于今后运营我自己的公司。

访谈：专业多方面的探索

Brittany Bourgault
风景园林系本科生
佛罗里达大学
佛罗里达州盖恩斯维尔

为什么决定从事风景园林？

我一直对建筑设计很感兴趣。户外空间的设计是功能和审美的结合，我对此很着迷。我喜欢设计人们享受的户外空间。

作为一名本科生，主要的课程是什么？

设计、施工和规划系为学生提供了多样的课程和机会去学习设计。风景园林工程包含了城市设计、环境规划和场地规划等。学生们可以独立的或成组的工作。一些工作涉及的课程包括理念设计、平面图绘制、细节设计以及图纸渲染等。最令我满意的部分是我和同伴、教授们之间的密切关系。

Brittany Bourgault 和巴厘岛佩穆特兰村的孩子们在一起；Kevin Thompson 摄影

第四年的城市设计工作室课程，佛罗里达州的圣奥古斯丁，在次生群落（Second home ecoclusters）；中设计大量的木栈道步行系统

作为风景园林专业的学生，最大的挑战是什么？

找到一个独特的创意并落实到设计中、考虑如何用漂亮的图纸表达出来并为人们理解，这是设计的最大难题。

您有一个独特的国际化的学习机会，这次经历对您设计的成长有多珍贵？

我有一个非常好的机会去印度尼西亚旅行一个月。我们和爪哇的一所大学有一个区域规划项目的合作。和地球另一端的风景园林专业学生的合作是一件非常好的事。这可以了解另外一个国家的文化，同时，什么样的历史文化就会形成什么样的园林设计。

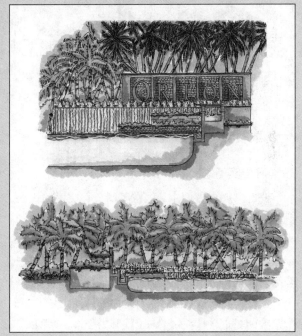

实习期间设计的精致喷泉；Brittany Bourgault 绘制

海外印尼的项目，在爪哇岛古佛教寺庙"婆罗浮图"前：Brittany Bourgault 摄影

在学习中实习有什么作用？

我非常幸运有两个暑假在不同公司实习的机会。我的第一份实习工作是在一家专门为私人服务、做高档住宅设计的公司里。我富有创造性的一面和我的实际经验能够在设计创意中充分表现，这一点我很满意。我与客户合作得很紧密、很有乐趣。我的第二份实习经验从技术角度来看是非常有价值的。我参与了一个大尺度的城市设计项目，与工程师的合作很密切。我学到了很多工程方面的知识。我强烈建议学生们以年轻学生的身份，在工作之前多去实习。实习的经历为我日后学习和工作都留下了很多宝贵的技能。

在您毕业后未来的 5—10 年内想从事什么样的工作?

我要成立自己的公司。我想要开发很多不同的领域，如商业环境设计和城市发展与保护。我想通过设计作品对专业和社会有一个积极的影响和作用。

访谈：学习风景园林的设计语汇

Ian Scherling
风景园林本硕连读的本科生 *
风景园林／区域规划系
堪萨斯州立大学
堪萨斯州曼哈顿

您为什么决定以风景园林为职业？

我上大学梦想成为一名建筑师。在我小的时候就喜欢盖房子和画画。受在堪萨斯乡村长大的影响，我大部分的时间都在户外活动。我喜欢帮助我的爷爷，他是一位出色的农夫和户外运动爱好者。直到大学我才知道有风景园林这个专业。

堪萨斯州立大学的风景园林课程，所有一年级的学生都做同样的项目。户外的项目是最吸引我的，也是我最擅长的部分。在通过其他课程了解了风景园林、参观了一些当地的风景园林项目之后，我认定了这就是我心向往的职业。

哪个人或者哪些经历对您的风景园林教育起到了主要作用？

如果只能举一个例子，那就是我在费城的实习经历。没有其他的经历更能证明我的辛勤劳动、逻辑思维能力和追求设计的价值。作为一个实习生我参加了很多不同的项目、不同的工作阶段，也去了很多的地方。我最喜欢的是在达克大学的项目。这个项目需要

Ian Scherling 正在讨论设计方案

和建筑师、专家顾问一同合作，来设计一个新的校园环境。项目中研究了大量能应用在项目中的可持续系统设计。在这个项目中，我了解了北卡罗来纳州和它的生态系统、学校和人文，我学习了怎样在一个具有悠久历史的校园环境中融入一个新的建筑。

作为一个设计专业的学生，首要任务是什么？

本科生的首要任务是学习时间管理。从第一天开始，教授们就会要求他们的学生管理时间，而且每个

---

* 这是一种新的学位：本硕连读。面向本科生，从大一开始的为期11个学期的非学士学位的风景园林硕士学位课程。学生向就读院校申请在第六学期进入风景园林硕士课程的学习，被接受者可获得公认的风景园林硕士学位。

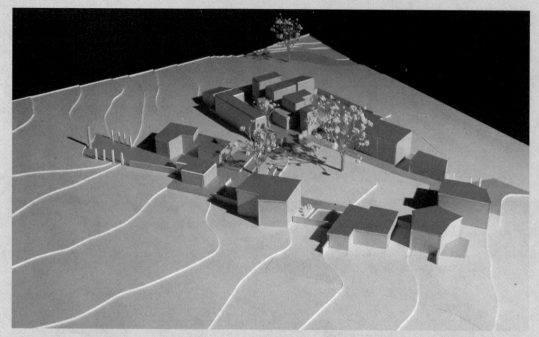

新墨西哥州陶斯
大学艺术学院的
纸板模型；Ian
Scherling 摄影

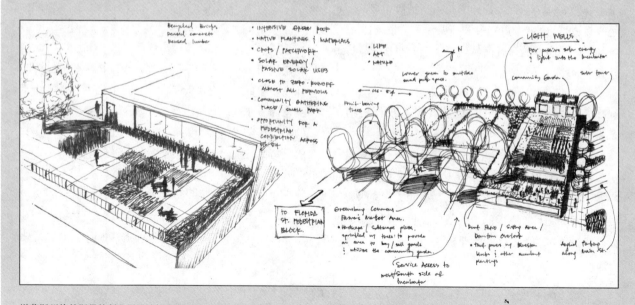

堪萨斯州格林斯堡的创业园手绘概念方案；Ian Scherling 绘制

剖面图能表达出宾夕法尼亚体育场馆现状的绿化情况；Ian Scherling 绘制

教授都有一个预期工作质量。其他的重要任务就是学习专业，学习风景园林专业的语汇、建造模型、努力学习专业知识并经常与导师交流。在享受美好时光的同时，一个人必须认识到他／她在大学中的角色，是为了毕业后的人生规划，你掌握的专业越多，你今后的职业生涯将会越好。

作为风景园林专业的学生，最大的难题是什么？

当发现原先关于工程设计的想法不能实施时，似乎我心里总会被挫败感占据。也许就是那个时候，我开始怀疑我对风景园林的热爱和对梦想的追求。不过现在已经没有那样的疑问了，而是更坚信风景园林是我要从事的行业。这说明了，没有什么是能轻而易举得到的，通往成功的路上一定会有许多难以想象的考验。

在您毕业后未来的5—10年内想从事什么样的工作？

我想在设计界有一个很好的声誉。同时，也希望能发表关于风景园林理论方面的我自己观点的论文或著作。我认为我的工作会一直在美国，但希望能有更多去旅行和体验世界的机会，不仅仅是为了了解新的文化和习俗，更是要帮助人们了解他们在风景园林中的作用。社会使命吸引着我，所以在这十年内，你可能会发现我和我的家庭在美国南部的一个小镇中工作，我要去尝试解决风景园林和社会的问题。

访谈：为一项社会正义事业发挥聪明才智

Tabitha Harkin
攻读风景园林硕士学位
环境艺术设计学院
加利福尼亚州州立理工大学
加利福尼亚州波莫纳

Tabitha Harkin（右）与 Katherine Beauchamp，暑假在普雷瑟瓦角保护组织（APCC）实习

您为什么决定以风景园林为职业？

我热爱以前房产律师的工作，但这个职业并不是我当初想要从事的行业。我是哈佛艺术学院绘画与视觉传达设计专业的艺术学双学士。我想要重回校园，继续深造，把我的艺术天赋用于一项正当的社会事业。经过一些研究，我认为风景园林这个专业非常适合我，而至今事实也证明确实如此。

您是如何选择研究生学校就读的？

我选择回到学校，并从康涅狄格州搬到了加利福尼亚州。我申请到了加利福尼亚州大学伯克利分校和波莫纳州立理工大学的风景园林专业，以及南加利福尼亚州大学的规划专业。这三个学校我都很感兴趣，但权衡之后，我选择了波莫纳州立理工大学，因为它的学费很优惠，同时它工作室般的学习氛围使我仿佛回到了大学生活。

作为一个设计专业的学生，首要任务是什么？

你会接触到各种各样的任务，从实地考察、和志趣相投的同学出游到溪水流速计算、速写、计算机辅助设计以及建造模型等。对我来说最重要的就是如何合理、统筹的安排这些任务。我把工作分配到每一天，每天晚上做一点，白天的时间就可以更好地利用起来。比如，我发现对于我来说，白天写作、晚上画图效率会比较高。

作为风景园林专业的研究生，最大的难题是什么？

到目前的课程为止，我发现有关排水的课程比较困难，但这就是学习的目的。大部分的课程只要通过

利用采集雨水的　　雨水收集槽和透　　绿色屋顶雨水采集
水箱排水　　　　　水砖铺地

▲第二年工作室概念设计课程：建设一个对暴雨适应性强、活力四射的洛杉矶；Tabitha Harkin 绘制

▶帕萨迪纳市恢复"解说牌"的实习项目；Tabitha Harkin 绘制

学习就比较容易掌握。软件的学习内容比较广泛，但一般没有太大难度，除了 GIS 软件的学习需要大量的时间去掌握。植物的识别需要背诵，我用卡片记忆法做了提示并经常拿出来研究。

在学习中实习有什么作用？

实习对我的帮助很大。去年夏天，我在马萨诸塞州普雷瑟瓦角保护协会（Association to Preserve Cape Cod，APCC）有一个非常好的实习机会，而现在我在帕萨迪纳市的"公园和自然资源部"工作。在普雷瑟瓦角保护协会，我与普雷瑟瓦角的村民一起讨论精明增长区域的概念。对这些工作，我充满热爱和激情。这让我重新认识到了沿海的生态价值。

在帕萨迪纳市的项目需要一系列的工作，从施工图纸到解说牌、游览地图的设计都需要我来做，工作量较大。有很多的工程师、风景园林师和其他的专家可以请教，这是非常受益的。亲自动手的工作学到的知识非常多，也成长得更快。

您有参加过课外的实践么？如果有，这些经历对你的学习有何价值？

在我的两个实习中我有机会去参加团体会议和专家研讨会。我在大学的课程中参加过这种团体会议。过去的律师经验，使我对公众讨论产生了极大的兴趣，也激发了我对参与性规划的研究。

在您毕业后未来的 5—10 年内想从事什么样的工作？

我想在新英格兰州从事社会和生态的城市设计工作，设计概念艺术品和精致的盆栽，营造友好的行走环境。

访谈：利用专业技能改善环境条件

Stephanie Bailey
攻读风景园林硕士学位
风景园林专业
俄勒冈大学
俄勒冈州尤金

您为什么决定以风景园林为职业？

我有一个心理学文学学士学位。我对环境与人类福祉的关系有浓厚的兴趣。风景园林的传统宗旨是：通过可持续发展的规划和城市建设来满足社会的健康和幸福。因此，我选择以风景园林作为职业生涯的追求。为了获取更多的知识帮助改善环境条件，我向毕业学校提出了申请。我相信我的本科教育背景会对风景园林专业有很大的帮助。它为我提供了环境与社会健康关系更深层次的思考。

Stephanie Bailey 在国家公园服务暑期实习；Saylor Moss 摄影

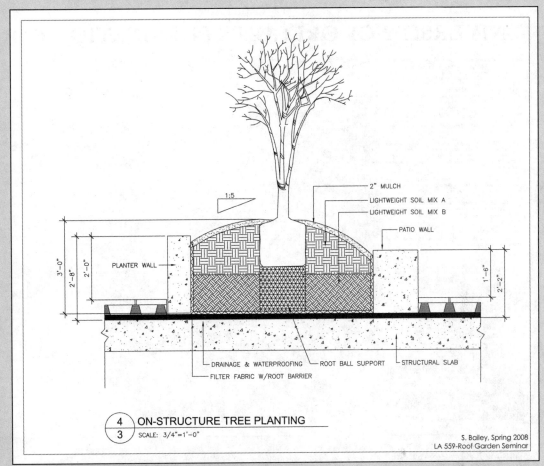

1:5

2" MULCH
LIGHTWEIGHT SOIL MIX A
LIGHTWEIGHT SOIL MIX B

PATIO WALL

PLANTER WALL

3'-0"
2'-8"
2'-0"

1'-6"
2'-2"

DRAINAGE & WATERPROOFING — ROOT BALL SUPPORT — STRUCTURAL SLAB
FILTER FABRIC W/ROOT BARRIER

用 AutoCAD 软件绘制的屋顶花园剖面图，这是研究生第二年的项目

④/③ ON-STRUCTURE TREE PLANTING
SCALE: 3/4"=1'-0"

S. Bailey, Spring 2008
LA 559-Roof Garden Seminar

您是如何选择学校攻读硕士学位的？

一位建筑学导师来到俄勒冈大学告诉我他们要做的一个风景园林硕士课题。我也查询了风景园林组织机构网站。我对那些注重可持续生态环境发展项目的研究非常感兴趣。我感觉俄勒冈大学的专业研究项目非常适合我。

对风景园林硕士研究项目的扶持和资金支持，您有什么看法？

在大多数风景园林专业的院系中，会有各种不同的项目扶持和资金赞助，以此来帮助学生获得研究调查的经验。在俄勒冈大学，学生是可以申请并获得研究调查的部分资金的。此外，除了能获得资金支持带来的经验，学生还可享受该学期内的学费减免及健康

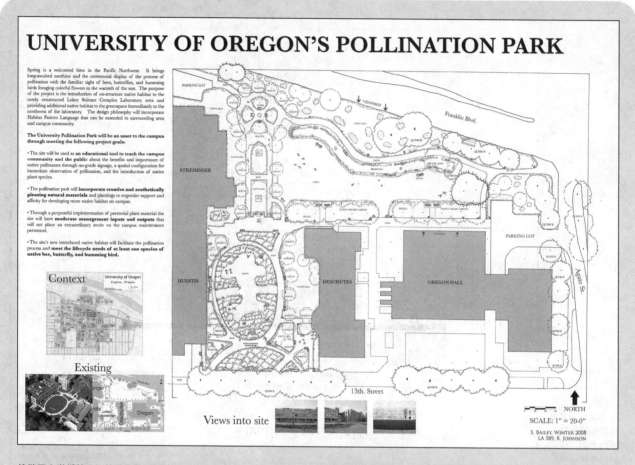

俄勒冈大学授粉公园的建议平面设计（University of Oregon Pollination Park）；Stephanie Bailey 绘制

保险。具有前瞻性的毕业生应当考虑在毕业后他们会在专业领域的哪个方向进行发展，无论是投身于学术研究还是实际工作，都要努力获得经验以确信自己的选择是否符合自己的兴趣。

什么经历对你的在校教育产生了最为重要的影响？

第二学年的课程。有很多生态学及风景园林规划的课程。这些课程资料使我了解到大量关于生态系统和健康风景园林功能的新概念。整个学期，我不断用知识武装自己并花更多的时间思考评估风景园林生态系统功能的准则。这使我的世界观得到了更好的发展，并对我未来的风景园林设计道路留下了显著的积极影响。

作为风景园林专业的研究生，最大的难题是什么？

保持一种平衡健康的生活规律。如果你愿意，学校可以为你提供所有的生活所需。可能你总是有想要做的事，想要读的书，并且想要很完美地完成它们。你必须很有目的性地去规划好自己的时间，以此更好地保持生活方式的健康和日常所需的人际关系。在这同时还要积极地计划好你所期待的未来成功之路。

在您的教育里什么让您感到最满意？

我在技术应用方面信心十足，我可以很好地利用所学的知识有效地分析和理解某一个景观设计，并且随后能够为该设计提出有效、实用的解决方法。

您是 Olmsted 奖学金的获得者，这个荣誉称号是如何申请的，对人生有什么意义呢？

成为 2008 年 Olmsted 亚军奖学金获得者对我来说是一个很大的荣誉和特别的经验。这个申请过程让我更加清晰地意识到我到底是谁以及我多么渴望成为一名风景园林师。申请 Olmsted 奖学金，首先要得到专业老师的审查提名，提交申请材料，然后由风景园林陪审团进行复审。这个荣誉对我的人生事业影响意义深远，因为它比大多数学生更早接触到了更大范围的风景园林界的事物。因为风景园林基金会颁发的 Olmsted 的荣誉称号使我成为一名学生领袖，并为我带来了专业方面的前途无量的未来，同时大大增加了我在感兴趣的领域的就业机会。

在学习中实习有什么作用？

能够参与在华盛顿的国家公园服务的为期 9 周的工程实习，对我是一个特别的优待。通过其专业训练，开阔了我对许多问题的视野，同时满足了我想要尽可能多地积累经验的愿望，我获得了很有价值的研究技巧与个人经验。虽然我并没有打算在历史保护方面发展，但是这个实习的确开阔了风景园林的眼界。

在您毕业后未来的 5—10 年内想从事什么样的工作？

我想要在一个涉及多种科学、专攻"可持续且低影响的城市设计"的公司工作，来支持我对城市自然系统的兴趣。在这 10 年里，我期望成为一个风景园林行业可持续发展的领军人物，我也希望可以为拥护支持环境正义事业问题作出自己的贡献。我还要借此机会去调查这个专业的切实可行性，鼓励新兴风景园林专业人士在专业基础上多加练习，通过可持续发展的计划以及城市设计来满足社会的健康与幸福需要。

访谈：实现经济、社会以及生态健康的协调发展

Melinda Alice Stockmann
风景园林系攻读风景园林硕士学位
美国纽约州立大学（SUNY）环境科学与林业
专业（ESP）
纽约州锡拉丘兹

Melinda Stockmann 在可发光的工作台前画图；Christopher R. McCarthy
摄影

您为什么决定以风景园林为职业？

我在缅因州一所文科大学——科尔比大学获得了生物学的艺术学士学位。大学毕业之后，我积累了三个不同寻常并且十分重要的工作经验：在哥斯达黎加对海龟进行了研究；在波士顿和一些城市青年志愿者一起无偿工作；我资助一些大学生在纳米比亚做为期一个学期的有关国家建设、全球化以及艾滋病毒危机的项目研究。这些经历层层相叠的累积使我意识到大多数人都没有了解到经济、社会以及环境问题之间的紧密联系。追求能够同时处理这三个问题的解决方案对我来说是个好主意。

风景园林硕士这一专业性学位吸引我的地方在于，它是在校学生为拿到专业认证许可做准备所需要的学位。通过这个学位的进修，我确定了自己对于熟练掌握某些专业技能的兴趣——某些在很多机会中可以应用于生态重建、绿色基础设施建设及社区复苏等相关工作中的专业技能。

您是如何选择研究生学校就读的？

当我选择学校的时候，我考虑了以下几个选择标准：学术声誉；成本与财政支持；学校位置；专业设置；学习重点以及跨学科的机遇等。我申请了五个学校的风景园林硕士，被其中四个录取，并收到了两个提供丰厚奖学金的项目。当我权衡以上各因素之后，美国纽约州立大学环境科学与林业专业成为我的首选。

我很早就开始和大学的专业人士沟通交流，这对我的选择有帮助。那些专业人士建议我与当下的学生校友保持联系，因为他们享有内部信息与详情。美国纽约州立大学环境科学与林业专业的师资力量以及专业设置的多样性是真正吸引我的因素。我相信这个群体是很容易相处的。

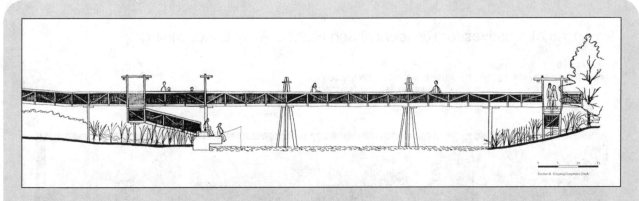

环境设计工作室课程：步行桥、钓鱼桥连接了纽约 Coeymans Landing 公园北部的资源；Melinda Alice Stockmann 绘制

在您的教育里什么让您感到最满意？

最让人满意的时刻是在研究上获得的突破——头脑中一个很妙的点子或者明白了一个概念如何被付诸实践。其他让我感到开心的时刻是完成一项计划或成功的时候；帮助其他同学学习的过程也让我开心，比如帮助他们去读懂地形图和怎样在房子周围安放合适的下水管道。与此同时也强化了我这方面的知识技巧；我会为各种事情很好的协调发展感到开心，为自己学到了许多知识感到满意。

您有参加过课外的实践么？如果有，这些经历对您的学习有何价值？

我选择环境科学与林业专业的一个原因就是可以从事校外实践。筹备工作室，并且为环境与林业科学中心的社区设计调查活动处理文档工作，使我能够在团结的氛围中为社区的良性改变作出贡献。上个学期，我设计的项目就是关注低收入社区绿色环保基础设施的建立问题。最让我感到满足的时刻就是听到别人对我意见的积极评价，同时我意识到经济发展、社区建设和生态健康之间的关系是密不可分的。

哪个人或者哪些经历对您的园林教育起到了主要作用？

我的两个导师，George Curry 和 Cheryl Doble 曾经以他们在学术方面的贡献、城区视觉美化和环境改善方面的成就作为资源鼓励我去从事自己的研究。

我曾经和城市森林工人、树木栽培专家以及风景园林维护专家一同工作。他们的专业工作为风景园林师的设计工作提供了最基础的资料。他们使我明白，作为风景园林师必须拥有丰富的风景园林学知识和优良的合作精神。他们的这种观点促使我在这些领域中不断完善自己。

获得风景园林硕士学位作为第一学历从事设计的一个好处是：同学们既可以获得丰富的专业知识也可以获得工作中的实际能力。我和其他 11 个同学在一起享受了不计其数的美好时光。伙伴们源源不断地为我提供了具有建设性的、友善的、真正的帮助和支持。直到如今我仍然深深地感到欣喜，感谢我和我的伙伴们通过努力把那些令人头疼和复杂的经历变成美好的回忆。

Proposed Alternatives for Residential and Right-of-Way Landscaping

at least two new shade trees
meet 50% canopy cover goal

understory shrubs (silky dogwood)
add visual interest, wildlife habitat

vines on fence (virginia creeper) improve air quality,
provide for wildlife, soften property edge

Existing   Proposed

stop mowing streetside turf to
increase rainwater infiltration

formalize streetside planting,
design rain garden

replace driveway with pervious paving,
include unmowed strip to increase rainwater infiltration

绿色基础设施工作室课程：图片模拟了纽约州锡拉丘兹的环境绿化过程；Melinda Alice Stockmann 绘制

在您毕业后未来的 5—10 年内想从事什么样的工作？

我期望获得风景园林的专业认证。我希望在一些领域内努力工作，并以此去鼓励那些不被广泛代表的年轻人（特别是有色人种和来自乡村地段的人群），并给他们带来更多的选择权利，从而满足他们对环境设计日益增长的变革性需求。当我把设计作为一种工具去帮助人们更好地体会大自然发展进程中的美好之处时，我感到很激动。我已经迫不及待地想要在恢复自然风景园林方面发挥自己的重要作用，并去设计一些令人心旷神怡的场所，让人们充分体会到自己的生活环境与大自然本身的无限和谐。

访谈：攻读风景园林第二学位

Tim Joice
风景园林系风景园林硕士攻读学位者
宾夕法尼亚州立大学
宾夕法尼亚州帕克分校

Tim Joice 正在做马里兰州交通运输管理局项目的最终汇报

您是如何选择研究生学校就读的？

起初，我以为工程师是适合我的，因为我数学能力突出。但一些启示告诉我，需要找一个更富有创造性和前瞻性的职业。我觉得风景园林提供了联系自然、环境和社会最好的机会。本科学习，培养学生去规划一个更美好的城市乡村统一体，这是一个人与自然维持更好的平衡的所在。

为什么选择这所学校修风景园林学位？

我的本科学位是在家乡肯塔基大学完成的。我选择这个大学学习工程专业。明确了这个专业并不适合我后，我选择了风景园林专业继续学习。对于研究生就读的学校，宾夕法尼亚州立大学风景园林专业提供的机会与我的兴趣天作之合，这在肯塔基读大三的时候我就一直在考虑。

为什么决定把风景园林作为第二个学位？

我的决定是与本科教育密切相关的。风景园林专业的本科学位在多方面展现了专业特性，总体上建立了它在经济、社会、环境等方面问题的处理方向。我认为这是一个人所能接受到的最好的本科教育了。同时，它也会成为某些阻碍。大学三年级那一年，我十分想学习一些生态学方面的技能，然而由于既定的课程安排，我只能放弃了对于这类技能的学习计划。而与本科学习目的不同，硕士学习更倾向于明确一名风景园林师的角色——设计人造环境，并把生态功能尤其是水文功能融入其中。我对于风景园林硕士专业的追求也正是基于这一原因。

作为研究生，有何不同于本科生的？

研究生对于适合自己兴趣的专业有更大的自由选择空间。社会对于研究生有着理所应当的高期待，而研究生也应该对自身有着更高的期待。尤其是风景园林专业，研究生会更加关注阅读和进行批判性的研究，而本科生则围绕着对社会、自然、风景园林经济及设计过程全方位的理解。

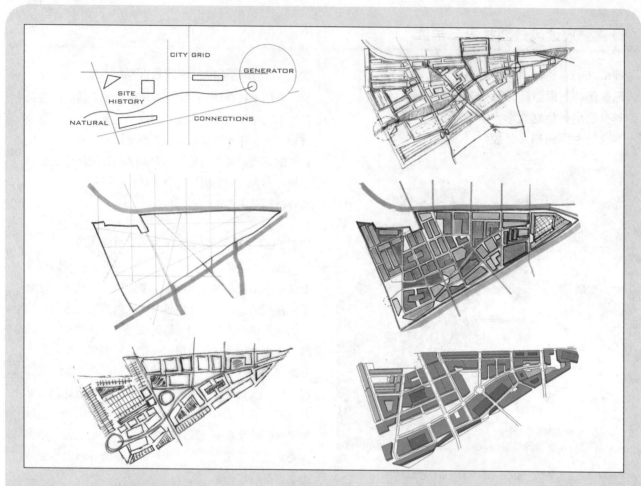

从概念分析阶段到设计方案过程的演化：Tim Joice 和 Danielle Hammond 绘制

研究生教育中最有趣的是什么？

　　目前为止，最有趣的是教授专业背景的多样性。在肯塔基州，每一个成员都有风景园林的专业学位，而在宾夕法尼亚州立大学，有来自人类学、地理学、建筑学、生态学、规划学及其他更广泛和风景园林相关领域的专家教授。

在学习中实习有什么作用？

　　在本科的第三、四、五个暑假，我分别在不同类型公司实习，从综合性的中型公司到以工程为主的小型公司。这些实习经历都为我提供了宝贵的专业知识，并更全面、更实际地了解了职业现状。最重要的是实习让我了解这个专业的环境设计中最缺少什么，哪里最需要改进，以及跨学科的专业趋势。

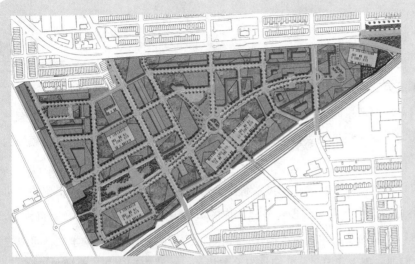

◀马里兰州西巴尔的摩，可持续发展社区设计更强调水体的循环和绿色基础设施网络的形成；Tim Joice 绘制

▼三维模型表达了空间环境和社区的使用状况；Tim Joice 和 Danielle Hammond 绘制

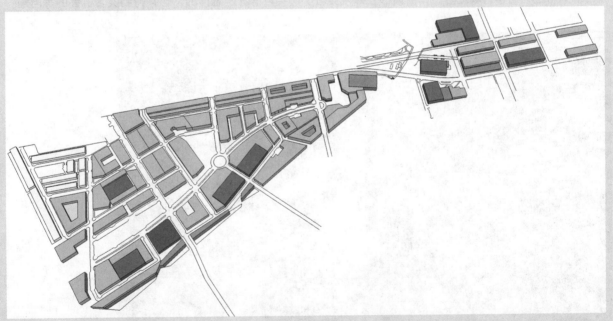

在您毕业后未来的 5—10 年内想从事什么样的工作?

　　五年内我希望能回到家乡肯塔基附近，有可能是在政府或者非营利机构、有关水域规划的工作。在未来的 5—10 年里，我会致力于环境建设并推动新的发展方向——朝着更经济、更环保和社会可持续的未来发展。

实习的重要性

实习为学生提供了很好的机会，能把在学校学到的东西应用到工作当中去，并继续深造。实习的好处已经被广泛认可。一般到本科的第二年或第三年，学生获得足够的技能和知识后，基本可以去设计公司进行实习了，一般他们都会选择在暑期去实习。而风景园林研究生则一般可以在就读一年后开始实习——因为有一些公司会提供更长的半年或一年的实习。这些都是很宝贵的经历，但一定要权衡好时间，否则将需要额外的时间来完成学位。

根据公司或组织提供的实习职位以及经济状况，学生们可以获得一定的实习工资；没有实习工资的也可以支付一个夏天的费用。实习的机会也和这个专业一样多种多样。你的选择通常也和实习地点、工资相关。可能会有离家很近的实习机会，也有可能会为了实习远行或搬迁。如果你是一年级或二年级的学生，可以去向已经实习过的同学讨教经验——他们都去哪里实习了，实习情况是怎样的，怎样得到实习机会的等问题。

Stephanie Bailey 的夏季实习，在国家公园管理局用 GPS 定位；Saylor Moss 摄影

马萨诸塞州剑桥，Michael Van Valkenburgh 联合公司的一间工作室

　　很多的实习信息会在各学校广泛发布，尤其是大公司的实习机会。一些公司的实习机会竞争很激烈。美国风景园林师协会在其网站工作版块上专门有实习工作的信息发布。此外，大多数美国风景园林协会的分会（一般是州级别的分会，大的州下面也有分支机构）也会有专门的实习信息。如果想工作的话，你也可以在冬歇前的夏天考虑和当地或附近城市的公司取得直接联系。这可以让公司了解你所在区域，了解你的技能和背景，以及你能作出的贡献。如何准备实习工作的简历和作品集可以参阅第 3 章。

　　有的学生认为，必须在毕业前有过公司的实习经历是一种误解。当然，实习是很有帮助的，但也有很多其他对未来工作有好处的工作机会和经历，如在风景园林承包行业工作，去旅行，在公共机构或非营利组织工作。

实习在教育过程中扮演了什么角色？

我参加过实习的工作，但没在设计公司工作过。我去的是一家做设计和建造的公司。我们做各种园林项目。更重要的是，我以前并不了解一个设计概念如何进行实际建造，通过这次实习我收益很多。实习是非常重要的。最好能在一个工作室实习后再换一个工作室，这样你能学到多种手艺。

Frederick R. Bonci，RLA，ASLA

LaQuatra Bonci 联合股份有限公司创始人

我的夏季实习经历让我认识到我需要开辟自己的道路。实习过程使我开始怀疑办公室业务一类的工作到底是不是我愿意终生从事的。这并不意味着我要放弃这个领域；相反意味着我想要在我热爱的专业领域开辟更广阔的天地。

Julia Czerniak

CLEAR 负责人；锡拉丘兹大学建筑系副教授

我用了两个夏天的时间集中在一个规划工作室中实习。这个工作扩大了我的视野。美国本土社区规划是我参加工作的第一个项目，从中受益匪浅。我们的项目与达科他州的普雷里岛工作组在考古场地合作。这是一个非常好的入门经验。

John Koepke

明尼苏达大学风景园林系副教授

我是被要求去参加实习。我在当地的土木工程和风景园林设计公司工作。这是一次非常好的学习经历。因为公司是做土木工程的，所以也学到了很多工程上的知识。没有什么比实际行动来得更快的经验了。

Ruben L.Valenzuela，RLA

Terrano 负责人

我在黄石国家公园实习。通过这次实习了解到了专业的多样性，这更明确了我对这个专业的追求。作为一个实习生，我为现有的建筑设计了新的环境，引导游客去参观旧费斯富尔，爬山登顶并欣赏风景。

Joanne Cody，ASLA

美国国家公园管理局风景园林技术专家

实习会起到很大的作用。我建议学生们尽早去实习，即使你们做的工作只是整理纸张和画笔。那些从中学到的知识、信息都是无可替代的。

Gerdo Aquino，ASLA

SWA 集团执行董事

我这个暑假刚实习过，得到的收获比我期望的还高。有许多工作是在幕后完成的。尽管比我以前的工作还要辛苦，但实习是非常值得的。它向我展现了一个项目需要付出多少的艰辛努力。同时也让我明确，至少现在我还不想开自己的公司。

Mallory Richardson

克莱姆森大学，风景园林与规划专业本科生

我的第一次暑期实习是在亚利桑那州坦佩的一个公司。首次在这样一个专业的办公室里工作十分令人激动，同时我也确信了我要从事风景园林这个行业。整个暑假，我都由一个风景园林师特别认真地指导着，他把他所了解的都悉心地交给我。

Douglas C.Smith，ASLA

EDSA 运营总监

我要去加利福尼亚州参加 SWA 集团的实习工作，那真是一次大开眼界的经历。不仅专业，而且视野开阔，具有实验性，同时给了我很多发展空间和自由。比起 22 岁的时候，我现在更加欣赏这个集团。他们教会了我怎样去工作，并向我展示了市场营销和汇报的材料。我太想拥有这一切了。

Elizabeth Kennedy，ASLA
EKLA 工作室负责人

实习起到了很重要的作用。我在 Campbell Miller 事务所工作了两个暑假。我需要多拜见一些像 Eckbo 一样的、处在职业巅峰的人。重新回到课堂中，我可以将实习的经验结合我的课程，并明确了以后的发展方向。实习的经历直接加速了我的学习。

Edward L. Blake，Jr.
风景园林工作室创始人

我有过实习经历，这并不是我最好的经历。但是实习的确很关键。无论是做设计还是工程，我建议人们都能去工程公司实习获得一定的经验，去真正理解关于设计的另一面。

Jennifer Guthrie，RLA，ASLA
Gustafson Guthrie Nichol 有限公司经理

普渡大学的合作项目影响重大。在那个项目中，我离开学校一年去事务所里工作。我选择了北卡罗来纳州夏洛特的项目。我很喜欢这个项目。回到学校后，因为经历了这个项目的锻炼，我表现得更加优秀、更加专注了。这个项目让我明白了什么是我喜欢做的，什么是不喜欢做的。

Robert B. Tilson，FASLA
Tilson 集团主席

我曾经在夏威夷的一个制糖公司的 Alexander & Baldwin 事务所实习过。这个实习对我非常重要，因为我是为一个多样化的农业社区做方案规划。这是我第一次与社区组织合作，做公众演讲，去做规划交流，并且还尝试着赢得别人的共识。这些东西一直伴随我到今天——我经历了一个完整的循环。

Robin Lee Gyorgyfalvy，ASLA
美国农业部林务局：德舒特国家森林公园，Interpretive Services & Scenic Byways 公司董事

我在读本科时便已开始实习了。我在一系列的事务所中实习过，并且明白了自己喜欢在什么样的公司工作，所以实习真的价值不菲。

Thomas Oslund，FASLA，FAAR
oslund.and.assoc. 负责人

我的第一个暑假在一个私人设计兼工程公司工作，这给了我许多历练，并且帮助我了解了设计和工程是怎么运作的。我也为一个公共机构工作过；也在林业局实习了一个暑期。这段经历帮助我了解风景园林师在一个公共机构中的角色。这还给了我一些在更大规模设计实践的机会。我认为就设计来说，像其他一样，都是熟能生巧的。

Nancy D. Rottle，RLA，ASLA
华盛顿大学风景园林系副教授

在我大学三年级的时候，我离开学校 16 个月，这是我获得的真正的工作经验。那个延长的实习所起到的作用就是让我坚决留在了这个职业里，让我更加清晰地了解了比起毕业来说，在这个领域工作更加重要。

Todd Kohli，RLA，ASLA
EDAW 旧金山公司联合任事股东、资深总监

宾夕法尼亚州立大学在康涅狄格州的利奇菲尔德的暑期生态实习绝对是非常棒的。我们和最顶尖的林学家、生态学家、土壤学家、水文学家和风景园林师一起度过了 5 周。在山水中活动，学习土壤、植物、人类活动和生态之间的相互作用，理解和赏析美景：对我来说这简直是无价的。

Jose Alminana，ASLA

Andropogon 联合有限公司负责人

实习对我的影响很大。我的第二次实习是在剑桥 Carol Johnson 事务所，那是最棒的一次实习。我每天去工作，看那些大模型和美丽的图纸，在音像室中散步——这才是真正的风景园林师。当我真正了解风景园林的概念的时候，我发现那次实习真的是让我和它更加紧密了。

Kofi Boone，ASLA

北卡罗来纳州立大学风景园林系副教授

从业执照

所有与公众互动的重要职业，像医生、律师、建筑师和工程师，都需要合法的证书，这在实践上被称作执照。每个州都肩负保护公众健康、安全和福利的责任。由于风景园林师的工作十分复杂，并且如果处理不当可能会造成重大伤害，风景园林师被委以保护消费者权利的从业执照。为了保证风景园林师的设计不会对公众和环境造成负面影响，在美国的 49 个州、加拿大的 2 个省和美国的一个特区是被要求发放从业许可证的。

风景园林师，就像上文中列出的许多职业一样，是一个基于服务的职业。这意味着产品（设计作品）在被展示和完成前是无法被检验的（例如，你无法购买一个风景园林作品并预先试用它）。在基于服务的职业中大众很难弄清一个从业者是否是胜任该工作的。拥有一张执照意味着一个人有足够的知识、技能和能力，是拥有在不危害大众的前提下去工作的能力的正式认证。证书表达着合法和专业的责任和特权。

大多数风景园林师选择这条路是因为他们想为世界作出积极的贡献。许多风景园林师认为他们有一种为自然服务和为人们创造有意义场所的责任。作为一个个体，为了完成职业目标，设计师必须被授予从业执照才能有合法的权力去实践和展示风景园林师工作。拥有风景园林师的执照也赋予了专业的身份和信誉，与建筑师和工程师的职业有了同等的地位。所有同盟的建造类专业都必须要获得执照才能开展工作，因此，如果风景园林师想要获得在工作上的同等的尊敬，就需要成为被授予从业执照的职业。

最先被授予从业执照的职业是医学，在 1872 年。1953 年，加利福尼亚成了第一个授予风景园林师执照的州。下面是两种主要授予从业执照的法律："头衔法令"和"从业法令"。有些人虽然不是风景园林师，但也会去从事风景园林设计工作，头衔法令在这点上为消费者提供的保护因而较为薄弱。相比之下，大多数的执照法律来自从业法令。这些法律规范了哪些人可以从事风景园林设计的工作，并且限制"风景园林师"的头衔只能为那些拥有现行执照的人使用。

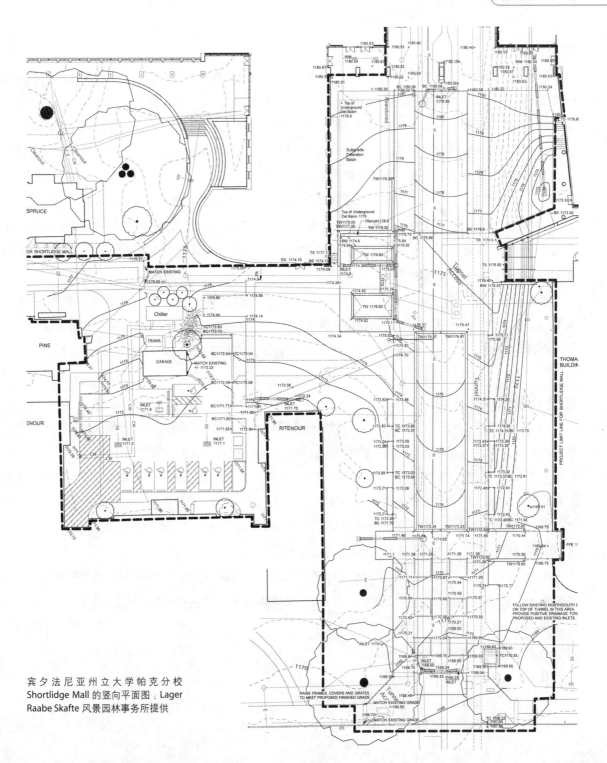

宾夕法尼亚州立大学帕克分校
Shortlidge Mall 的竖向平面图；Lager
Raabe Skafte 风景园林事务所提供

执照需求

　　要成为认证的风景园林师需要以下三步。第一步是要在官方认可的学校项目上完成正规的教育。一张经过官方认证的可授予风景园林学位的学校名单将在本章的最后列出。第二步是在持证的风景园林师的监督下获得的专业工作经验。第三步是参加并通过注册风景园林师的考试（LARE）。一旦获得证书后，许多州会要求接受持续的专业教育或在领域内不断跟进去保持这张证书。尽管在教育和经验要求内容上有一些变动，所有授予证书的法律都要求个人必须通过国家的考试（LARE）。

　　在得到执照之前，毕业生不能在法律意义上被称作风景园林师，所以他们经常被称为"学徒"、"风景设计师"，或者"实习风景园林师"。对于职业早期的专业人员来说，去获得广泛的经验来获得更多关于证书考试的知识和技能是明智的。学徒们必须在一个拥有证书的风景园林师的监督下展示他们的成果。所有的成果，比如说绘图和说明书，必须由对成果负有法律责任的、持证的风景园林师署名和封存。

　　执照授予法律在每个州和省都会有所不同，但是通常都会要求参加 LARE 考试至少要有 2—3 年在持证风景园林师监督下的专业工作经验，是所要求的。但是如果有人没有官方认可的风景园林学位，一些州和省允许在最少有 12 年在持证风景园林师监督下工作经验的人可以参加 LARE 考试。

注册风景园林师考试（LARE）

　　从业执照的发放是由州任命的注册委员会来管理的。每个委员会都是一个完全独立的政府机构。由于执照是在州级别发放的，并没有专门的国家级制度，委员会是要对发放执照负法律责任的。然而多年来，无论在哪，委员们都发现了一个相似的事情——追求效率促使了考试要求的标准化。这意味着 LARE 考试对于每个司法机构都是一样的。标准化为在多个州工作的专业人员提供了便利。专业人员可以在一州通过考试，并在另一州工作。由于这种相似性，大多数注册委员同时也是风景园林注册管理委员会的成员（CLARB）。这个非营利性组织建成的目的是为促进成员间的专业信息交流。[4]

　　2005 年一个由风景园林注册管理委员会调查的职业分析研究发现，LARE 考试涵盖了所有实践所需的知识和技能。考试的主要内容是关于保护公众健康、安全和福利至关重要的技能和任务。LARE 考试包含以下 5 大主要的职业实践领域：

　　A 部分：工程和项目管理

　　B 部分：调查、分析和项目开发

　　C 部分：场地设计

D 部分：设计和施工文件

E 部分：放样、排水和雨洪管理

有些州还要求通过附加的考试，例如灌溉设计或种植设计。A、B 和 D 三个部分是选择题，由电脑判分。C 和 E 两个部分，要求现场手绘图纸作答，一般是 11 英寸 ×17 英寸的手稿方案。[5]

由各地司法规定，考试可一年多次。一般来说，绘图作答部分可以在 12 月考试，选择题部分可以在 3 月和 9 月参加。风景园林注册管理委员会网站提供了关于考试时间和地点的最新消息。考试的目的是确保一个不会危害公众的最小能力的门槛，所以，LARE 考试的结果是"通过"或"未通过"。各个部分可以分开参加考试和通过，但是在 5 个部分全部通过前是不能授予执照的。

下面是风景园林注册管理委员会关于 LARE 考试最新内容（2007 年）的指导摘要，总结了每部分的主题和各部分比重、总分。[6]

LARE考试信息

A部分　工程和项目管理

风景园林师必须了解建设合同和在不同合同中的不同责任，以及在建设前期、评审过程中，以及规划完成后的责任。

交流（20%）

实践标准（23%）

合同管理（17%）

建设评审（20%）

建设实践（20%）

B部分　调查、分析和项目开发

风景园林师必须知道怎样去通过顾客的意图和需要去提出问题，通过关注使用群体和调查来确定项目使用者价值，以及确定项目目标。风景园林师还被要求理解如何和去哪里收集项目所需信息，以及怎样分析信息去做设计决定。他们必须了解如何分析项目各元素间的关系和怎样去满足工程需求。

问题定义（11%）

调查（29%）

分析（36%）

工程（24%）

C部分　场地设计

4个简短的问题

风景园林师被要求设计场地或进行土地利用规划，在这个过程中要考虑场地内部和外部的影响。在进行场地设计时，风景园林师必须了解各种法规、相关研究，以及可持续发展的原则。他们应该能够评估其他设计方案，具有对一个问题提出不同解决方案的能力。

D部分　设计和施工文件

风景园林师必须能够对一个问题的解决措施进行重新定义，并进行制订规划和合同文件，以保证项目的正确实施。风景园林师必须具备设计原则、资源保护、图示化的表达、建设文件，以及材料和建造方法等方面的知识，以保证项目可以安全完成。

设计原则（16%）

资源保护和管理（18%）

设计表达（8%）

建设文件（20%）

材料和建设方法（38%）

E部分　放样、排水和雨洪管理

4个简短的问题

风景园林师必须会处理多样的地形，以实现径流管理，满足设计需要和最小化对环境的影响。风景园林师还应该可以评估他们的决策给场地外现状带来的影响，以及制定水资源保护和土地资源保护的战略。

继续教育

LARE 考试可以让从业者获得一定时间段的能力认可；然而，风景园林师的工作始终发生着变化，并且，项目的类型变得日益复杂。除此之外，风景园林师本质上都具有好奇心和求知欲，去不断提升他们的专业技能。基于上述原因，风景园林师参加继续教育是非常重要的。在参与课程和会议时，分享他们的经验和观点，不仅能够对个人有所提升，同时也有利于行业的发展。

对于风景园林从业人员，为获得执业资格的持续有效必须进行的继续教育。大多数专业认证，例如建筑师和工程师，被要求证明他们理解其专业和所从事的事情是和公众健康、安全和福祉相关的。关于专业认证的继续教育比较灵活，不同的委员会提出了不同的要求。但是有一件事是明确的：继续教育是加强风景园林行业建设和交流、继续提升风景园林师重要作用的唯一途径。

提供认证项目的学校

以下清单是本书付梓时有效清单。更新信息可以查阅美国风景园林师协会 www.asla.org/schools.aspx.

下列描述的注释：

MLA=Graduate degree 硕士学位

BLA or BSLA= Undergraduate degree 本科学位

Candidacy= Program in process of becoming accredited 项目正在申请认证中

Pre-Candidacy=Program plans to be in candidacy shortly after book's publication date 在本书出版之日正在准备申请认证

Certificate= Not a degree 不是学位

Alabama

Auburn University
MLA Program
Landscape Architecture, School of Architecture
104 Dudley Hall
Auburn, AL 36849-5316
www.landarch.auburn.edu

Alaska

None

Arizona

Arizona State University
BSLA Program
Landscape Architecture Program, School of
Architecture and Landscape Architecture
PO Box 871605
Tempe, AZ 85287-1605
http://design.asu.edu/sala/program.shtml

The Art Center Design College
BLA Program (Candidacy)
2525 N. Country Club Road
Tucson, AZ 85716
www.theartcenter.edu/programs/PROGmenu.html

University of Arizona
MLA Program
School of Landscape Architecture, College of
Architecture and Landscape Architecture
PO Box 210444
Tucson, AZ 85721-0044
http://capla.arizona.edu/landscape

Arkansas

University of Arkansas
BLA Program
Department of Landscape Architecture, School of
Architecture
230 Memorial Hall
Fayetteville, AR 72701
http://architecture.uark.edu/larch

California

California Polytechnic State University, San Luis Obispo
BLA Program
Landscape Architecture Department, College of
Architecture and Environmental Design
Building 034, Room 251
San Luis Obispo, CA 93407
http://landarch.calpoly.edu/larc

California State Polytechnic University, Pomona
BSLA Program/MLA Program
Department of Landscape Architecture, College of
Environmental Design
3801 West Temple Avenue
Pomona, CA 91768
www.csupomona.edu/~la

University of California–Berkeley
MLA Program
Department of Landscape Architecture, College of
Environmental Design
202 Wurster Hall
Berkeley, CA 94720-2000
www-laep.ced.berkeley.edu/laep/index.html

University of California–Davis
BSLA Program
Landscape Architecture Program, Department of
Environmental Design
College of Agricultural and Environmental Sciences
One Shields Avenue, 142 Walker Hall
Davis, CA 95616-8585
http://lda.ucdavis.edu

University of California-Los Angeles

Certified by State of California Architects Board
Certificate in Landscape Architecture
UCLA Extension, Department of the Arts
10995 Le Conte Avenue #414
Los Angeles, CA 90024
www.uclaextension.edu/landarch

University of Southern California

MLA Program (Candidacy)
Graduate Studies in Landscape Architecture, School of
Architecture
Robert Y. Time Research Center, Room 339
Los Angeles, CA 90089-0291
http://arch.usc.edu/Programs/
GraduateDegreesandCertificates/
MasterofLandscapeArchitecture

Colorado

Colorado State University

BSLA Program
Program in Landscape Architecture
Department of Horticulture and Landscape
Architecture, College of Agricultural Sciences
111 Shepardson Building
Fort Collins, CO 80523
www.colostate.edu/Depts/LArch

University of Colorado-Denver

MLA Program
Landscape Architecture Program, College of
Architecture and Planning
Campus Box 126
PO Box 173364
Denver, CO 80217
www.cudenver.edu/Academics/Colleges/
ArchitecturePlanning/programs/masters/MLA/Pages/
mla.aspx

Connecticut

University of Connecticut

BSLA Program
Landscape Architecture Program, College of
Agriculture and Natural Resources
1376 Storrs Road, U-4067
Storrs, CT 06269-4067
http://plantscience.uconn.edu/la.html

Delaware

None

District of Columbia

None

Florida

Florida A&M University

MLA Program
Graduate Program in Landscape Architecture
1936 S Martin Luther King Boulevard
Tallahassee, FL 32307
www.famusoa.net/degrees/grad/mlarch/progdesc

Florida International University

BLA Program (Candidacy)/MLA Program
Graduate Program in Landscape Architecture, School
of Architecture
University Park Campus
Miami, FL 33199
www.fiu.edu/~soa/land_architecture.htm

University of Florida

BLA Program/MLA Program
Department of Landscape Architecture, College of
Design Construction and Planning
336 Architecture Building
PO Box 115704-5704

Gainesville, FL 32611
www.dcp.ufl.edu/landscape

Georgia

University of Georgia
BLA Program/MLA Program
Program in Landscape Architecture, College of
Environment and Design, School of Environmental
Design
609 Caldwell Hall
Athens, GA 30602-1845
www.ced.uga.edu

Hawaii

None

Idaho

University of Idaho
BLA Program
Landscape Architecture Department, College of
Letters, Arts & Social Sciences
PO Box 442481
Moscow, ID 83844-2481
www.caa.uidaho.edu/larch

Illinois

Illinois Institute of Technology
MLA Program (Pre-Candidacy)
College of Architecture
3360 S. State Street
Chicago, IL 60616-3793
www.iit.edu/arch/programs/graduate

University of Illinois
BLA Program/MLA Program
Department of Landscape Architecture, College of
Fine and Applied Arts
101 Buell Hall MC 620, 611 Taft Drive

Champaign, IL 61820
www.landarch.uiuc.edu

Indiana

Ball State University
BLA Program/MLA Program
Department of Landscape Architecture, College of
Architecture and Planning
Muncie, IN 47306
www.bsu.edu/landscape

Purdue University
BSLA Program
Landscape Architecture Program, Department of
Horticulture and Landscape Architecture
625 Agriculture Mall Drive
West Lafayette, IN 47907-2010
www.hort.purdue.edu/hort/landarch/landarch.shtml

Iowa

Iowa State University
BLA Program
Department of Landscape Architecture
College of Design, Room 146
Ames, IA 50011
www.design.iastate.edu/LA

Kansas

Kansas State University
BLA Program (through 2010)/MLA Program
Department of Landscape Architecture/Regional
and Community Planning, College of Architecture,
Planning and Design
302 Seaton Hall
Manhattan, KS 66506-2909
www.capd.k-state.edu/prospective-students/introduc-
tion

Kentucky

University of Kentucky
BSLA Program
Department of Landscape Architecture
S305 Agriculture Science North
Lexington, KY 40546-0091
www.uky.edu/Agriculture/LA

Louisiana

Louisiana State University
BLA Program/MLA Program
Robert Reich School of Landscape Architecture
302 Design Building
Baton Rouge, LA 70803-7020
www.design.lsu.edu/la.htm

Maine

None

Maryland

Morgan State University
MLA Program
Graduate Program in Landscape Architecture
Montebello Complex, Room B107
2201 Argonne Drive
Baltimore, MD 21251
www.morgan.edu/academics/IAP/landscape_home.
html

University of Maryland
BLA Program/MLA Program (Candidacy)
Landscape Architecture Program, Department of Plant
Science and Landscape Architecture
2102 Plant Sciences Building
College Park, MD 20742
www.larch.umd.edu

Massachusetts

Boston Architectural College
BLA Program (Candidacy)
Program Director for Landscape Architecture, Boston
Architectural College, Room 210
320 Newbury Street
Boston, MA 02115
www.the-bac.edu/x271.xml

Harvard University
MLA Program
Department of Landscape Architecture, Graduate
School of Design
409 Gund Hall, 48 Quincy Street
Cambridge, MA 02138
www.gsd.harvard.edu

University of Massachusetts
BSLA Program/MLA Program
Department of Landscape Architecture and Regional
Planning
Hills North 109
Amherst, MA 01003
www.umass.edu/larp/index.html

Michigan

Michigan State University
BLA Program
Landscape Architecture Program, School of Planning,
Design, and Construction
East Lansing, MI 48824-1221
www.spdc.msu.edu/la

University of Michigan
MLA Program/PhD Program
Landscape Architecture Program, School of Natural
Resources and Environment
2502 Dana Hall

Ann Arbor, MI 48109
www.snre.umich.edu//la

Minnesota

University of Minnesota
MLA Program
Department of Landscape Architecture
89 Church Street, SE, 144 Rapson Hall
Minneapolis, MN 55455
http://landarch.cdes.umn.edu

Mississippi

Mississippi State University
BLA Program/MLA Program
Department of Landscape Architecture, College of
Agriculture and Life Sciences
PO Box 9725
Mississippi State, MS 39762-9725
www.lalc.msstate.edu

Missouri

Washington University in St. Louis
MLA Program (Pre-Candidacy)
The Sam Fox School of Design & Visual Arts, Graduate
School of Architecture & Urban Design
One Brookings Drive
St. Louis, MO 63130
http://samfoxschool.wustl.edu

Montana

None

Nebraska

University of Nebraska-Lincoln
BLA Program (Pre-Candidacy)
College of Architecture, Landscape Architecture
Program
210 Architecture Hall

Lincoln NE 68588-0106
http://landscapearchitecture.unl.edu

Nevada

University of Nevada-Las Vegas
BLA Program
Department of Landscape Architecture and Planning
4505 Maryland Parkway, Box 45018
Las Vegas, NV 89154
http://architecture.unlv.edu/landscape.htm

New Hampshire

None

New Jersey

Rutgers-The State University of New Jersey
BSLA Program
Department of Landscape Architecture, Cook College
93 Lipman Drive
New Brunswick, NJ 08901-8524
www.landarch.rutgers.edu

New Mexico

University of New Mexico
MLA Program
Landscape Architecture Program, School of
Architecture and Planning
2414 Central Avenue, SE
Albuquerque, NM 87131-1226
http://saap.unm.edu

New York

Cornell University
BSLA Program/MLA Program
Landscape Architecture Department
440 Kennedy Hall
Ithaca, NY 14853
www.landscape.cornell.edu

State University of New York
BLA Program/MLA Program
Faculty of Landscape Architecture, College of
Environmental Science and Forestry
1 Forestry Drive
Syracuse, NY 13210-2787
www.esf.edu/la

The City College of New York
MLA Program (Candidacy)
Urban Landscape Architecture, School of Architecture
Urban Design and Landscape Architecture
138th Street and Convent Avenue
New York, NY 10031
www1.ccny.cuny.edu/prospective/architecture

North Carolina

North Carolina A&T State University
BSLA Program
Landscape Architecture Program
231 Carver Hall
Greensboro, NC 27411
www.ag.ncat.edu/academics/natres/landarch/index.html

North Carolina State University
BLA Program/MLA Program
Landscape Architecture Department, College of Design
PO Box 7701
Raleigh, NC 27695-7701
http://ncsudesign.org/content

North Dakota

North Dakota State University
BLA Program
Department of Architecture and Landscape Architecture
PO Box 5285, S.U. Station
Fargo, ND 58105-5285
http://ala.ndsu.edu/landscape_architecture

Ohio

Ohio State University
BSLA Program/MLA Program
Landscape Architecture Section, Austin E. Knowlton
School of Architecture
275 West Woodruff Avenue
Columbus, OH 43210-1138
http://knowlton.osu.edu

Oklahoma

Oklahoma State University
BLA Program
Landscape Architecture Program
360 AGH
Stillwater, OK 74078-6027
www.hortla.okstate.edu

University of Oklahoma
MLA Program
Landscape Architecture Program
Gould Hall, Room 162
Norman, OK 73019-0265
http://la.coa.ou.edu

Oregon

University of Oregon
BLA Program/MLA Program
Department of Landscape Architecture, School of
Architecture and Allied Arts
Eugene, OR 97403-5234
http://landarch.uoregon.edu

Pennsylvania

Chatham University
MLA Program
Landscape Architecture/Landscape Studies Program
Woodland Road

Pittsburgh, PA 15232
www.chatham.edu/departments/artdesign/graduate/
landscapearch/index.cfm

Pennsylvania State University
BLA Program/MLA Program (Candidacy)
Department of Landscape Architecture
121 Stuckeman Family Building
University Park, PA 16802-1912
www.larch.psu.edu

Philadelphia University
BLA Program (Candidacy)
Landscape Architecture Program, School of
Architecture
Smith House
Philadelphia, PA 19144
www.philau.edu/architecture

Temple University
BSLA Program
Department of Landscape Architecture and
Horticulture
580 Meetinghouse Road
Ambler, PA 19002-3994
www.temple.edu/ambler/la-hort

University of Pennsylvania
MLA Program
Department of Landscape Architecture, School of
Design
119 Meyerson Hall, 210 South 34th Street
Philadelphia, PA 19104-6311
www.design.upenn.edu/new/larp/index.php

Rhode Island

Rhode Island School of Design
MLA Program
Department of Landscape Architecture

231 South Main Street
Providence, RI 02903
www.risd.edu/graduate_landscape.cfm

University of Rhode Island
BLA Program
Landscape Architecture Program
Rodman Hall, Room 201
94 West Alumni Avenue
Kingston, RI 02881
www.uri.edu/cels/lar

South Carolina

Clemson University
BLA Program/MLA Program (Candidacy)
Department of Planning and Landscape Architecture,
College of Architecture, Arts and Humanities
163 Lee Hall, PO Box 340511
Clemson, SC 29634-0511
www.clemson.edu/caah/landscapearchitecture

South Dakota
None

Tennessee

University of Tennessee
MLA Program (Pre-Candidacy)
Graduate Program in Landscape Architecture, College
of Architecture + Design
1715 Volunteer Boulevard
Knoxville, TN 37996
www.arch.utk.edu/acedemic/larch.html

Texas

Texas A&M University
BLA Program/MLA Program
Department of Landscape Architecture and Urban
Planning, College of Architecture

3112 Langford Architecture Center
College Station, TX 77843-3137
http://archone.tamu.edu/LAUP

Texas Tech University
BLA Program/MLA Program
Department of Landscape Architecture, College of
Agricultural Sciences and Natural Resources
Box 42121
Lubbock, TX 79409-2121
www.larc.ttu.edu

The University of Texas–Arlington
MLA Program
Pat D. Taylor, ASLA, Director
PO Box 19108
Arlington, TX 76019-0108
www.uta.edu/architecture/academic/grad/academic_
grad_land.htm

The University of Texas, Austin
MLA Program
Graduate Program in Landscape Architecture, School
of Architecture
1 University Station B7500
Austin, TX 78712-0222
http://soa.utexas.edu

Utah

Utah State University
BLA Program/MLA Program
Department of Landscape Architecture and
Environmental Planning, College of Humanities, Arts
and Social Sciences
Logan, UT 84322-4005
http://laep.usu.edu

Vermont

None

Virginia

University of Virginia
MLA Program
Department of Architecture and Landscape
Architecture, School of Architecture
PO Box 400122
Charlottesville, VA 22904-4122
www.arch.virginia.edu/landscape

Virginia Polytechnic Institute & State University
BLA Program/MLA Program
Landscape Architecture Program, School of
Architecture + Design
121 Burruss Hall–0190
Blacksburg, VA 24061
http://archdesign.vt.edu/landscape-architecture

Washington

University of Washington
BLA Program/MLA Program
Department of Landscape Architecture, College of
Architecture and Urban Planning
348 Gould Hall, Box 355734
Seattle, WA 98195-5734
www.caup.washington.edu/larch

Washington State University
BLA Program
Department of Horticulture and Landscape
Architecture, College of Agriculture and Home
Economics
Johnson Hall 149
Pullman, WA 99164-6414
http://hortla.wsu.edu

West Virginia

West Virginia University
BSLA Program

Landscape Architecture Program, Division of Resource
Management, Davis College of Agriculture, Forestry
and Consumer Sciences
PO Box 6108
Morgantown, WV 26506-6108
www.caf.wvu.edu/resm/la/index.html

Wisconsin

University of Wisconsin–Madison
BSLA Program/MLA (not accredited)
Department of Landscape Architecture, School of
Natural Resources, College of Agricultural and Life
Sciences
1450 Linden Drive
Madison, WI 53706
www.la.wisc.edu

Wyoming

None

Canada

University of British Columbia
MLA Program
Landscape Architecture Program, School of
Architecture and Landscape Architecture, Faculty of
Applied Science
389-2357 Main Mall
Vancouver, BC V6T 1Z4
www.sala.ubc.ca

University of Guelph
BLA Program/MLA Program
School of Environmental Design and Rural
Development

Guelph, Ontario N1G 2W1
www.uoguelph.ca/sedrd/LA

University of Manitoba
MLA Program
Department of Landscape Architecture, Faculty of
Architecture
Winnipeg, Manitoba R3T 2N2
www.umanitoba.ca/faculties/architecture/programs/
landarchitecture

University of Montreal
BLA Program
École d'architecture de paysage
2940 Chemin de la Côte Ste-Catherine, Bureau 4055-1
Montréal, QC H3T 1B9
www.apa.umontreal.ca

University of Toronto
MLA Program
Landscape Architecture Program, John H.
Daniels Faculty of Architecture, Landscape, and Design
230 College Street
Toronto, Ontario M5T 1R2
www.daniels.utoronto.ca/programs/master_of_land-
scape_architecture

Related

Northern Alberta Institute of Technology
Two-year diploma, not accredited
Landscape Architecture Technology
11762-106 Street
Edmonton, Alberta T5G 2R1
www.nait.ca/program_home_15713.htm

附录 A 资讯

风景园林机构

American Society of Landscape Architects (ASLA)
636 Eye Street NW
Washington, DC 20001-3736
888-999-2752
www.asla.org

Canadian Society of Landscape Architects (CSLA)
PO Box 13594
Ottawa, ON, K2K 1X61
866-781-9799
http://csla.ca/site

Council of Educators in Landscape Architecture (CELA)
PO Box 7506
Edmond, OK 73083-7506
405-330-4150
www.thecela.org

Council of Landscape Architectural Registration Boards (CLARB)
3949 Pender Drive, Suite 120
Fairfax, VA 22030
571-432-0332
www.clarb.org

Cultural Landscape Foundation
1909 Q Street NW, Second Floor
Washington DC 20009
202-483-0553
www.tclf.org

International Federation of Landscape Architects (IFLA)
www.iflaonline.org
Contact information is via elected officers. Consult the IFLA Web site for up-to-date information.

Landscape Architecture Accreditation Council (LAAC)
c/o Canadian Society of Landscape Architects
PO Box 13594

Ottawa, ON, K2K 1X6
866-781-9799
http://csla.ca/site/index.php?q=en/node/13

Landscape Architecture Canada Foundation (LACF)
c/o CSLA, P.O. Box 13594
Ottawa, ON, K2K 1X61
866 781-9799
http://csla.ca/site/?q=en/node/9

Landscape Architecture Foundation (LAF)
818 18th Street NW, Suite 810
Washington, DC 20006
202-331-7070
www.lafoundation.org

Landscape Architectural Accreditation Board (LAAB)
636 Eye Street NW
Washington, DC 20001
www.asla.org/AccreditationLAAB.aspx

The Landscape Institute (the Royal Chartered body for landscape architects in the United Kingdom)
33 Great Portland Street
London, W1W 8QG
www.landscapeinstitute.org
Student-Related Resources

Alpha Rho Chi (Co-educational Architecture and Allied Arts Fraternity)
PO Box 3131
Memphis, TN 38173
www.alpharhochi.org

LABASH (Annual International Student Landscape Architecture Conference)
www.asla.org/MeetingAndEventLanding.aspx
The location of the LABASH Conference, first held in 1970, moves to a different school each year. Go to the ASLA Web site for this year's location.

Sigma Lambda Alpha (National Landscape Architecture Honor Society)
c/o Texas Tech University, Department of Landscape Architecture
Box 42121
Lubbock, TX 79409-2121

相关机构

设计/规划

Active Living by Design
University of North Carolina at Chapel Hill
School of Public Health
400 Market Street, Suite 205
Chapel Hill, NC 27516-4028
919-843-2523
www.activelivingbydesign.org

American Association of State Highway and Transportation Officials (AASHTO)
444 North Capitol Street N.W., Suite 249
Washington, DC 20001
202-624-5800
www.transportation.org

American Institute of Architects (AIA)
1735 New York Ave. NW
Washington, DC 20006-5292
800-242-3837

American Planning Association (APA)
122 S. Michigan Ave., Suite 1600
Chicago, IL 60603
312-431-9100
www.planning.org

American Society of Civil Engineers (ASCE), Washington Office
101 Constitution Avenue NW, Suite 375 East
Washington, DC 20001
800-548-ASCE (2723) ext. 7850
www.asce.org

Architects / Designers / Planners for Social Responsibility (ADPSR)
PO Box 9126

Berkeley, CA 94709
510-845—1000
www.ADPSR.org

Association of American Geographers
1710 Sixteenth Street NW
Washington, DC 20009-3198
202-234-1450
www.aag.org

Association of Collegiate Schools of Planning (ACSP)
6311 Mallard Trace
Tallahassee, FL 32312
850-385-2054
www.acsp.org

Association for Community Design
c/o Boston Society of Architects
52 Broad Street
Boston MA, 02109-4301
www.communitydesign.org/About.htm

Congress for the New Urbanism (CNU)
The Marquette Building
140 S. Dearborn Street, Suite 310
Chicago, IL 60603
312-551-7300
www.cnu.org

Institute of Transportation Engineers
1099 14th Street NW, Suite 300 West
Washington, DC 20005-3438
202-289-0222
www.ite.org

Leadership in Energy and Environmental Design (LEED)
www.usgbc.org/leed
Planners Network
106 West Sibley Hall

Cornell University
Ithaca, NY 14853
607-254-8890
www.plannersnetwork.org

Society for College and University Planning
339 East Liberty, Suite 300
Ann Arbor, MI 48104

734-998-7832
www.scup.org

Urban Land Institute
1025 Thomas Jefferson Street, NW Suite 500 West
Washington, DC 20007
202-624-7000
www.uli.org

U.S. Green Building Council (USGBC)
1800 Massachusetts Avenue NW, Suite 300
Washington, DC 20036
800-795-1747
www.usgbc.org

文化/历史

Alliance for Historic Landscape Preservation (AHLP)
www.ahlp.org/docs/about.html
Contact information is via board officers. Consult the
AHLP Web site for up-to-date information.

Historic American Landscape Survey (HALS)
Heritage Documentation Programs
National Park Service, Department of the Interior
1201 Eye Street NW (2270), Seventh Floor
Washington, DC 20005
202-354-2135
www.nps.gov/hdp/hals/index.htm

Historic Roads
Paul Daniel Marriott & Associates
3140 Wisconsin Avenue NW , Suite 804
Washington, DC 20016
www.historicroads.org

International Council on Monuments and Sites (ICOMOS)
ICOMOS International Secretariat
49-51, rue de la Fédération
75015 Paris, France
www.icomos.org

Library of American Landscape History (LALH)
PO Box 1323
Amherst, MA 01004-1323
413-549-4860
www.lalh.org

National Trust for Historic Preservation
1785 Massachusetts Ave. NW
Washington, DC 20036-2117
800-944-6847
www.preservationnation.org

环境/生态

American Fisheries Society
5410 Grosvenor Lane
Bethesda, MD 20814
301-897-8616
www.fisheries.org

American Society of Consulting Arborists
9707 Key West Avenue, Suite 100
Rockville, MD 20850
301-947-0483
www.asca-consultants.org

Ecological Society of America
1990 M Street NW, Suite 700
Washington, DC 20036
202-833-8773
www.esa.org

International Society of Arboriculture
PO Box 3129
Champaign, IL 61826-3129
888-472-8733
www.isa-arbor.com

Society for Ecological Restoration International
285 West 18th Street, Suite 1
Tucson, AZ 85701
520-622-5485
www.ser.org

Society of Wetland Scientists
1313 Dolley Madison Boulevard, Suite 402
McLean, VA 22101
703-790-1745
www.sws.org

Soil and Water Conservation Society
945 SW Ankeny Road
Ankeny, IA 50023-9723

515-289-2331
www.swcs.org

建造

American Nursery & Landscape Association
1000 Vermont Avenue NW, Suite 300
Washington, DC 20005-4915
202-789-2900
www.anla.org

Construction Specifications Institute (CSI)
99 Canal Center Plaza, Suite 300
Alexandria, VA 22314-1588
800-689-2900
www.csinet.org

Professional Landcare Network (PLANET)
950 Herndon Parkway, Suite 450
Herndon, VA 20170
703-736-9666
www.landcarenetwork.org
PLANET includes landscape contractors.

娱乐/公园

American Public Garden Association (APGA)
100 West 10th Street, Suite 614
Wilmington, DE 19801
302-655-7100
www.publicgardens.org

American Society of Golf Course Architects (ASGCA)
125 N Executive Drive
Brookfield, WI 53005
262-786-5960
www.asgca.org

City Parks Alliance
1111 16th Street NW, Suite 310
Washington, DC 20036
202-223-9111
www.cityparksalliance.org

National Association for Olmsted Parks (NAOP)
1111 16th Street NW, Suite 310
Washington, DC 20036

866-666-6905
www.olmsted.org

National Recreation and Park Association
22377 Belmont Ridge Rd.
Ashburn, VA 20148
703-858-0784
www.nrpa.org

National Therapeutic Recreation Society (NTRS)
www.nrpa.org/content/default
.aspx?documentId=956
The NTRS is a branch of the National Recreation and
Park Association.

服务机构

ACE Mentor Program of America
400 Main Street, Suite 600
Stamford, CT 06901
203-323-0020
www.acementor.org

AmeriCorps
1201 New York Avenue NW
Washington, DC 20525
202-606-5000
www.AmeriCorps.org

Architects without Borders
www.awb.iohome.net
Design Corps
302 Jefferson Street, Suite 250
Raleigh, NC 27605
919-828-0048
www.designcorps.org

Habitat for Humanity International
1-800-422-4828 (1-800-HABITAT)
www.habitat.org

Peace Corps
Paul D. Coverdell Peace Corps Headquarters
1111 20th Street NW
Washington, DC 20526
800-424-8580
www.peacecorps.gov

附录 B　参考文献选录

书籍

Alanen, Arnold, and Robert Melnick, eds. 2000. *Preserving Cultural Landscapes in America.* Baltimore: Johns Hopkins University Press.

Alexander, Christopher. 1997. *A Pattern Language: Towns, Buildings, Construction.* New York: Oxford University Press.

American Planning Association. 2006. *Planning and Urban Design Standards.* Hoboken, NJ: John Wiley & Sons, Inc.

Amidon, Jane. 2005. Michael Van Valkenburgh Associates: Allegheny Riverfront Park. *Source Books in Landscape Architecture.* New York: Princeton Architectural Press.

———. 2006. *Ken Smith Landscape Architects/ Urban Projects.* New York: Princeton Architectural Press.

———. 2006. *Peter Walker and Partners: Nasher Sculpture Center Garden: Source Books in Landscape Architecture.* New York: Princeton Architectural Press.

Amidon, Jane, and Dan Kiley. 1999. *Dan Kiley: The Complete Works of America's Master Landscape Architect.* Boston: Bulfinch Press.

Barnett, Jonathan. 2003. *Redesigning Cities: Principles, Practice, Implementation.* Chicago: Planners Press.

Beardsley, John. 2006. *Earthworks and Beyond.* New York: Abbeville Press.

Booth, Norman K. 1989. *Basic Elements of Landscape Architectural Design.* Project Heights, IL: Waveland Press.

Bruegmann, Robert. 2005. *Sprawl: A Compact History.* Chicago: University of Chicago Press.

Calkins, Meg. 2008. *Materials for Sustainable Sites: A Complete Guide to the Evaluation, Selection, and Use of Sustainable Construction Materials.* Hoboken, NJ: John Wiley & Sons, Inc.

Carr, Ethan. 1999. *Wilderness by Design: Landscape Architecture and the National Park Service.* Lincoln, NE: University of Nebraska Press.

Conan, Michel. 2000. *Environmentalism in Landscape Architecture.* Washington, DC: Dumbarton Oaks Research Library and Collection.

Corner, James. 1999. *Recovering Landscape: Essays in Contemporary Landscape Architecture.* New York: Princeton Architectural Press.

Cullen, Gordon. 1971. *The Concise Townscape.* New York: Van Nostrand Reinhold Co.

Czerniak, Julia, and Georges Hargreaves. 2007. *Large Parks.* New York: Princeton Architectural Press.

Dee, Catherine. 2001. *Form and Fabric in Landscape Architecture: A Visual Introduction.* New York: Spon Press.

Dramstad, Wenche, James Olson, and Richard Forman. 1996. *Landscape Ecology Principles in Landscape Architecture and Land-Use Planning.* Washington, DC: Island Press.

Dreiseitl, Herbert. 2005. *New Waterscapes: Planning, Building and Designing with Water.* Boston: Birkhäuser.

Fabos, Julius Gy, and Jack Ahern. 1996. *Greenways: The Beginning of an International Movement.* Amsterdam: Elsevier Science.

Farr, Douglas. 2008. *Sustainable Urbanism: Urban Design with Nature.* Hoboken, NJ: John Wiley & Sons, Inc.

Flint McClelland, Linda. 1998. *Building the National Parks: Historic Landscape Design and Construction.* Baltimore: John Hopkins University Press.

Forman, Richard T. 1995. *Land Mosaics: The Ecology of Landscapes and Regions.* Cambridge; New York: Cambridge University Press.

France, Robert. 2008. *Handbook of Regenerative Landscape Design.* Boca Raton, FL: CRC Press.

Francis, Mark, and Randolph T. Hester. 1990. *The Meaning of Gardens.* Cambridge, MA: MIT Press.

Frankel, Felice, and Jory Johnson. 1991. *Modern Landscape Architecture: Redefining the Garden.* New York: Abbeville Press.

Girling, Cynthia, and Kenneth I. Helphand. 1996. *Yard, Street, Park: The Design of Suburban Open Space.* New York: John Wiley & Sons, Inc.

Hargreaves, George. 1998. *Designed Landscape Forum I.* Washington, DC: Spacemaker Press.

Harris, Charles, and Nicholas Dines. 1997. *Time-Saver Standards for Landscape Architecture,* 2nd ed. New York: McGraw-Hill Professional.

Hester, Randolph T. 2006. *Design for Ecological Democracy.* Cambridge, MA: MIT Press.

Hiss, Tony. 1991. *The Experience of Place: A New Way of Looking at and Dealing with Our Radically Changing Cities and Countryside.* New York: Random House, Vintage Books.

Holling, C.S. 1978. *Adaptive Environmental Assessment and Management.* New York: John Wiley & Sons, Inc.

Hood, Walter. 1997. *Urban Diaries.* Washington, DC: Spacemaker Press.

Hough, Michael. 1992. *Out of Place: Restoring Identity to the Regional Landscape.* New Haven, CT: Yale University Press.

————. 2004. *Cities and natural process: a basis for sustainability.* London: Routledge.

Jackson, John Brickerhoff. 1986. *Discovering the Vernacular Landscape.* New Haven, CT: Yale University Press.

Jacobs, Allan B. 1995. *Great Streets.* Cambridge, MA: MIT Press.

Jacobs, Jane. 1993. *The Death and Life of Great American Cities.* New York: Modern Library.

Jellicoe, Geoffrey, and Susan Jellicoe. 1995. *The Landscape of Man: Shaping the Environment from Prehistory to the Present Day,* 3rd ed. London: Thames & Hudson.

Johnson, Bart R., and Kristina Hill. 2002 *Ecology and Design: Frameworks for Learning.* Washington, DC: Island Press.

Keeney, Gavin. 2000. *On the Nature of Things: Contemporary American Landscape Architecture.* Boston: Birkhäuser.

Kirkwood, Niall. 2004. *Weathering and Durability in Landscape Architecture.* Hoboken, NJ: John Wiley & Sons, Inc.

————. 1999. *The Art of Landscape Detail: Fundamentals, Practices, and Case Studies.* New York: John Wiley & Sons, Inc.

Lawson, Laura. 2005. *City Bountiful: A Century of Community Gardening in America.* Berkeley, CA: University of California Press.

Leopold, Aldo. 1949. *A Sand County Almanac.* New York: Ballentine Books.

Longstreth, Richard, ed. 2008. *Cultural Landscapes: Balancing Nature and Heritage in Preservation Practice.* Minneapolis, MN: University of Minnesota Press.

Losantos, Agata, Daniela Santos Quartino, Bridget Vranckx; translation: Martin Douch. 2007. *Urban Landscape: New Tendencies, New Resources, New Solutions.* Barcelona: Loft Publications.

Louv, Richard. 2008. *The Last Child in the Woods: Rescuing Children from Nature Deficit Disorder.* Chapel Hill, NC: Algonquin Books of Chapel Hill.

Lyle, John Tillman. 1996. *Regenerative Design for Sustainable Development.* New York: John Wiley & Sons, Inc.

Lynch, Kevin. 1960. *The Image of the City.* Cambridge, MA: Technology Press.

Lynch, Kevin, and Gary Hack. 1984. *Site Planning,* 3rd ed. Cambridge, MA: MIT Press.

Mann, William A. 1993. *Landscape Architecture: An Illustrated History in Timelines, Site Plans, and Biography.* New York: John Wiley & Sons, Inc.

Marcus, Clare Cooper, and Marni Barnes. 1999. *Healing Gardens: Therapeutic Benefits and Design Recommendations.* New York: John Wiley & Sons, Inc.

McHarg, Ian. 1995. *Design with Nature.* New York: John Wiley & Sons, Inc.

Meinig, Donald W., ed. 1979. *The Interpretation of Ordinary Landscapes: Geographical Essays.* New York: Oxford University Press.

Moore, Charles, Bill Mitchell, and William Turnbull. 1988. *The Poetics of Gardens.* Cambridge, MA: MIT Press.

Motloch, John L. 2000. *Introduction to Landscape Design,* 2nd ed. New York: John Wiley & Sons, Inc.

Nassauer, Joan Iverson. 1997. *Placing Nature: Culture and Landscape Ecology.* Washington, DC: Island Press.

Ndubisi, Forster. 2002. *Ecological Planning: A Historical and Comparative Synthesis.* Baltimore: Johns Hopkins University Press.

Newton, Norman T. 1971. *Design on the Land: The Development of Landscape Architecture.* Cambridge, MA: Belknap Press.

Norberg-Schulz, Christian. 1980. *Genius Loci: Toward a Phenomenology of Nature.* New York: Rizzoli.

Odum, Eugene. 1997. *Ecology: A Bridge between Science and Society.* Sunderland, MA: Sinauer Associates.

Odum, Martha, and Eugene Odum. 2000. *Essence of Place.* Athens, GA: Georgia Museum of Art.

Olin, Laurie. 1996. *Transforming the Common Place: Selections from Laurie Olin's Sketchbooks.* Cambridge, MA: Harvard University Graduate School of Design.

Orr, David. 2004. *The Nature of Design.* New York: Oxford University Press.

Potteiger, Matthew, and Jamie Purinton. 1998. *Landscape Narratives: Design Practices for Telling Stories.* New York: John Wiley & Sons, Inc.

Pregill, Philip, and Nancy Volkman. 1999. *Landscapes in History: Design and Planning in the Eastern and Western Tradition.* New York: John Wiley & Sons, Inc.

Rogers, Walter. 1996. *The Professional Practice of Landscape Architecture: A Complete Guide to Starting and Running Your Own Firm.* New York: John Wiley & Sons, Inc.

Rowe, Peter. 1991. *Making a Middle Landscape.* Cambridge, MA: MIT Press.

Sharky, Bruce. 1994. *Ready, Set, Practice: Elements of Landscape Architecture Professional Practice.* New York: John Wiley & Sons, Inc.

Simo, Melanie Louise. 1999. *100 Years of Landscape Architecture: Some Patterns of a Century.* Washington, DC: Spacemaker Press.

Simonds, John Ormsbee, and Barry Starke. 2006. *Landscape Architecture,* 4th ed. New York: McGraw-Hill.

Spens, Michael. 2003. *Modern Landscape.* New York: Phaidon Press Limited.

Spirn, Anne Whiston. 1984. *The Granite Garden.* New York: Basic Books Inc.

————. 1998. *The Language of Landscape.* New Haven, CT: Yale University Press.

Steiner, Frederick R. 2000. *The Living Landscape: An Ecological Approach to Landscape Planning.* New York: McGraw-Hill Professional.

Strom, Steven, and Kurt Nathan, Jake Woland, and David Lamm. 2004. *Site Engineering for Landscape Architects,* 4th ed. Hoboken, NJ: John Wiley & Sons, Inc.

Swaffield, Simon. 2002. *Theory in Landscape Architecture: A Reader.* Philadelphia: University of Pennsylvania.

Thayer, Robert. 1993. *Gray World, Green Heart: Technology, Nature, and the Sustainable Landscape.* New York: John Wiley & Sons, Inc.

Thompson, J. William, and Kim Sorvig. 2007. *Sustainable Landscape Construction: A Guide to Green Building Outdoors, Second Edition.* Washington, DC: Island Press.

Thompson, George F., and Frederick R. Steiner, eds. 1997. *Ecological Design and Planning.* New York: John Wiley & Sons, Inc.

Tiberghien, Gilles. 1995. *Land Art.* New York: Princeton Architectural Press.

Trancik, Roger. 1986. *Finding Lost Space: Theories of Urban Design.* New York: John Wiley & Sons, Inc.

Treib, Marc, ed. 2002. *The Architecture of Landscape, 1940-1960.* Philadelphia, PA: University of Pennsylvania Press.

———. 1994. *Modern Landscape Architecture: A Critical Review.* Cambridge, MA: MIT Press.

Tufte, Edward R. 1990. *Envisioning Information.* Cheshire, CT: Graphics Press.

Untermann, Richard K. 1996. *Principles and Practices of Grading, Drainage, and Road Alignment: An Ecological Approach.* New York: Prentice Hall Professional Technical Reference.

van Sweden, James. 2003. *Gardening with Nature.* New York: Watson-Guptill.

Waldheim, Charles, ed. 2006. *The Landscape Urbanism Reader.* New York: Princeton Architectural Press.

Walker, Peter, and Melano Simo. 1994. *Invisible Gardens.* Cambridge, MA: MIT Press.

Watts, May Thielgaard. 1975. *Reading the Landscape of America.* New York: MacMillan.

Weilacher, Udo. 1996. *Between Landscape Architecture and Land Art.* Boston: Birkhäuser.

Whyte, William H. 2001. *The Social Life of Small Urban Spaces.* New York: Project for Public Spaces Inc.

Wilson, Edward O. 1986. *Biophilia.* Cambridge, MA: Harvard University Press.

期刊

Domus: www.domusweb.it/home.cfm

Dwell: www.dwell.com

Ecological Restoration: A publication for the University of Wisconsin-Madison Arboretum, published by the University of Wisconsin Press; www.ecologicalrestoration.info

Garden Design Magazine: www.gardendesign.com

Green Places Journal: A publication of the Landscape Design Trust; www.landscape.co.uk/greenplaces/journal

Journal of Landscape Architecture: The journal of the European Council of Landscape Architecture Schools (ECLAS); www.info-jola.de

Journal of Urban Design: www.tandf.co.uk/journals/titles/13574809.asp

Landscape Architecture Magazine: The magazine of the American Society of Landscape Architects (ASLA); www.asla.org/nonmembers/lam.cfm

Landscape Australia: Official magazine of the Australian Institute of Landscape Architects (AILA); www.aila.org.au/landscapeaustralia

Landscape Journal Design, Planning and Management of the Land: The official journal of the Council of Educators in Landscape Architecture (CELA); http://lj.uwpress.org

Landscape Review: An Asia-Pacific journal of landscape architecture

Landscape and Urban Planning: An International Journal of Landscape Ecology, Planning and Design; www.elsevier.com

Restoration Ecology: The Journal of the Society for Ecological Restoration International; www.wiley.com/bw/journal.asp?ref=1061-2971

Topos: The International Review of Landscape Architecture and Urban Design; www.topos.de

Urban Land Magazine: An Urban Land Institute publication; www.uli.org/ResearchAndPublications/Magazines/UrbanLand.aspx

VIEW: Annual publication of the Library of American Landscape History; www.lalh.org/view.html

Jose Alminana, ASLA
Principal, Andropogon Associates, Ltd.
Philadelphia, Pennsylvania

Gerdo Aquino, ASLA
Managing Principal, SWA Group
Los Angeles, California

Edward L. Blake, Jr.
Founding Principal, The Landscape Studio
Hattiesburg, Mississippi

Jacob Blue, MS, RLA, ASLA
Landscape Architect/Ecological Designer, Applied
Ecological Services, Inc.
Brodhead, Wisconsin

Frederick R. Bonci, RLA, ASLA
Founding Principal, LaQuatra Bonci Associates
Pittsburgh, Pennsylvania

Kofi Boone, ASLA
Assistant Professor, Department of Landscape
Architecture, North Carolina State University
Raleigh, North Carolina

Ignacio Bunster-Ossa, ASLA, LEED AP
Principal, Wallace Roberts & Todd, LLC
Philadelphia, Pennsylvania

Jim Burnett, FASLA
President, The Office of James Burnett
Houston, Texas; Solana Beach, California

Kevin Campion, ASLA
Senior Associate, Graham Landscape Architecture
Annapolis, Maryland

Jeffrey K. Carbo, FASLA
Principal, Jeffrey Carbo Landscape Architects
Alexandria, Louisiana

Stephen Carter, ASLA
BRAC NEPA Support Team, U.S. Army Corps of
Engineers
Mobile, Alabama

Joanne Cody, ASLA
Senior Landscape Architect, National Park Service,
Denver Service Center
Lakewood, Colorado

Karen Coffman, RLA
NPDES Program Coordinator, Maryland State Highway
Administration, Highway Hydraulics Division
Baltimore, Maryland

Kurt Culbertson, FASLA
Chairman of the Board, Design Workshop
Aspen, Colorado

Julia Czerniak
Principal, CLEAR
Syracuse, New York
Director, UPSTATE: A Center for Design, Research,
and Real Estate
Associate Professor of Architecture, Syracuse
University

Barbara Deutsch, ASLA, ISA
Associate Director, BioRegional North America (One
Planet Communities)
Washington, DC

Mike Faha, ASLA, LEED AP
Founding Principal, GreenWorks, PC
Portland, Oregon

Eddie George, ASLA
Founding Principal, The Edge Group
Columbus, Ohio, Nashville, Tennessee

Jennifer Guthrie, RLA, ASLA
Director, Gustafson Guthrie Nichol Ltd.
Seattle, Washington

Robin Lee Gyorgyfalvy, ASLA
Director of Interpretive Services & Scenic Byways, USDA
Forest Service: Deschutes National Forest
Bend, Oregon

Devin Hefferon
Landscape Designer, Michael Van Valkenburgh
Associates, Inc.
Cambridge, Massachusetts

Douglas Hoerr, FASLA
Partner, Hoerr Schaudt Landscape Architects
Chicago, Illinois

Mark Johnson, FASLA
Founding Principal and President, Civitas, Inc.
Denver, Colorado

Elizabeth Kennedy, ASLA
Principal, EKLA Studio
Brooklyn, New York

Mikyoung Kim
Principal, mikyoung kim design
Brookline, Massachusetts

John Koepke
Associate Professor, Department of Landscape
Architecture , University of Minnesota
Minneapolis, Minnesota

Todd Kohli, RLA, ASLA
Co-Managing Director, Senior Director, EDAW
San Francisco, California

Roy Kraynyk
Executive Director, Allegheny Land Trust
Sewickley, Pennsylvania

Dawn Kroh, RLA
President, Green 3, LLC
Indianapolis, Indiana

Stephanie Landregan, ASLA
Chief of Landscape Architecture, Mountains

Recreation & Conservation Authority
Los Angeles, California

Tom Liptan, ASLA
City of Portland Bureau of Environmental Services,
Sustainable Stormwater Management Program
Portland, Oregon

Patricia O'Donnell, FASLA, AICP
Principal, Heritage Landscapes, Preservation
Landscape Architects & Planners
Charlotte, Vermont

Thomas Oslund, FASLA, FAAR
Principal, oslund.and.assoc.
Minneapolis, Minnesota

Chris Reed
Principal, StoSS
Boston, Massachusetts

Nancy D. Rottle, RLA, ASLA
Associate Professor, Department of Landscape
Architecture; Director, Green Futures Research and
Design Lab, University of Washington
Seattle, Washington

Mario Schjetnan, FASLA
Founding Partner, Grupo de Diseno Urbano
Colonia Condesa, México

Gary Scott, FASLA
2010 President of ASLA; Director West Des Moines
Parks & Recreation Department
West Des Moines, Iowa

Nathan Scott
Landscape Designer, Mahan Rykiel Associates
Baltimore, Maryland

Juanita D. Shearer-Swink, FASLA
Project Manager, Triangle Transit
Research Triangle Park, North Carolina

Jim Sipes, ASLA
Senior Associate, EDAW
Atlanta, Georgia

Douglas C. Smith, ASLA
Chief Operating Officer, EDSA
Fort Lauderdale, Florida

Frederick R. Steiner, PhD, FASLA
Dean, School of Architecture, University of Texas
Austin, Texas

Emmanuel Thingue, RLA
Senior Landscape Architect, New York City
Department of Parks and Recreation
Flushing Meadows–Corona Park, New York

Robert B. Tilson, FASLA
President, Tilson Group
Vienna, Virginia

Cindy Tyler
Principal, Terra Design Studios
Pittsburgh, Pennsylvania

Meredith Upchurch, ASLA
Green Infrastructure Designer, Casey Trees
Endowment Fund
Washington, DC

Ruben L. Valenzuela, RLA
Principal, Terrano
Tempe, Arizona

James van Sweden, FASLA
Founding Principal, Oehme, van Sweden & Associates,
Inc.
Washington, DC

Scott S. Weinberg, FASLA
Associate Dean and Professor, College of Environment
and Design, University of Georgia
Athens, Georgia

Students

Stephanie Bailey
Candidate, Master of Landscape Architecture,
Department of Landscape Architecture, University of
Oregon

Eugene, Oregon

Brittany Bourgault
Undergraduate Candidate, Department of Landscape
Architecture, University of Florida
Gainesville, Florida

Tabitha Harkin
Candidate, Master of Landscape Architecture, College
of Environmental Design, California State Polytechnic
University
Pomona, California

Tim Joice
Candidate, Master of Landscape Architecture,
Department Landscape Architecture, Penn State
University
University Park, Pennsylvania

Nick Meldrum
Undergraduate Candidate, Department of Landscape
Architecture and Environmental Planning, Utah State
University
Logan, Utah

Mallory Richardson
Undergraduate Candidate, Department of Planning
and Landscape, Architecture, Clemson University
Clemson, South Carolina

Ian Scherling
Non-Baccalaureate Undergraduate MLA Candidate,
Department of Landscape Architecture/Regional and
Community Planning, Kansas State University
Manhattan, Kansas

Melinda Alice Stockmann
Candidate, Master of Landscape Architecture,
Department of Landscape Architecture, SUNY College
of Environmental Science and Forestry (ESF)
Syracuse, New York

注释

第1章

1. McHarg, Ian L., and Frederick R. Steiner. 1998. *To Heal the Earth: Selected Writings of Ian L. McHarg*. Washington, DC: Island Press, p. 192.

2. Mayell, Hillary. 2002. "Human 'Footprint' Seen on 83 Percent of Earth's Land, " *National Geographic News*. Retrieved October 21, 2008, from http://news.nationalgeographic.com/news/2002/10/1025_021025_HumanFootprint.html.

3. *What Is Landscape Architecture?* 2007. Washington, DC: American Society of Landscape Architects. Retrieved October 30, 2008, from www.asla.org/uploadedFiles/CMS/Government_Affairs/Member_Advocacy_Tools/2007landscape_architecture.pdf.

4. Newton, Norman T. 1971. *Design on the Land*. Cambridge, MA: Belknap Press, p. 221.

5. Rybczynski, Witold. 1999. *A Clearing in the Distance*. New York: Scribner, p. 271.

6. Karson, Robin. 2008. "A New Angle on the Country Place Era, " *View*. Amherst, MA: Library of American Landscape History, Vol. 8, p. 5.

7. Ibid., p. 5.

8. Newton, *Design on the Land*, p. 535.

9. Karson, "New Angle, " p. 9.

第2章

1. Malin, Nadav. July 2007. Case Study: Sidwell Friends Middle School. "Academic Achievement: A School Expansion in Our Nation's Capitol Introduces a Wetland to a Dense Urban Site," *GreenSource*. Retrieved February 6, 2008 from http://greensource.construction.com/projects/0707_sidwell.asp.

2. Ogden, Michael. June 2005. "Stormwater and Wastewater Treatment and Reuse, " *Building Safety Journal*, pp. 36–39.

3. Middle School Green Building. Sidwell Friends School. Retrieved August 18, 2008, from www.sidwell.edu/about_sfs/greenbuilding_ms.asp.

4. Alminana, Jose. February 22, 2008. In-person interview. Andropogon Associates, Philadelphia, Pennsylvania.

5. Green Buildings. Sidwell Friends School. Retrieved August 18, 2008, from www.sidwell.edu/about_sfs/greenbuilding.asp.

6. ASLA 2007 Professional Awards. Retrieved July 10, 2008, from www.asla.org/awards/2007/07winners/207_msp.html.

7. "About the Center." 2006 Retrieved July 10, 2008, from www.mesaartscenter.org/ContributeDocuments/MACFactSheet_2006.pdf.

8. ASLA 2007 Professional Awards. Retrieved July 10, 2008, from www.asla.org/awards/2007/07winners/207_msp.html.

9. Ibid.

10. Ibid.

11. Ibid.

12. Lurie Garden. Millenium Park, Chicago. Retrieved July 10, 2008 from www.millenniumpark.org/artandarchitecture/lurie_garden.html.

13. GRHC Green Roof Award write-up. Retrieved July 10, 2008, from www.greenroofs.org/washington/index.php?page=millenium.

14. ASLA 2008 Professional Awards. Retrieved July 10, 2008, from www.asla.org/awards/2008/08winners/441.html.

15. Ibid.

16. Lurie Garden Design Narrative. Millennium Park. *CityofChicago.org*. Retrieved September 28, 2008, from http://egov.cityofchicago.org/city/webportal/portalContentItemAction.do?contentOID=536908544&contenTypeName=COC_EDITORIAL&topChannelName=SubAgency&channelId=0&entityName=Millennium+Park&deptMainCategoryOID=-536887892&blockName=Millennium+Park%2FLurie+Garden%2FI+Want+To.

17. ASLA 2008 Professional Awards, www.asla.org/awards/2008/08winners/441.html.
18. Ibid.
19. Ulam, Alex. November 2008. "The Park IKEA Built," *Landscape Architecture Magazine,* 98, No. 11, p. 116.
20. Byles, Jeff. September 3, 2008. "Erie Basin Park, " *The Architect's Newspaper.* Retrieved November 22, 2008, from www.archpaper.com/e-board_rev.asp?News_ID=2763&PagePosition=10.
21. Ulam, "The Park IKEA Built, " p. 111.
22. Byles, "Erie Basin Park."
23. Ulam, "The Park IKEA Built, " pp. 110-117.
24. Lee Weintraub Profile, NYSCLA. 2008. Retrieved November 23, 2008, from www.nyscla.org/db/nyscla_details.php?id=97.
25. Lee Weintraub Profile, FASLA. September 21, 2006. Landscape Online.com. Retrieved November 25, 2008, from www.landscapeonline.com/research/article/7814.
26. Ulam, "The Park IKEA Built, " p. 113.
27. Ibid.
28. Ibid, p. 115.
29. Brady, Sheila A. October 28, 2008. Email interview with Oehme, van Sweden & Associates, Inc., Washington, DC.
30. Ibid.
31. ASLA 2008 Professional Awards. Retrieved September 9, 2008, from www.asla.org/awards/2008/08winners/254.html.
32. Brady, "Email interview."
33. Ibid.
34. ASLA 2008 Professional Awards, www.asla.org/awards/2008/08winners/254.html.
35. Ibid.
36. Ibid.
37. Brady, "Email interview."
38. Ibid.
39. 2007 CPRA Awards and Recognition Program. CPRA E-News. 2007. Retrieved November 25, 2008, from www.cpra.ca/UserFiles/File/EN/sitePdfs/newsE-News/2007ENGFallEdition.pdf.
40. Metro Skate Park. Space2place. 2008. Retrieved September 9, 2008, www.space2place.com/public_bonsor.html.
41. Ibid.
42. Ibid.
43. Use of EcoSmart Concrete for the Metro Skate Park—Burnaby, BC. Space2Place. 2004. Retrieved November 25, 2008, from www.ecosmartconcrete.com/kbase/filedocs/csrmetro_design.pdf.
44. Hinton Eco-Industrial Park—Statement of Qualifications. Space2Place. 2006. Retrieved November 25, 2008, from www.ecoindustrial.ca/hinton/pdfs/roster/Space2Place.pdf.
45. Curran, Patrick. August 14, 2008. Telephone interview. SWA Group, Los Angeles, California.
46. ASLA 2008 Professional Awards. Retrieved September 4, 2008, from www.asla.org/awards/2008/08winners/108.html.
47. ASLA 2007 Professional Awards. Retrieved September 9, 2008, from www.asla.org/awards/2007/07winners/506_nna.html.
48. NE Siskiyou Green Street Project Report. 2005. Retrieved November 23, 2008, from www.portlandonline.com/Bes/index.cfm?a=78299&c=45386.
49. ASLA 2007 Professional Awards, www.asla.org/awards/2007/07winners/506_nna.html.
50. "NE Siskiyou Green Street Project Report."
51. Ibid.
52. ASLA 2007 Professional Awards, www.asla.org/awards/2007/07winners/506_nna.html.
53. "NE Siskiyou Green Street Project Report."
54. ASLA 2007 Professional Awards, www.asla.org/awards/2007/07winners/506_nna.html.
55. Jordan, Scott. September 11, 2008. Email interview with Civitas, Inc.
56. Ibid.
57. Viani, Lisa Owens. August 2007. "The Feel of a Watershed—The Cedar River Watershed Education Center teaches by sensory experience. Should it do more?" in *Landscape Architecture Magazine,* 97, no 8, p. 34.
58. Ibid., pp. 24-39.
59. Ibid., pp. 24-39.
60. Ibid., pp. 24-39.
61. Ibid., p. 27.
62. 2004 ASLA Professional Awards. Retrieved September 10, 2008, from www.asla.org/awards/2004/04winners/entry441.html.
63. Ballentine, Jane. September 11, 2003. "The Louisville Zoo Wins Coveted AZA Exhibit Award." Retrieved October 27, 2008, from www.aza.org/.

HonorsAwards/Exh_LouisvilleZoo.
64. Sawyer, Jeff. October 17, 2008. Telephone interview. CLR Design, Philadelphia, Pennsylvania.
65. CLR Design. Retrieved October 22, 2008, from http://clrdesign.com.

第3章

1. "Landscape Architects." December 18, 2007. *Occupational Outlook Handbook, 2008–09 Edition.* Bureau of Labor Statistics, U.S. Department of Labor. Retrieved January 22, 2009, from www.bls.gov/oco/ocos039.htm#emply.
2. Showcase Projects: Washington's Landing. "About the URA, Urban Redevelopment Authority of Pittsburgh." Retrieved October 31, 2008, from www.ura.org/showcaseProjects_washLanding.html.
3. Putaro, Sarah M., and Kathryn A. Weisbrod. August 24, 1998. Site Information. Carnegie Mellon University. Retrieved October 31, 2008, from www.ce.cmu.edu/Brownfields/NSF/sites/Washland/INFO.htm.
4. HGTV "Brownfields." Retrieved September 14, 2008, from www.hgtv.com/rm-products-trade-shows/brownfields/index.html.
5. Putaro, "Site Information" (Aesthetics subsection)
6. LaQuatra Bonci Web site. Retrieved September 14, 2008, from www.laquatrabonci.com/portfolio/portfolio_main.php?view=project&id=7&folder=2
7. Washington's Landing Web site. Accessed September 14, 2008, from www.washingtonslanding.info.
8. Mays, Vernon. June 1998. "La Transformacion, " in *Landscape Architecture Magazine,* vol 88, pp. 75–97.
9. El Conquistador Resort and Country Club, Project Data Sheet. EDSA. Retrieved October 27, 2008, from www.edsaplan.com/upload/project_doc/17_El_Conquistador_Resort_and_Country_Club.pdf.
10. "Landscape Architects, " *Occupational Outlook Handbook, 2008–09 Edition.*
11. ASLA 2007 Professional Awards. Retrieved July 10, 2008, from www.asla.org/awards/2007/07winners/161_nps.html.
12. Ibid.
13. Ibid.
14. "Existing Greenways: Natural Resources." 2007. New England Greenway Vision Plan. Retrieved January 22, 2009, from www.umass.edu/greenway/Ma/ma-frame-exist.html.
15. Koepke, John. September 23, 2008, Telephone interview. University of Minnesota.
16. 2008 ASLA Community Service Honor Award: The Hills Project. ASLA. Retrieved January 18, 2009, from www.asla.org/awards/2008/studentawards/052.html.
17. Ibid.
18. Lee, Brian. January 24, 2009. Email interview.
19. "2008 ASLA Community Service Honor Award."
20. Ibid.
21. University of Kentucky: Department of Landscape Architecture. 2008. "The Hills Project." University of Kentucky. Retrieved January 18, 2009, from www.nkapc.org/Hills/Presentation_1.pdf.
22. Lee, Brian. September 19, 2008. "UK Landscape Architecture Students Win International Award." University of Kentucky: College of Agriculture: Ag News. Retrieved January 18, 2009, from www.ca.uky.edu/NEWS/?c=n&d=206.
23. "2008 ASLA Community Service Honor Award."
24. Lee, "Email interview."
25. "2008 ASLA Community Service Honor Award."
26. Ibid.
27. Balderrama, Anthony. 2008. "Resume Blunders That Will Keep You from Getting Hired." *CareerBuilder.com.* Retrieved July 28, 2008, from www.cnn.com/2008/LIVING/worklife/03/19/cb.resume.blunders/index.html.
28. Portfolio. Dictionary.com. *Online Etymology Dictionary.* Douglas Harper, Historian. 2001. Retrieved November 2, 2008, from http://dictionary.reference.com/browse/portfolio.
29. National Employment Matrix: Employment by Industry, Occupation, and Percent Distribution, 2006–2016, 17–1012 Landscape Architects. Retrieved January 10, 2009, from ftp://ftp.bls.gov/pub/special.requests/ep/ind-occ.matrix/occ_pdf/occ_17-1012.pdf.
30. Job Outlook–Landscape Architects. December 18, 2007. *Occupational Outlook Handbook, 2008–09 Edition.* Bureau of Labor Statistics, U.S. Department of Labor. Retrieved September 25, 2008, from www.bls.gov/oco/ocos039.htm#outlook.

31. Pollack, Peter, Chair, ASLA Council on Education. April 2007. "Growing the Profession—A White Paper, " p. 2.

32. Pollack, ibid., p. 3.

33. 2008 ASLA Graduating Students Study. August 2008, pp. 7, 16. Retrieved January 10, 2009, from www.asla.org/uploadedFiles/CMS/Education/Career_Discovery/2008ASLAGraduatingStudents Report0.7.pdf.

34. Earnings-Landscape Architects. December 18, 2007. *Occupational Outlook Handbook, 2008-09 Edition*. Bureau of Labor Statistics, U.S. Department of Labor. Retrieved January 10, 2009, from www.bls.gov/oco/ocos039.htm#earnings.

35. Pollack, "Growing the Profession, " p. 2.

36. Leighton, Ron. January 12, 2009. ASLA Education Director. Email correspondence.

37. 2008 ASLA Graduating Students Study, p. 3.

38. Cahill-Aylward, Susan. January 12, 2009. ASLA Managing Director Information and Professional Practice. Email correspondence.

39. 2008 ASLA Graduating Students Study, p. 3.

40. About Us—American Society of Landscape Architects. 2008. Retrieved January 10, 2009, from www.asla.org/AboutJoin.aspx.

41. About—Canadian Society of Landscape Architects. Retrieved January 10, 2009, from http://csla.ca/site/index.php?q=en/node.

42. Membership—Join/Renew, American Society of Landscape Architects. 2008. Retrieved January 10, 2009, from www.asla.org/JoinRenew.aspx.

43. CSLA Membership—Canadian Society of Landscape Architects. Retrieved January 10, 2009, from http://csla.ca/site/index.php?q=en/node/494.

44. ASLA Code of Professional Ethics, as amended April 27, 2007. Retrieved January 10, 2009, from www.asla.org/uploadedFiles/CMS/About_Join/Leadership/Leadership_Handbook/Ethics/CODEPRO.pdf.

第4章

1. Wescoat, James L. Jr., and Douglas M. Johnston, eds. 2008. *Places of power: Political Economies of Landscape Change*. Dordrecht; London: Springer, p. 197.

2. "Give Us Green... But Make It Fashionable: Cotton Incorporated Releases New Consumer Ad Campaign." Release Date: Tuesday, June 10, 2008. Retrieved October 24, 2008, from www.cottoninc.com/pressreleases/?articleID=468.

3. "Future Needs of Land Design Professions." Landscape Architecture Foundation. Accessed October 24, 2008, from www.lafoundation.org/landscapefutures/initiative.aspx.

4. "Shifting Population Patterns, " in *The State of World Population 1999. 6 billion: A Time for Choices*. United Nations Population Fund. Retrieved October 28, 2008, from www.unfpa.org/swp/1999/pressumary1.htm.

5. Herlitz, Jeff. August/September 2008. "Our Imperiled Oceans and Coasts, " in *Planning*. Chicago: American Planning Association, 74, no. 8, p. 46.

6. Nodvin, Steven C. September 12, 2008. "Global Warming, " in *The Encyclopedia of Earth*. Retrieved October 25, 2008, from www.eoearth.org/article/Global_warming.

7. "Carbon Sequestration R&D Overview." September 19, 2007. U.S. Department of Energy, Fossil Energy Office of Communications. Retrieved October 25, 2008, from http://fossil.energy.gov/sequestration/overview.html.

8. "Terrestrial Sequestration Research." August 1, 2005. U.S. Department of Energy, Fossil Energy Office of Communications. Retrieved October 25, 2008, from http://fossil.energy.gov/sequestration/terrestrial/index.html.

9. "About Green Hour." 2008. The National Wildlife Federation. Retrieved October 25, 2008, from http://greenhour.org/section/about#FAQ.

10. Louv, Richard. 2006. *Last Child in the Woods*. Chapel Hill, NC: Algonquin Books, p. 34.

11. Kaplan, Rachel. 1998. *With People in Mind: Design and Management of Everyday Nature*. Washington, DC: Island Press, pp. 68, 76.

12. "Human Well-being." 2007. Sustainable Sites Initiative. Retrieved October 26, 2008, from www.sustainablesites.org/human.html.

13. Kuo, Frances E. May 2003. "The Role of Arboriculture in a Healthy Social Ecology, " in *Journal of Arboriculture*, 29, no. 3, pp. 149-155.

14. "Background, " *Pennsylvania Strategies, Codes, and People Environments*. 2003. The Pennsylvania State University. Retrieved October 25, 2008, from www.pennscapes.psu.edu.

15. Daily, Gretchen C., Susan Alexander, Paul R. Ehrlich, Larry Goulder, Jane Lubchenco, Pamela A. Matson, Harold A. Mooney, Sandra Postel, Stephen H. Schneider, David Tilman, George M. Woodwell. *Ecosystem Services: Benefits Supplied to Human Societies by Natural Ecosystems. Issues in Ecology*, "Ecosystem Services: Benefits Supplied to Human Societies by Natural Ecosystems, " No. 2, Spring, 1997, Ecological Society of America. Retrieved October 26, 2008, from www.ecology.org/biod/value/EcosystemServices.html.

16. "Benefits, " *Plant-it 2020*. Retrieved October 25, 2008, from www.plantit2020.org/benefits.html.

17. "History, " Sustainable Sites Initiative. 2007. Retrieved October 26, 2008, from www.sustainablesites.org/history.html.

18. Pink, Daniel. 2005. *A Whole New Mind: Why Right-Brainers Will Rule the Future*. New York: Riverhead Books, p. 2.

19. Huitt, W. 2007. "Success in the Conceptual Age: Another Paradigm Shift." Paper delivered at the 32nd Annual Meeting of the Georgia Educational Research Association, October 26. Retrieved October 27, 2008, from http://chiron.valdosta.edu/whuitt/papers/conceptual_age_s.doc.

20. Pink, *A Whole New Mind*, p. 245.

21. "Top Ten Cubicle-Free Jobs: Landscape Architect." May 2008. *Outside Magazine*. Retrieved September 25, 2008, from http://outside.away.com/outside/culture/200805/ten-cubicle-free-jobs-landscape-architect.html.

22. Nemko, Marty. December 19, 2007. "Best Careers 2008, " in *U.S. News & World Report*. Retrieved September 25, 2008, from www.usnews.com/features/business/best-careers/best-careers-2008.html.

23. ———. December 19, 2007. "How the Best Careers Were Selected, " in *U.S. News & World Report*. Retrieved September 25, 2008, from www.usnews.com/articles/business/best-careers/2007/12/19/how-the-best-careers-were-selected.html.

24. "Job Outlook—Landscape Architects." December 18, 2007. *Occupational Outlook Handbook, 2008–09 Edition*. Bureau of Labor Statistics, U.S. Department of Labor. Retrieved September 25, 2008, from www.bls.gov/oco/ocos039.htm#outlook.

25. Orland, Brian. November 2006. "The 0.1 Percent Dilemma, " in *Landscape Architecture Magazine*, 96, no. 11, p. 88.

26. Green Futures Research and Design Lab. University of Washington. Retrieved September 2, 2008, from http://greenfutures.washington.edu/projects.php.

第5章

1. 2008 CLARB Member Board Roster. 2008. Fairfax, VA: Council of Landscape Architectural Registration Boards. Retrieved December 6, 2008, from www.clarb.org/documents/BDroster.pdf.

2. Landscape Architecture Merit Badge. Boy Scouts of America. Retrieved December 6, 2008, from www.boyscouttrail.com/boy-scouts/meritbadges/landscapearchitecture.asp.

3. "Linking Girls to the Land." September 22, 2008. U.S. Environmental Protection Agency. Retrieved December 6, 2008, from www.epa.gov/linkinggirls.

4. Rankin, Matthew (ed.) 2000. *The Road to Licensure and Beyond*. Fairfax, VA: Council of Landscape Architectural Registration Boards, p. 26.

5. "Structure and Specifications." Fairfax, VA: Council of Landscape Architectural Registration Boards. Retrieved January 24, 2009, from www.clarb.org/Pages/Exams_About.asp?target=fo.

6. "The Landscape Architect Registration Examination (LARE) Content Guide." November 2007. Fairfax, VA: Council of Landscape Architectural Registration Boards. Retrieved January 24, 2009, from www.clarb.org/documents/2007contentguidenewAspecs.pdf.

译后记

风景园林是一个什么样的学科？学什么？怎么学？能做什么？什么样的人能成为优秀的风景园林师？

这是当人们乍一听到"风景园林"这个词汇时常常问到的问题；这是初学风景园林专业的学生到处求索的问题；这也是一些像我们一样学了风景园林几年之后，还经常说不清楚的问题。我想，这也恰恰反映了这个学科、行业或者专业是多么丰富多彩。我们接触这本书时，也正怀着这样的种种疑惑。

这本书是一部访谈录。初读这本书时，我被其中极为广泛的访谈和访谈人的作品所吸引。有一些人物和作品是我们熟悉的，是在风景园林的学习过程中必然会被老师和前辈不断提起的经典；也有很多是我们并不知道的，有年轻的设计师、有追求卓越的小公司的创始人，也有高校的老师、还在求学的学生等等。整部书以一种轻松的对话方式展开，好像自己也可以和那些生活、工作在大洋彼岸而又和我们有着相似经历或者相同追求的人对话一样。访谈的问题有一定的规律可循，也会问不同的人同

样的问题，被访谈的人会从自己的角度，以自己的切身经验为依据给出答案。我想，作为风景园林的从业者和学习者，以我们的一己之力很难寻找这么多从业人员共同探讨一些大家都感兴趣的话题。这本书恰恰提供了这样一个和众多风景园林师交流的机会。

这本书是一部风景园林的小百科。虽然其中内容并不深奥，不是我们必须仔细研读的专业书籍，但这本书涉及了风景园林的方方面面。从如何选择学校和研究方向，到如何选择公司开始自己的职业生涯；从设计公司的运营状况，到政府职员的工作状态；从小尺度的设计到大尺度的规划；从图纸到建成项目等等。作为入门级的读物，会让人在不经意间轻松涉猎风景园林行业的各个角落，打开视野，也引发思考。

这本书是一部生活实景录。图文并茂当中，我们能看到风景园林师的真实生活。这里不仅有睿智的草图，精美的设计图，严谨的分析图，还有可以让你看到孩子们如何在其中嬉戏的建成公园的实景，

有风景园林师的工作环境、工作场景，与老师和学生学习研究的画面。如果你想在茶余饭后看看别人的工作如何与自己的生活息息相关，或是床头枕边想憧憬一下自己未来的职业和生活，这本书都是不错的选择。

因为被这本书吸引，也从中受益良多，我们才斗胆尝试将其翻译出来，以方便更多感兴趣的读者。翻译还存在不准确、不到位的地方，谨向读者致以歉意，望予指正。感谢参与翻译的各位同仁认真细致的工作，感谢中国建筑工业出版社董苏华编审给予我们的信任，感谢"风景园林新青年"（www. youthla.org）给予我们的关注和鼓励。我喜欢风景园林，因为她是我所学，有那么多新鲜的知识和未知的世界等待我们探索；我喜欢风景园林，因为她就是我们的家园，每时每刻我们都希望有晴朗的天、盛开的花、悠然的处所；我喜欢风景园林，因为她需要我们。希望这本书，也能带你走进风景园林的世界。

译者

2013 年初春